U0350395

思源学术文库

电力科学卷

变压器直流偏磁及其治理

蒋 伟 著

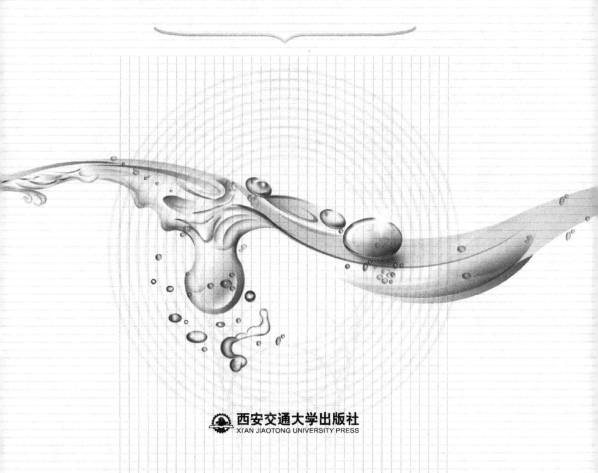

西安交通大学出版社
XI'AN JIAOTONG UNIVERSITY PRESS

图书在版编目(CIP)数据

变压器直流偏磁及其治理/蒋伟著. —西安:西安交通大学
出版社,2016.10(2018.8 重印)
ISBN 978-7-5605-9134-6

Ⅰ.①变… Ⅱ.①蒋… Ⅲ.①变压器-直流输电-研究
Ⅳ.①TM4

中国版本图书馆 CIP 数据核字(2016)第 268612 号

书　　名	变压器直流偏磁及其治理	
著　　者	蒋　伟	
责任编辑	曹　昳　李　佳	

出版发行	西安交通大学出版社
	(西安市兴庆南路 10 号　邮政编码 710049)
网　　址	http://www.xjtupress.com
电　　话	(029)82668357　82667874(发行中心)
	(029)82668315(总编办)
传　　真	(029)82668280
印　　刷	北京虎彩文化传播有限公司

开　　本	720mm×1000mm　1/16　印张 17.25　字数 328 千字
版次印次	2017 年 6 月第 1 版　2018 年 8 月第 2 次印刷
书　　号	ISBN 978-7-5605-9134-6
定　　价	198.00 元

读者购书、书店添货、如发现印装质量问题,请与本社发行中心联系、调换。
订购热线:(029)82665248　(029)82665249
投稿热线:(029)82669097　QQ:8377981
读者信箱:lg_book@163.com

前　言

  特高压直流工程具有"大容量、远距离"输电的优点,能有效缓解我国能源与负荷中心分布不均衡的矛盾,促进实现"西电东送、南北互供、全国联网"的电力发展战略。但是,特高压直流输电单极运行时产生的地电流会导致变压器出现直流偏磁现象,此时变压器铁芯半周磁饱和,漏磁增加,引起变压器振动加剧、噪声增大、局部过热等不良反应,影响变压器运行的稳定性和可靠性。本书以西南水电特高压直流外送为背景,围绕直流偏磁电流的产生、变压器直流偏磁的机理及影响、直流偏磁治理措施、变压器接小电阻抑制直流偏磁、直流偏磁电流的检测与在线监测展开论述,结合四川电网变压器受直流偏磁影响的现状,提出了治理建议。

  本书对变压器直流偏磁问题进行了深入的理论研究,具有广泛的应用价值,力求将概念、理论分析、现场检测及案例剖析融为一体。本书可加强读者对变压器直流偏磁现象的认识,为偏磁电流的治理提供理论支持。本书适合于电力系统运维人员、电气工程专业学生、变压器设计制造技术人员等。

  感谢国网四川电科院副院长张星海对本书的指导。本书还得到了西南交通大学教授吴广宁的指导和大力帮助;本书的前期研究得到了国网公司处长黄震、国网山西电科院副院长续建国的支持;书中直流偏磁电流的检测工作得到了国网四川省电力公司运检部处长王红梅、吴晓晖、李成鑫,以及国网四川电科院设备状态评价中心和电网技术中心同事们的支持,在此一并感谢。

  由于时间紧迫,书中不妥之处欢迎广大读者批评指正。

作　者

2016 年 7 月 16 日

目　录

前　言

第1章　绪论 ………………………………………………………………… (1)

　1.1　直流接地极电流对变压器的影响 ……………………………………… (1)

　　1.1.1　我国直流输电的发展 …………………………………………… (1)

　　1.1.2　我国特高压直流输电的规划 …………………………………… (6)

　　1.1.3　变压器直流偏磁现象 …………………………………………… (7)

　1.2　国内外对直流偏磁的研究及治理现状 ……………………………… (15)

　　1.2.1　地表电位和地电流分布的研究 ………………………………… (15)

　　1.2.2　变压器直流偏磁的分析方法 …………………………………… (16)

　　1.2.3　变压器直流偏磁内部特性的研究 ……………………………… (18)

　　1.2.4　直流偏磁抑制措施的研究 ……………………………………… (20)

　　1.2.5　我国直流偏磁的治理现状 ……………………………………… (21)

　1.3　本书主要内容 ………………………………………………………… (29)

第2章　直流输电单极运行时的地表电位和地电流 …………………… (30)

　2.1　高压直流输电系统构成及直流接地极电流的影响 ………………… (30)

　　2.1.1　两端直流输电系统 ……………………………………………… (30)

　　2.1.2　多端直流输电系统 ……………………………………………… (33)

　　2.1.3　直流接地极介绍 ………………………………………………… (34)

　　2.1.4　直流接地极电流的影响 ………………………………………… (36)

　2.2　直流接地极周边的地表电位分布 …………………………………… (40)

　　2.2.1　水平分层土壤的地表电位 ……………………………………… (40)

　　2.2.2　垂直分层土壤的地表电位 ……………………………………… (50)

　2.3　直流接地极周边的地电流分布 ……………………………………… (56)

　　2.3.1　交流电网中变压器直流量的计算模型 ………………………… (56)

　　2.3.2　直流电流分布的实例分析 ……………………………………… (58)

　2.4　直流偏磁电流影响站点预测方法 …………………………………… (62)

　　2.4.1　预测方法原理 …………………………………………………… (63)

　　2.4.2　地表电位计算模型参数修正依据 ……………………………… (64)

　　2.4.3　直流偏磁电流在线监测 ………………………………………… (64)

　　2.4.4　直流偏磁电流仿真模型修正 …………………………………… (65)

2.4.5 基于修正后仿真模型的直流偏磁影响站点预测 ……………… (67)

2.5 本章小结 ……………………………………………………………… (69)

第3章 变压器直流偏磁内部特性 ……………………………………… (71)

3.1 变压器直流偏磁的机理 ……………………………………………… (72)

3.1.1 变压器的铁芯 …………………………………………………… (72)

3.1.2 直流偏磁下的励磁电流 ………………………………………… (73)

3.1.3 直流偏磁下的磁致伸缩效应 …………………………………… (78)

3.2 变压器直流偏磁的有限元仿真分析 ………………………………… (79)

3.2.1 有限元法及 ANSYS 简介 ……………………………………… (79)

3.2.2 仿真模型信息 …………………………………………………… (85)

3.2.3 模型建立以及加载 ……………………………………………… (87)

3.2.4 仿真结果分析 …………………………………………………… (93)

3.3 典型变压器铁芯直流偏磁时的内部特性 …………………………… (99)

3.3.1 组式变压器直流偏磁时的内部特性 …………………………… (99)

3.3.2 三相三柱变压器直流偏磁时的内部特性 …………………… (105)

3.3.3 三相五柱变压器直流偏磁时的内部特性 …………………… (111)

3.4 变压器铁芯直径变化对直流偏磁的影响 ………………………… (116)

3.4.1 变压器铁芯直径选择的主要因素 …………………………… (117)

3.4.2 铁芯直径变化对直流偏磁的影响 …………………………… (117)

3.5 变压器油箱与直流偏磁的关系 …………………………………… (121)

3.6 本章小结 …………………………………………………………… (124)

第4章 变压器直流偏磁治理措施 …………………………………… (126)

4.1 电阻限流法 ………………………………………………………… (126)

4.1.1 电阻限流装置介绍 …………………………………………… (126)

4.1.2 电阻限流装置的优点 ………………………………………… (126)

4.1.3 电阻限流装置的不足 ………………………………………… (127)

4.1.4 应用实例 ……………………………………………………… (127)

4.2 电容隔直法 ………………………………………………………… (130)

4.2.1 电容隔直装置介绍 …………………………………………… (130)

4.2.2 电容隔直装置的优点 ………………………………………… (131)

4.2.3 电容隔直装置的不足 ………………………………………… (131)

4.3 直流电流反向注入法 ……………………………………………… (131)

4.3.1 直流电流反向注入法介绍 …………………………………… (131)

4.3.2 直流电流反向注入法的优点 ………………………………… (132)

4.3.3 直流电流反向注入法的不足 ·········· (132)

4.4 电位补偿法 ··············· (132)

4.4.1 电位补偿法介绍 ············ (132)

4.4.2 电位补偿法的优点 ··········· (133)

4.4.3 电位补偿法的不足 ··········· (133)

4.5 直流偏磁治理措施对比 ·········· (133)

4.6 本章小结 ··············· (135)

第5章 变压器接电阻治理直流偏磁 ········· (136)

5.1 中性点接电阻抑制变压器直流偏磁的原理 ···· (136)

5.2 变压器接小电阻的过电压分析 ········ (139)

5.2.1 变压器中性点的绝缘水平 ········ (139)

5.2.2 部分接地方式变压器接小电阻后的影响 ··· (139)

5.3 交直流系统接地电阻对直流偏磁电流的影响 ··· (150)

5.3.1 直流偏磁电流的等效电路 ········ (150)

5.3.2 直流偏磁电流的计算 ·········· (152)

5.3.3 各电阻对直流偏磁电流的影响 ······ (152)

5.4 变压器中性点接阻抗装置的多用途直流偏磁防护方法 ·· (157)

5.4.1 阻抗装置的结构 ············ (158)

5.4.2 装置的工作原理 ············ (158)

5.4.3 阻抗装置的性能要求 ·········· (164)

5.5 本章小结 ··············· (165)

第6章 变压器接电阻治理直流偏磁的网络优化配置 ···· (166)

6.1 直流接地极电流分布变化问题 ········ (166)

6.1.1 浙江电网直流接地极电流分布变化简介 ··· (166)

6.1.2 新疆电网直流接地极电流分布变化简介 ··· (169)

6.1.3 四川电网直流接地极电流分布变化简介 ··· (169)

6.2 变压器接入小电阻网络配置的数学模型 ···· (170)

6.2.1 目标函数 ·············· (170)

6.2.2 约束方程 ·············· (171)

6.3 TOPSO算法的原理 ············ (171)

6.3.1 双目标优化问题 ············ (172)

6.3.2 标准PSO算法 ············· (173)

6.3.3 双目标PSO算法 ············ (174)

6.4 实例分析 ··············· (176)

6.5　本章小结 ··· (178)

第7章　变压器直流偏磁电流现场检测及在线监测 ·········· (180)

7.1　直流偏磁现场检测 ································· (180)

7.1.1　检测条件 ······································· (180)

7.1.2　检测方法 ······································· (182)

7.1.3　检测数据分析与记录 ························· (182)

7.2　检测实例 ·· (183)

7.3　直流偏磁电流在线监测 ························· (186)

7.3.1　工作原理 ······································· (186)

7.3.2　主要器件 ······································· (187)

7.3.3　装置的时间同步及数据传输 ·············· (188)

7.3.4　设计及封装 ···································· (190)

7.3.5　监测系统结构 ································· (198)

7.3.6　后台监测主要功能 ·························· (199)

7.3.7　软件系统 ······································· (202)

7.4　本章小结 ·· (210)

第8章　四川电网变压器直流偏磁现状及治理建议 ·········· (211)

8.1　四川电网变压器直流偏磁现状 ················ (211)

8.1.1　直流接地极电流对四川变压器影响简介 ··· (211)

8.1.2　直流偏磁对 220 kV 幸福站主变的影响 ···· (214)

8.1.3　直流偏磁对 220 kV 榆林站主变的影响 ···· (220)

8.1.4　宾金特高压直流联调期间偏磁测试 ········ (223)

8.1.5　方山电厂主变故障分析及直流偏磁情况 ··· (226)

8.2　四川电网变压器直流偏磁治理建议 ·········· (236)

8.2.1　治理站点选择 ································· (236)

8.2.2　变压器加装直流在线监测装置 ············ (238)

8.2.3　变压器中性点加装电阻装置 ··············· (238)

8.2.4　直流偏磁防护建议 ·························· (241)

8.3　本章小结 ·· (242)

结　论 ··· (243)

附录 A：宾金特高压直流联调期间四川偏磁检测结果 ········ (246)

附录 B：宜宾和泸州地区电网变电站分布 ·················· (266)

参考文献 ··· (267)

第1章 绪 论

直流输电尤其是特高压直流输电具有输送距离长、容量大、控制灵活、调度方便、损耗低、输电走廊占地少等诸多优点,在我国得到推广应用。截止 2016 年 9 月,我国已经投运了格尔木-拉萨±400 kV 直流输电工程,葛洲坝-南桥、天生桥-广州、三峡-常州、三峡-广州、贵州-广州、德阳-宝鸡、宁夏东-天津、呼伦贝尔-辽宁等±500 kV 直流输电工程,宁东-山东±660kV 直流输电工程,向家坝-上海、锦屏-苏南、溪洛渡-浙江、云南-广东、哈密-郑州等±800 kV 特高压直流输电工程。为进一步提高"西电东送"的输电能力,促进"南北互联、全国联网",我国还规划或正建设一系列特高压直流输电工程,其中包括酒泉-湖南、灵宝-绍兴、上海庙-山东、晋北-南京等多条±800 kV 特高压直流输电工程和准东-皖南±1100 kV 特高压直流输电工程。多条超/特高压直流输电的投运,有效地缓解了我国能源与负荷分布不均衡的问题,满足了我国京津唐、长三角、珠三角等负荷中心经济快速发展的需求,促进我国建设以特高压电网为骨干网架的坚强电网。但是,超/特高压直流输电仍存在一些亟待解决的问题,如直流接地极电流对金属管线的腐蚀、接地极线路过电压与绝缘配合、变压器直流偏磁、特高压交直流混联电网稳定性等。本书针对直流输电导致的变压器直流偏磁问题,从直流接地极周边地表电位和地电流分布规律、变压器直流偏磁机理展开论述,在直流偏磁电流的现场检测、在线监测和防护措施等方面为变压器直流偏磁预警及治理提供技术支撑。

1.1 直流接地极电流对变压器的影响

1.1.1 我国直流输电的发展

1.1.1.1 我国能源与负荷的分布现状

我国的能源与负荷中心具有东西部分布不均衡的特点。尽管作为世界上水能资源最丰富的国家,可开发装机容量达 3.78 亿千瓦,年发电量为 1.92 万亿千瓦时,但我国的水能资源分布极不均匀,90%的可开发装机容量集中在西南、中南和西北地区,特别是长江中上游干支流和西南地区河流。由于水电资源分布与用电负荷分布不平衡,客观上制约了水电的开发和利用。截至 2008 年底,全国水电装机容量为 1.72 亿千瓦,年发电量达到 5633 亿千瓦时,分别占全国电力装机容量和年发电量的 21.6% 和 16.4%。我国煤炭资源也十分丰富,煤炭资源探明保有储量为 1 万亿吨,居世界第二位,是世界上煤炭产量最多的国家,但煤炭资源主要集中在山西、陕西和内蒙古西部,占煤炭资源总量的 2/3 以上,火电开发集中在西北部地区。我国的东部沿海地区经济发达,仅北京、广东、上海等东部七省市的电力消费就占到全国的 40% 以上,但东部地区的能源资源非常短缺,只能从外地运煤建火电厂,一方面会造成大气污染严重,另外也会使交通运输压力增大。因此,我国电能的跨区域大规模流转是必然趋势。

水电具有可再生、清洁无污染、发电成本低等优点。我国计划在 2011~2020 年十年间共计新投产水电 14750 万千瓦,2021~2030 年十年间共计新投产水电 935 万千瓦(见图 1-1)。大力开发西部能源,建设直流输电尤其是特高压直流输电工程,向东部用电负荷中心送电,有利于缓解我国能源与负荷分布不均衡的矛盾,促进经济快速发展。

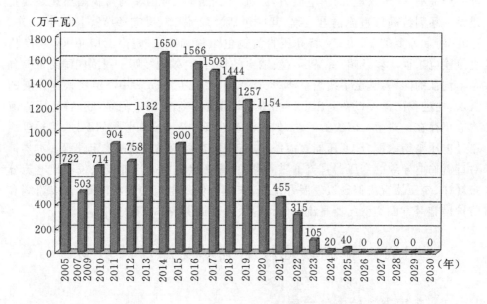

图 1-1 我国水电规划图

开发贵州、云南、广西、四川、内蒙古、山西、陕西等西部省区的电力资源,将其输送到电力紧缺的珠江三角洲、沪宁杭和京津唐工业基地是我国电力发展战略。"西电东送"将形成三大通道:一是将贵州乌江、云南澜沧江和桂、滇、黔三省区交界处的南盘江、北盘江、红水河的水电资源,以及黔、滇两省坑口火电厂的电能开发出来送往广东,形成南部通道;二是将三峡和金沙江干支流水电送往华东地区,形成中部通道;三是将黄河上游水电和山西、内蒙古坑口火电送往京津唐地区,形成北部通道。

中国西部的水电资源丰富,仅四川、云南两省的水电可开发容量近 200 000 兆瓦。按照我国能源开发战略,近期将重点开发西南水电,采用特高压直流将电能输送到沿海经济发达地区(西南水电分布见图 1-2)。位于四川、云南接壤的金沙江水能资源可开发装机容量就达到 90 000 兆瓦,年发电量约 0.5 万亿千瓦时。金沙江下游溪洛渡、向家坝、白鹤滩和乌东德 4 个大型水电站,总装机容量达 39 600 兆瓦,一期工程开发 2 个电站,溪洛渡、向家坝电站分别于 2005 年底和 2006 年正式动工兴建,两座电站的装机容量合计 18 600 兆瓦,首批机组发电时间分别为 2012 年和 2013 年,所发电量主要送往华中、华东,送电距离约 1000~2000 km。向家坝电站的电能采用"直流±800 kV,6400 MW"的特高压直流输送方式,溪洛渡电站的电能采用"直流±800 kV,8000 MW"的特高压直流输送方式。

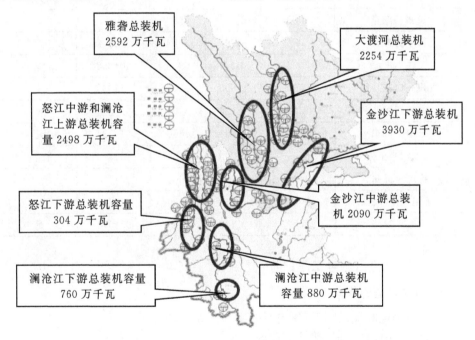

图 1-2 西南水电资源分布

1.1.1.2 我国直流输电的发展历程

直流输电具有"大容量、远距离"输电等优点,我国能源与负荷中心分布不均衡的特点促进了直流输电的快速发展。中国的直流输电是在 1958 年考虑长江三峡水利资源开发以及三峡电站电力外送问题时提出的。1987 年建成我国自行设计,全部采用国产设备的舟山直流输电工程(单极,-100 kV,50 MW,54 km)。舟山直流输电工程拉开我国直流输电工程序幕后,多条直流输电工程已经建成并投入运行。

表 1-1 我国已经建成的直流输电工程

工程名 (直流输电工程)	输送容量 /MW	电压 /kV	电流 /A	距离/km	
				架空线	电缆
舟山	50	−100	500	42	12
葛洲坝—南桥	1200	±500	1200	1045	无
天生桥—广州	1800	±500	1800	960	无
嵊泗直流	60	±50	600	6.5	59.7
三峡—常州	3000	±500	3000	860	无
三峡—广东	3000	±500	3000	960	无
贵州—广东	3000	±500	3000	882	无
灵宝背靠背	360	120	3000	无	无
三峡—上海	3000	±500	3000	1048.6	无
贵州—广东二回	3000	±500	3000	1193	无
高岭背靠背	1500	±125	3000	无	无
云南—广东	5000	±800	2580	1412	无
向家坝—上海	6400	±800	4000	2150	无
锦屏—苏州	6400	±800	4000	2471	无
溪洛渡—浙江	8000	±800	5000	2164	无
哈密—郑州	8000	±800	5000	2210.2	无

1.1.1.3 直流输电工程的特点

1. 直流输电的优点

与交流输电相比较,直流输电具有下列优点。

(1)输送相同功率时,线路造价低

对于架空线路,交流输电通常采用 3 根导线,而直流只需 1 根(单极)或 2 根(双极)导线。输送相同功率时,直流输电所用线材仅为交流输电的 2/3～1/2。另外,直流输电在线路走廊、铁塔高度、占地面积等方面,比交流输电优越。

对于电缆线路,直流电缆与交流电缆相比,其投资费用和运行费用都更为经济,这就是越来越多的大城市供电采用地下直流电缆的原因。

(2)线路损耗小

由于直流架空线路仅用 1 根或 2 根导线,所以导线上的有功损耗较小。同时,由于直流线路没有感抗和容抗,在线路上也就没有无功损耗。另外,直流架空线路具有"空间电荷"效应,其电晕损耗和无线电干扰均比交流架空线路要小,直流输电没有集肤效应,导线的截面利用充分。这样,直流架空线路的年运行费用也比交流架空线路少。

(3)适宜海底输电

海底输电必须采用电缆。电缆线路的电容比架空线路大得多,较长的海底电缆交流输电很难实现,而采用直流电缆线路就比较容易。并且电缆的绝缘在直流电压和交流电压作用下的电位分布、电场强度和击穿强度都不相同。

(4)没有系统稳定问题

交流输电系统中,所有连接在电力系统中的同步发电机必须保持同步运行。系统稳定是指在系统受到扰动后所有互联的同步发电机具有保持同步运行的能力。由于交流系统具有电抗,输送的功率有一定的极限,当系统受到某种扰动时,有可能使线路上的输送功率超过它的极限。此时,送端的发电机和受端的发电机可能失去同步而造成系统的解列。

如果采用直流线路连接两个交流系统,由于直流线路没有电抗,所以不存在上述的同步运行稳定问题,即直流输电不受输电距离的限制。另外,由于直流输电与系统频率、系统相位差无关,所以直流线路可以连接两个频率不相同的交流系统。

(5)能限制系统的短路电流

用交流输电线路连接两个交流系统时,系统容量增加,将使短路电流增大,有可能超过原有断路器的通断容量,这就要求更换大量设备,增加大量的投资。而用直流输电线路连接两个交流系统时,直流系统的"定电流控制"将快速把短路电流限制在额定功率附近,短路容量不因互联而增大,有利于实现交流系统的互联。

(6)调节速度快、运行可靠

直流输电通过晶闸管换流器能够方便、快速地调节有功功率和实现潮流翻转。不仅在正常运行时保证稳定地输出功率,而且在出现事故情况下,可通过正常的交流系统一侧由直流线路对另一侧事故系统进行支援,从而提高系统运行的可靠性。

(7)实现交流系统的异步连接

频率不同或相同的交流系统可以通过直流输电或"交流—直流—交流"的"背靠背"换流站实现异步联网运行,既得到联网运行的经济效益,又避免交流联网在发生事故时的相互影响。

(8)直流输电可方便地进行分期建设和增容扩建,有利于发挥投资效益

双极直流输电工程可按极分期建设,即先建成一极后单极运行,然后再建另一个极。也可以每极选择两组基本换流单元(串联接线或并联接线),第一期先建一组(为输送容量的 1/4)单极运行;第二期再建一组(为输送容量的 1/2)双极运行;第三期再增加一组,可双极不对称运行(为输送容量的 3/4),当两组换流单元为串

联接线时,两极的电压不对称,为并联接线时候,则两极的电流不对称;第四期则整个双极工程完全建成。

2. 直流输电的缺点

直流输电与交流输电相比,有如下缺点:

①换流站的设备较昂贵。

②换流装置要消耗大量的无功功率。直流输电换流器需要消耗一定的无功功率,一般情况下,约为直流输送功率的 $50\%\sim60\%$,因此,换流站的交流侧需要安装一定数量的无功补偿设备,一般为具有电容性的交流滤波器。

③产生谐波影响。换流器运行时在交流侧和直流侧都将产生谐波电流和电压,使电容器和发电机过热,换流器控制不稳定,对通信系统产生干扰。一般在交流侧安装滤波器限制谐波影响。

④换流装置几乎没有过载能力,所以对直流系统的运行不利。

⑤缺乏高压直流开关。由于直流输电不存在零点,以致灭弧较困难,目前尚无适用的高压直流开关。现在是把换流器控制脉冲信号闭锁,起到部分开关的作用。但在多端供电式,就不能单独切断事故线路,而要切断整个线路。近年来,采用新型可关断半导体器件进行换流时,直流断路器的功能将由换流器来承担。

⑥直流输电利用大地(或海水)为回路会带来的一些技术问题。接地极附近地下(或海水中)的直流电流对金属构件、管道、电缆等埋设物有腐蚀作用;地中直流电流通过中性点流入绕组导致变压器出现直流偏磁现象,引起变压器局部过热、振动加剧、噪声增大;以海水作为回路时,会对通信系统和航海磁性罗盘产生干扰。

⑦直流输电线路难于引出分支线路,绝大部分只用于端对端送电。

根据以上优缺点,直流输电适用于以下场合:

①远距离大功率输电;

②海底电缆送电;

③不同频率或同频率非周期运行的交流系统之间的联络;

④用地下电缆向大城市供电;

⑤交流系统互联或配电网增容时,作为限制短路电流的措施之一;

⑥配合新能源的输电。

1.1.2 我国特高压直流输电的规划

随着电力工业的快速发展,为了满足西电东送、大容量输电的要求,我国已经投运了葛南、天广、三常、三广、贵广、德宝、宁夏东—天津、呼伦贝尔—辽宁等 $\pm500~\text{kV}$ 直流输电线路,我国自行设计建设的灵宝背靠背直流工程也已顺利投运。同时,为进一步提高"西电东送"的输电能力,促进"南北互联、全国联网",我国规划了一系列高压直流输电工程,其中包括多条 $\pm800~\text{kV}$ 特高压直流输电工程。

西南水电资源十分丰富,仅金沙江水能资源可开发装机容量就达到 90 000 兆瓦,年发电量约 0.5 万亿千瓦时。金沙江下游一期工程包括溪洛渡、向家坝两个梯级水电站,总装机容量达 18 600 兆瓦,比三峡工程还要多 400 兆瓦,将电能送至华中、华东地区(见图 1-3)。为了解决大规模水电送出问题,节约设备投资,并为金沙江和其他西部水电未来发展预留输电走廊资源,通过对特高压直流输电电压等级的研究和论证,我国已经确定了 ±800 kV 为特高压直流输电的标准电压,主要用于大水电基地和大煤电基地的超远距离、超大容量送出工程,以及在线路中部缺乏电源支撑的长距离输电工程。

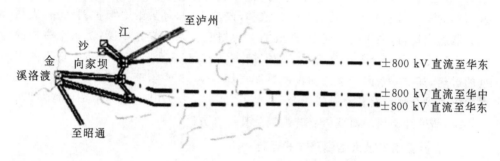

图 1-3　溪洛渡、向家坝水电站的电力外送

南方电网建设的"云南—广东" ±800 kV 直流输电项目,已于 2010 年双极投运,把云南小湾、金安桥水电站的电力送到广东。同时,金沙江一期溪洛渡、向家坝电站送电华中、华东和锦屏一、二级电站送电华东项目也将采用 ±800 kV、4000 A 特高压直流外送,每回特高压直流的输送容量为 6 400 兆瓦,总输电容量 25 600 兆瓦。其中"向家坝—上海"、"锦屏—苏州"、"溪洛渡—浙江"、"哈密—郑州" ±800 kV 直流输电工程已投入运行。

1.1.3　变压器直流偏磁现象

直流偏磁是指在变压器励磁电流中出现了直流分量,导致变压器铁芯半周磁饱和,以及由此引起的一系列电磁效应。铁芯的高度饱和会使漏磁增加,引起金属结构件和油箱过热,破坏绝缘,影响变压器的寿命。这种变压器的非正常工作状态还会产生大量谐波,增加变压器的无功消耗,并可能影响继电保护。同时,直流偏磁还会导致变压器铁芯磁致伸缩更加严重,从而使变压器振动加剧、噪声加大,影响变压器的正常运行。

1.1.3.1　变压器直流偏磁的原因

产生变压器直流偏磁的原因主要有两种。

1. 太阳等离子风的动态变化与地磁场相互作用产生的"地磁风暴"

地磁场的变化导致地球表面出现电位梯度。当发生严重地磁风暴时,地面电导率较小地区的电位梯度可达每公里几伏至上百伏,持续时间为几分钟到几小时,这一低频且具有一定持续时间的电场作用于电网的中性点接地的变压器时,会在变压器绕组中产生地磁感应电流(GIC),其频率在 0.001~1 Hz 之间,可近似看作直流,地磁感应电流值可达 80~100 A。尽管地磁风暴影响电力系统的现象早在 1940 年就已经引起美国学者的注意,但并未得到足够的重视,直到 1989 年 3 月 13 日,严重的地磁风暴影响了北美的电力和通信系统,这才引起人们的重视。这次磁暴引起的直流偏磁使变压器铁芯严重饱和,谐波大增,导致继电保护误动作,大量电容器退出运行,系统电压崩溃,造成加拿大魁北克水力发电中断;美国东海岸的大型升压变压器两个低压绕组导线的铜接头烧毁;有 8 台自耦变压器出现不同程度的过热,其中一台因严重的油箱过热而损坏。从 1990 年至 1993 年,美国 IEEE 输配电委员会每年召开专题研讨会,成立了"地磁干扰及其对电力系统的影响"研究小组,研究地磁风暴对变压器的影响及其抑制方法。

2. 直流输电单极大地回路方式运行

对于远距离输电的双端直流系统,通常是以双极运行方式。但当单极线路检修时往往会采用单极大地回路方式运行,或者在直流输电系统建设初期,为了提高经济效益,往往建好一极后即投入运行,这种直流输电单极运行方式往往是以大地作为回流电路,即大地充当了直流输电线路的另一根导线,流经大地的电流是直流输电工程的工作电流(如图 1-4),此时高达几千安培的电流从直流接地极注入大地,±800 kV 特高压直流输电接地极注入大地的电流甚至更大(可达 5 kA)。

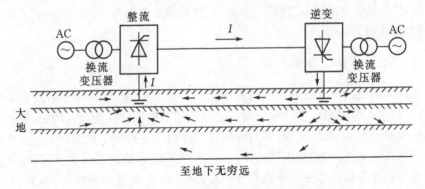

图 1-4　直流输电单极大地回路方式

我国直流输电工程的运行情况表明,直流偏磁现象在实际运行的变压器中多次出现。如:在 500 kV 直流输电单极对地调试和试运行期间,武南两组 500 kV 主变压都出现噪声大幅度上升的问题(噪声上升幅度达 20 dB),现场测试表明,武南变电站及周边 500 kV、220 kV 变电站中性点接地的变压器都出现了不同大小的直流电流。其中武南 500 kV 变压器中性点直流量达到 12.8 A,受到的影响最大。这是由于直流输电线路采用单极大地回路运行式时,直流电流经变压器中性点的接地线进入交流电网所致。单极运行期间直流接地极的入地电流主要带来以下问题:导致中性点接地变压器直流偏磁;对交流输电线、通信线的干扰;地中直流对地下金属物及管线的腐蚀;接地极附近电位梯度对人畜有影响等。

另外,相控交流负载、相控整流器、单相整流器等电压电流关系曲线不对称的负载也能产生直流分量,导致变压器直流偏磁,它们对铁芯磁饱和的影响与直流输电单极大地回路运行时相同。

1.1.3.2 直流偏磁对变压器的影响

当变压器绕组中无直流电流时,励磁电流工作在铁芯磁化曲线的直线段;当变压器绕组中有直流流过时,由于直流偏磁的影响,励磁电流工作点偏移到铁芯磁化曲线的饱和区,导致铁芯半周磁饱和,即变压器处于直流偏磁状态。直流偏磁对变压器的影响主要有以下几个方面(如图 1-5)。

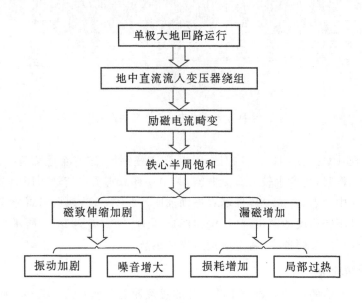

图 1-5 直流偏磁对变压器影响原理示意图

1. 噪声增大

当变压器发生直流偏磁时,励磁电流会明显增大。对于单相变压器,当直流电流达到额定励磁电流时,噪声增大 10 dB,若达到 4 倍的额定励磁电流,噪声增大 20 dB;变压器直流偏磁会产生谐波,使变压器噪声频率发生变化,可能会因某一频率与变压器结构部件发生共振使噪声增大。自 2002 年 12 月三峡 500 kV 直流输电开始调试和试运行以来,常州武南两组 500 kV 主变压器均出现噪声大幅度上升(上升 20 dB)。

2007 年 1 月 29 日,国网辽宁电力抚顺新建 220 kV 胜利变电站投运,由于变压器(SFPS10−180000/220)运行中噪声异常,现场经过 3 次不同时间的跟踪测试,发现该变压器局部噪声最大超过 90 dB,平均噪声最大值超过 80 dB,远远超过出厂值 64 dB。4 月 20 日,对该变压器进行了中性点直流测试,经近 4 小时的监测,发现最大直流电流约为 14.9 A,对应噪声 88 dB,噪声幅值与中性点直流电流变化基本一致,如下图 1-6 所示。

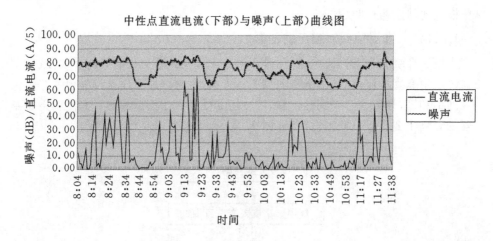

图 1-6　中性点直流电流与变压器噪声的测试曲线

经调查,距变电站 10 km 内有 2 座煤矿、1 座钢厂,这些企业均有整流设备,当整流设备工作时,将产生较大直流电流,其中一部分直流电流注入距离较近的胜利变电站主变中性点,造成变压器器身振动加剧。4 月 7 日,现场吊罩检查发现绝缘相间垫块有不同程度的窜位,高压绕组纵向压力失稳,如图 1-7 所示。如果此时变压器遭受短路故障冲击,将造成绕组损坏事故。

2. 振动加剧

变压器本体的振动主要源于硅钢片的磁致伸缩引起的铁芯振动。磁致伸缩使铁芯随励磁电流的变化出现周期性的振动。直流偏磁下的变压器铁芯处于半周磁饱和状态,磁通偏移,同时励磁电流出现畸变现象,此时磁致伸缩加剧,导致铁芯的振动也随之加剧;硅钢片接缝处和叠片间存在由漏磁引起的电磁吸引力,磁饱和时漏磁增大引起电磁吸力增大,从而也加剧了铁芯的振动。

硅钢片磁致伸缩有以下几个方面的影响因素。

(1)硅钢片的材质,即硅钢片的含硅量;

（a)相端部垫块窜位 1

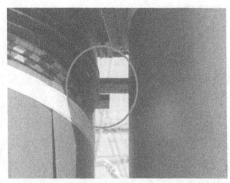
(b)相端部垫块窜位 2

(c)相端部垫块窜位 3

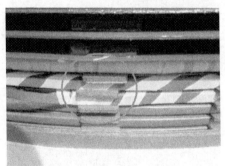
(d)相端部垫块窜位 4

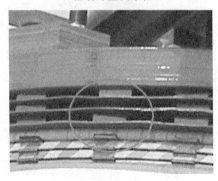
(e)相端部垫块窜位、脱落

(f)相端部垫块窜位 5

图 1-7　吊罩检测图片

（2）磁感应强度。磁致伸缩与磁感应强度的平方成正比；

（3）铁芯的温度。磁致伸缩随硅钢片的温度升高而增大；

（4）硅钢片表面的绝缘层厚度。绝缘层厚度存在表面张力，可对磁致伸缩起到减缓作用。

直流偏磁下磁感应强度增大，温度也会升高，导致磁致伸缩相应的增大，从而加剧铁芯振动。

3. 局部过热

为获得足够的机械强度,芯式变压器铁芯的拉板或壳式变压器铁芯的支撑板通常是采用磁性材料。拉板或支撑板与硅钢片的磁场强度相同,其厚度比硅钢片的厚度厚得多,大的涡流损耗导致了拉板(或支撑板)温度升高。

试验研究得出拉板(或支撑板)温升与其磁场强度的关系,见图 1-8。铁芯拉板或支撑板在同样的磁场强度下,交流过励磁的温升比直流偏磁的温升高约一倍。因为直流偏磁时,仅半个周波存在高的磁场。铁芯的拉板(或支撑板)采用磁性材料时的温升比使用非磁性材料时高得多。

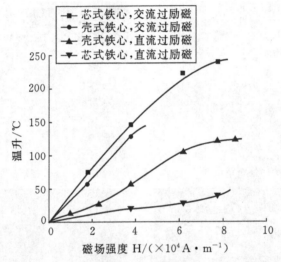

图 1-8   芯式铁芯拉板(壳式铁芯支撑板)温升与磁场强度的关系

4. 其他影响

(1)对电压波形的影响

我国 110 kV 及以上变压器一般采用 Y_N,d 连接,特高压、超高压变压器一般采用 Y_N,d,y_n 连接。对于 Y_N,d 和 Y_N,d,y_n 连接的三相变压器,当地中直流流过 Y_N 绕组时,一次和二次绕组都可以为三的倍数次谐波电流提供通道,使主磁通接近正弦波,从而电动势波形也接近于正弦波。但当铁芯工作在严重饱和区时,漏磁通增加,如果此时电源容量较小,电压波形会发生畸变。

(2)变压器损耗增加

在直流电流的作用下,变压器励磁电流可能会大幅度增加,导致变压器基本铜耗急剧增加。但由于主磁通仍为正弦波,且磁通密度变化相对不大,所以直流偏磁电流对附加铜耗的影响相对较小。

变压器铁耗包括基本铁耗(磁滞和涡流损耗)和附加铁耗(漏磁损耗)。基本铁耗与通过铁芯磁通密度的平方成正比,和频率成正比。变压器漏磁通会穿过压板、夹件、油箱等构件,并在其中产生涡流损耗,即附加铁耗。附加铁耗会随着铁芯磁通密度的增加而增加。

(3)对变电站接地网的腐蚀

我国接地网所用材质主要为普通碳钢,当直流输电单极运行时,直流接地极电流会对邻近变电站接地网造成电化腐蚀,缩短接地网的使用寿命。由于接地网埋于地下难以直接监测,当地网满足不了热稳定要求时,无法承受雷电冲击或短路事故形成的大电流。一旦地网烧毁,地电位猛升,高压窜至二次回路导致送变电设备大量烧毁,将造成巨大的经济损失和不良社会影响。

1.1.3.3 换流变压器的直流偏磁

换流变压器如图 1-9 所示。

(a)双绕组换流变压器换流变压器

(b)三绕组换流变压器

图 1-9 换流变压器

换流变压器绕组中电流直流分量的存在会影响磁化曲线,并产生偏离零坐标轴的偏磁量。其产生直流偏磁电流的原因有:

(1)触发角不平衡;

(2)换流器交流母线上的正序二次谐波电压;

(3)在稳态运行时由并行的交流电流感应到直流线路上的基频电流;

(4)单击大地回线方式运行时产生的流经变压器中性点的直流电流;

(5)由于太阳表面黑子等物质产生的太阳风和射线流袭击地球产生的磁暴。

触发角不平衡产生的直流偏磁是换流变压器直流偏磁的重要原因。导致换流阀触发角不平衡的因素有很多,其中主要原因在于:同相两个阀触发信号光纤长度的差异,会导致触发时间上的轻微差异;交流系统电压的不对称和等距离触发系统及晶闸管触发回路所造成的触发误差。由此引起的触发角不平衡在整流侧及逆变侧都产生直流偏磁电流,整流器和逆变器的触发不平衡都会在换流变压器中产生直流电流,但两者不同步。一个12脉动换流阀内的两个6脉动阀桥产生的直流电流也不同步。但是只有当触发角的不平衡程度达到使得换流变压器绕组中电流正负半波的电流平均值不等于零的这种情况时,即正半波电流增大,负半波电流减小,换流变压器绕组中才会出现直流分量的励磁电流。

根据对换流阀系统包括阀触发电子回路的分析认为,不同阀门之间触发角的不平衡一般不会超过0.02度。

由于换流器交流母线存在正序二次谐波电压,在直流侧会出现50 Hz的交流电压分量。从而导致换流变压器阀侧电流中出现直流电流分量。根据我国的交流系统运行情况及有关规定,一般假定换流器交流母线存在相当于系统基频电压1%的正序二次谐波电压。这种假设是相当保守的,通常只有换流器交流母线上所接的交流滤波器与交流系统发生谐振时才会出现。利用EMTDC对包括12脉动换流器、交流滤波器、平波电抗器和直流滤波器在内的交直流系统进行模拟可以求出相应的直流电流分量。在模拟计算中,是将交流系统基频电流叠加上1%的二次谐波电压,以考虑其对直流电流分量的影响。

当直流输电架空线平行并靠近交流线路架设。在稳态运行时,交流线路上流过的交流电流可能在直流线路上感应出基频电压,从而导致直流线路上出现基频电流。即使交流线路三相系统的负荷电流是对称的,但由于各相导线与直流线路距离不等,也会在直流线路上感应产生交流基频电压。降低这种耦合影响的有效措施是交流线路采用相导线的换位措施。

由于在换流过程中换流阀的按序通断,直流线路的50 Hz电流使换流变压器阀侧绕组出现直流电流分量。在绕组一相中的电流分量可以在零和其最大值之间变化,取决于50 Hz电流与换相角之间的相角关系。在计算中往往假定最严重的条件以得到一个最大的直流电流分量。

新西兰 350 kV 直流 Benmore 换流站在扩建工程投资调试时，换流变压器在空载条件下发现直流偏磁使励磁电流大幅增加，从而引起严重的零序谐波使滤波器过载跳闸。Benmore 换流站至接地极的距离仅 8 km，接地极电流为 2 kA 时，Benmore 换流站的地电位高达 84 V，一般经验为 10 V 左右。

1.2 国内外对直流偏磁的研究及治理现状

国外在 20 世纪 70 年代就已经开始研究地磁暴对电力系统的影响。1989 年北美洲强地磁暴造成电网大事故后，更提高了此项研究的重要性。HVDC 输电引起的交流系统流过直流的问题，也是建立在地磁暴研究的基础上。对于 HVDC 引起的直流偏磁，国外只见于加拿大魁北克电网。该网含 1500 km 双极 450 kV 直流输电线路，向美国新英格兰地区送电。魁北克—新英格兰多端直流工程线路送端的 Radisson 换流站的接地极远在 40 km 外，测量表明，接地极电位可高达 500 V，注入接地极的电流最多时有 15% 通过交流变压器中性点，时间长达数小时。

魁北克电力研究所(IREQ)和加拿大 ABB 公司合作，对 735 kV 单相芯式自耦变压器受直流电源励磁时的温升作了试验研究。确定铁芯拉板中心部分温度最高，但这种温升一般到不了临界水平，不会影响变压器的绝缘，因此认为这种变压器可以耐受 25 A 的直流电流。

1991 年，魁北克—新英格兰直流线路投入运行后，许多设施和管道受到直流故障电流的影响。为此，新英格兰电力公司(New England Power)在高压直流输电线铁塔上利用避雷线架设了一条从美国马萨诸塞州桑迪湖到加拿大魁北克省邓肯的空中回线(相当于金属大地回线)，以此减少新英格兰地区接地回路中故障电流的流动，这样使高压直流输电系统故障电流对管道的影响得到了改善。对于 Radisson 换流站，则采用在多数 735 kV 线路装设串补，在其他线路上串联电容，个别变电站装设变压器中性点电容隔直装置来抑制直流电流从变压器中性点流入交流系统。

从上世纪 80 年代初开始，国外对地磁感应电流导致变压器直流偏磁相关的研究较多，而由直流输电单极运行引起变压器直流偏磁的研究较少。随着中国多条 ±500 kV 和 ±800 kV 直流输电线路的投运，直流输电单极运行引起的变压器直流偏磁的问题已经引起了电力运营部门和学术界的重视，近年来也开展了不少相关的研究，取得了一定的研究成果，但对其产生现象的机理的认识还不是十分清楚，尚存在许多亟待解决的问题。

1.2.1 地表电位和地电流分布的研究

国外地磁风暴引起的地表电位分布和地磁电流相关的研究较多，但地磁风暴发生时太阳等离子风的动态变化与地磁场相互作用在地球表面诱发电位梯度，从而形成频率在 0.001～1 Hz 之间的地磁电流,其作用机理与直流输电单极大地回路运行时产生地电位和地中直流相差较大。

国内已有一些关于直流接地极电流引起地表电位和地电流相关的研究。地电位相关的研究有建立水平多层和垂直多层土壤模型,将接地极引起电位分布计算方法可以归于点电源在多层介质中的格林函数的求解。有研究分析了接地极的位置与变压器直流偏磁的关系,以及深层接地极的电位分布特性。还有关于深埋接地极和近海接地极对地表电位影响的研究,对于直流电流在交流系统中的分布,有的学者应用接地极自电阻和互电阻的概念,提出将地网和交流网直流通路电网联合计算的中性点直流分量网络算法,但该方法中自电阻和互电阻的定义直接影响着分析的精度。也有基于有限元法,定性分析了地形、大地各层电阻率、接地极等共同作用对地表电位分布的影响,提出利用直流接地极与交流变压器接地极之间的等效阻抗来计算电流的分布,认为大地表层和高阻层的电阻率对地表电位分布影响较大,但是该方法使用的是简化的大地电阻率模型,各中性点的电流也要靠现场测量得到,故该法并不适合分析处于规划中的直流输电工程接地极的地电位和地中电流分布;还有根据矩量法分析了复杂大地结构中,由直流接地极、交流变电站接地网及其他埋地金属管道构成的多接地系统产生的电流场。但现场测试结果表明,该法计算流过变压器绕组电流与测量结果相差较大,其原因是以离接地极的距离来判断需要建立等值网络的范围不合理,且忽视了附近交流网络对流入变压器直流电流分布的影响。

尽管在直流输电单极运行时接地极电流引起的地电位和地中电流分布方面已经有相应的研究,但仍存在一些难题尚未解决。如怎样选取适当的土壤模型来定量计算大尺度范围内地中直流的分布;中性点直流量的大小靠实测,没有准确的理论计算模型;如何解释某些远离接地极的变电站主变仍然流过较大直流电流的现象;多个距离较近的直流接地极引起的地电位和地中电流分布;含较多中性点接地变压器的交流网络对直流量的分布有何影响等问题。

1.2.2 变压器直流偏磁的分析方法

当换流站的直流接地极电流入地后,偏磁电流将根据欧姆定理在错综复杂的地质结构和输电网络进行分布。对于同一大小的直流接地极电流,山川丘陵地带和平原江河地带的地电位分布完全不同;同理,对于相同地形的条件,输电走廊的疏密也会影响偏磁电流的大小。因此,偏磁电流是在大地、输电线路、中性点接地变压器三种通路下形成的一种自然分布。三个条件确定,偏磁电流大小即确定,并随入地电流线性增加;一旦三个条件任意一个被破坏,偏磁电流将重新按照欧姆定律分布。对于变压器本体受直流偏磁影响的研究,将是一种受振动、噪声、温度约束的三维瞬态非线性涡流场分析。

1.2.2.1　直流偏磁研究方法

目前国际上对直流偏磁的分析总共分为三类：第一类是分析接地系统特点、地表电磁场分布、地磁感应电流在系统中的分布以及在复杂电力系统网络模拟方法等的基础上，进行关于电力系统在地磁干扰时，系统中可能出现的直流量、谐波含量及对系统无功的影响等方面的研究；第二类是对电力系统监测和对变压器进行试验，其中监测是针对电力系统地磁场及电力系统故障，试验则是用不同规模的变压器在其中性线中注入直流进行励磁电流、漏磁和温升等方面的试验；第三类是直流偏磁下的变压器进行仿真计算，主要用解析法、等效磁路和电路法或部分结合有限元法进行变压器直流偏磁时的内部性能分析。综合国内外对直流偏磁现象的研究可知，虽然变压器直流偏磁现象很早就已发现，但对产生此现象的机理的认识还比较模糊，尚有许多问题没有解决，具体总结如下：

（1）直流偏磁对系统及其用电设备运行性能的影响大多从系统的角度去研究，变压器仅作为系统中的一个元件，都是用简化的等效电路或磁路模型来代替，最后使用电网络分析软件求解系统网络方程，得到变压器绕组中的电流波形。这种方法对于关心变压器运行性能的制造厂家来说过于粗糙。

（2）直流偏磁对变压器运行性能的影响主要通过实验进行，而实验研究消耗时间、经费，而且很难找出变压器结构与直流偏磁效应之间的关系。

（3）目前涉及变压器在直流偏磁情况下运行性能的计算，均采用等效磁路或电路的简化方法研究变压器受直流偏磁的影响，虽然有文献提到使用了二维或三维有限元计算变压器参数或进行辅助分析，但对关键问题均未说明，例如未介绍如何考虑非线性、时变性及具体的计算过程，未见到利用先进的电磁场数值方法对各种变压器的抗偏磁能力作综合分析。

（4）分析计算时，直流电源的引入方式对结果影响很大，目前对这一问题未给予足够重视。

1.2.2.2　二维电磁场分析研究概况

二维电磁场计算问题一直是电磁场数值计算研究中的热门课题，各国学者做了大量的工作。从节点元、棱边元、边界元的应用；位函数及位函数对的选择；解的唯一性及规范条件的讨论；多连域问题；内分界面条件的处理等多方面进行了深入研究，以求在计算量小、计算时间短的前提下得到的解更准确。二维分析时，铁磁材料的存在会使有限元分析非常困难，因为铁磁材料的磁非线性和各向异性的有限元分析模型很难建立，非线性代数方程组的求解迭代时间长；浅透入深度导电导磁材料造成有限元分析的合理单元划分十分困难，计算量随划分密度的增加而增大；另外由于不同物理场间的耦合、不同位函数对的使用以及铁磁材料非线性常常引起代数方程组迭代求解收敛性不好。这些问题在变压器二维电磁场计算中都未能得到满意的解决。

1.2.2.3 场路耦合分析研究概况

由于用电设备总是与系统连在一起,所以必须在对设备内部电磁过程进行计算的同时,妥善处理其外端约束,通常有间接耦合和直接耦合两种处理方式。直接耦合的具体形式有两类:第一类路和场之间通过感生电动势联系,引入的变量为感生电流;另一类则从通用性的角度引入一些新的变量如回路电流、节点电压,并计及导体中的涡流。对于已报导的大多数场路耦合实例计算,一般均以给定的端电压为待解问题的端部约束。

间接耦合法中场和路的计算完全独立,两者之间的耦合通过迭代完成。间接耦合法分为电源型和参数型两种,前者先用等效电路求出电流然后将电流作为已知量代入场模型中求解,后者用场求得设备的有关参数。这类方法对于仅含一个未知电流的问题是有效的,若电流变量较多时则迭代很难收敛甚至无法求得解。

1.2.2.4 瞬态场计算研究概况

在瞬态计算中,最显著的特点是计算量大。早期研究所关注的问题是如何通过位函数选择、规范条件和内分界面条件处理等使计算量和计算时间减少,通常使用的方法是步进法(Euler 法、Cranck-Nicholson 法和 Galerkin 法),属于单步低阶方法,这类方法截断误差较大,另外,由于计算某一时刻的值仅用到前一时刻的值,因此误差累积常常会引起解出现振荡。如果将空间网格加密或时间步长缩小,可以在一定程度上减小振荡,但计算量将大幅度增加。因此,逐渐开始运用时间离散方法、时间步长选取以及非线性处理方法。为了减少瞬态计算的时间,目前采取了不同的方法选择和调整时间步长。O. A. Mohammed 则使用状态空间法解三维非线性瞬态场,将解状态方程的方法用于求解有限元离散后的常系数非线性一阶微分方程组,这种方法可以节省时间但牵涉大量矩阵运算,而且计算精度取决于状态转移矩阵近似计算时所取的项数。

1.2.3 变压器直流偏磁内部特性的研究

我国电力变压器的直流偏磁主要是由于直流输电系统单极大地回路运行所致,和地磁感应产生的直流偏磁相比,本质上是一致的,产生的机理也一样。因此,研究直流输电引起的变压器直流偏磁,可以借鉴国外对 GIC 及其对变压器影响相关的研究成果和方法。国外针对 GIC 引起变压器直流偏磁进行了如下研究。开展了在变压器中性点注入直流进行励磁电流、温升和漏磁等方面的试验。对地磁电流引起变压器磁饱和的状态进行了仿真分析,同时基于用有限元法、解析法、等效磁路和电路法分析了变压器直流偏磁时的性能,及承受直流电流的能力。国内对地磁电流的研究较少,但直流输电系统单极大地回路运行引起变压器直流偏磁相关的研究较多。

尽管国内外对变压器直流偏磁进行了一些研究,取得了一些研究成果,弄清了部分作用机理,但尚有许多问题待解决。例如用电磁场数值法分析了直流偏磁情况下的励磁电流波形、损耗以及漏磁和局部过热,并使用场路直接耦合解二维非线性瞬态涡流场的方法计算变压器在交直流励磁共同作用下的磁场分布,但并没有对电力运营部门比较关心的各电压等级变压器承受中性点直流量的能力得出明确的结果;研究变压器受直流偏磁影响时,没有考虑系统对变压器影响;有研究基于试验研究中性点直流对变压器、继电保护装置和变电站接地网的影响,但模拟试验存在较大误差,不能准确的反映中性点直流对变压器的影响。分析计算时,直流源的引入方式对结果影响很大,许多文献对这一问题未给予足够重视。R. A. Walling 认为不考虑交流而仅计算直流来研究地磁感应会有较大的误差。不同结构变压器受直流偏磁的影响程度也有不同的结论。Shu Lu 用磁路分析结合有限元分析的方法模拟了五种不同结构铁芯的变压器对地磁感应电流(GIC)的敏感程度,认为所有的单相和三相结构的变压器都易受 GIC 的影响。若直流偏磁增加,三相三柱铁芯形式也能达到饱和并受到 GIC 的影响。但对三台小尺寸模型进行了直流励磁实验,发现单相三柱变压器对直流的敏感程度最强,三相三柱最弱,随着直流量的增加,三相三柱激励及漏磁几乎不变;关于直流偏磁是否会引起局部过热的研究结果没有达成共识。Albertson 等人用研究过励磁的方法研究对称铁芯饱和,指出当 GIC 等于变压器额定励磁电流的 2 倍,并持续 1 分钟以上时,就将产生严重的局部过热;加拿大通用电气公司的研究表明当每相通过 200 A GIC 时,在该变压器铁芯附近的油中磁通密度将高达 0.3 T,拉板和夹件将在 5~6 分钟之内产生 75~250℃ 的过热现象,但是 Manitoba 水电站的 Roik J. N. 指出变压器拉板和铁芯夹件中的热偶元件并未测出明显的过热现象;日本东京电力、东芝、日立和三菱公司进行了联合的试验研究,他们在小变压器和大尺寸变压器模型(尺寸为 500 kV、1000 MVA 实体变压器的 1/3~1/2)试验分析的基础上,结合变压器的结构特点,提出芯式变压器的铁芯拉板和壳式变压器铁芯的支撑板分别为直流偏磁下关键的过热部位。直流偏磁究竟在哪些方面对变压器有影响也存在不同的分歧。Hock-Chuan Tay 和 Glenn W. Swift 对变压器进行了测试,认为变压器铁芯附近杂散磁场交流分量的大小依赖于铁芯的饱和程度,与负载电流的大小无关;GIC 使铁芯饱和,但主要是产生很大的励磁电流,而不是很高的杂散磁通,因此绕组的铜损是引起的过热现象主要的原因,金属结构件引起的过热现象是次要的。但是,Ramsis S. Girgis 等用等效电路法计算励磁电流及其谐波并用三维分析软件计算磁场计算绕组涡流损耗、环流损耗以及温升,计算结果表明直流偏磁会使绕组的附加损耗大大增加。

综上所述,尽管国内外对变压器直流偏磁方面开展了一些理论和试验研究,但仍有不少问题有待深入研究。比如：中性点直流量的大小靠实测得出，而缺乏相应的理论计算模型；直流偏磁究竟对变压器有什么影响并没有统一的认识；变压器承受直流偏磁的能力没有详细的分析；直流偏磁导致变压器局部过热的机理和位置没有得到共识。

1.2.4 直流偏磁抑制措施的研究

目前抑制直流偏磁的措施主要有：电容隔直法、电阻限流法和中性点补偿电流法。但这些方法还存在不足之处，要应用于生产实际，仍需进一步研究。

电容隔直法又分为：交流线路上装设串联电容器和变压器中性点装设电容器两种。输电线路上串接电容器在理论上是能有效地隔断经变压器中性点串入的直流量，但会增加线路的阻抗。若在较高的电压等级的输电线路串接电容器时，电容器的容量必然会很大，这会带来造价、安装、对继电保护的影响等问题，还会降低输电的可靠性，因电容器损坏而带来的损失将是巨大的。因此，输电线路上串接电容器抑制直流偏磁的方法在实际应用中并不可行。变压器中性点装设电容器的方案需要在中性点电容器上并联电流旁路保护装置，否则为了限制故障过程中变压器中性点即电容器两端的暂态电压，需要大容量的电容器才能承受故障电流，这将导致价格昂贵且要求较大的安装空间。同时如果系统单相对地短路，中性线上将通过非常大的零序短路电流，如果选用的电容器达不到性能要求就很容易损坏甚至爆炸。投切式电容隔直装置的控制部分可靠性不够，存在误投和拒投现象。

在直流偏磁严重的变压器接入小电阻可有效抑制流入该变压器的直流量，且接入小电阻成本低，易于在电力部门推广应用，但可能会导致附近其他变压器中性点直流超标。因此，要以整个目标电网的变压器的直流量都不超过承受限度为目的，借助优化计算方法，对接入的小电阻进行全网考虑，达到既消除了直流量超标的变压器的直流偏磁的问题，又不会将直流接地极电流转移到电网中其他变电站的变压器中。同时，要研究中性点接入小电阻后的雷电过电压、内部过电压、对系统继电保护的影响、小电阻的参数选取原则及其保护。

中性点补偿电流法是在出现直流偏磁现象的变压器中性点接一个直流发生装置(见图1-10)，产生一个与直流接地极电流大小相等、方向相反的直流来进行补偿，达到消除直流偏磁的目的。由于接地极直流量的大小不一定恒定，故该方法关键是要研制高灵敏度的霍尔电流传感器监测中性点直流，再将中性点直流相关信息传输给补偿电流装置，以便进行实时动态补偿。还有一些其他研究采取了直流地电流补偿法的思路，向地网注入电流来升高或降低地网电位，以减小两变电站地网间的电位差。注入电流时要注意地网、避雷线及变电站其他设备的分流影响，对补偿容量的合理控制是该方法的难点。该补偿法适用于直流电流较小的场合，它的补偿调节的控制过程比较复杂，应避免出现电流的过补偿。

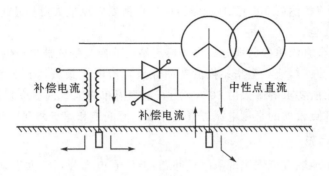

补偿电流　　　　　　　　　　　中性点直流

补偿电流

图 1-10　中性点补偿电流法

　　另外,采用深层接地极和多条直流输电共用接地极也能减小接地极电流对变压器的影响。在分析直流偏磁下变压器铁芯内电磁分布特点的基础上,也可以采用优化变压器内部设计的方法,改善直流偏磁时变压器内部的漏磁分布,减少损耗,从而降低过热点,达到削弱直流偏磁效应,即局部过热、振动、噪声的目的,提高变压器承受直流偏磁的能力。

1.2.5　我国直流偏磁的治理现状

　　由于我国直流输电应用较多,直流偏磁电流对变压器影响的问题在多个电力公司均有出现,以下是国内直流偏磁的影响及治理现状。

1.2.5.1　南方电网直流偏磁的治理现状

　　在南方电网公司,天(生桥)—广(州)、三(峡)—广(州)、贵(州)—广(州)高压直流输电系统中,也出现了类似的直流偏磁问题。南方电网 2007 年研制并在义和变电站挂网试运了基于电力电子开关电源的直流电流平衡装置,实现了快速的闭环控制。2008 年广东电科院提出并研制了阻容抑直装置并挂网试运。2009 年广东电科院与高校合作研制并挂网试运了"隔直电容器(0.1 欧)+双向晶闸管旁路+机械开关旁路"方式的电容隔直装置。

1.2.5.2　浙江电网直流偏磁的治理现状

1. 情况介绍

　　宾金特高压直流工程低端系统调试期间,浙江省电力公司先后于 2014 年 3 月 18 日(第一阶段测试)(入地电流 1000 A)和 3 月 28 日(第二阶段测试)(入地电流 500 A)进行了变压器偏磁测试工作,总计涉及 110 kV 及以上电压等级变电站 65 座。测试结果表明:500 A 入地电流工况下,变压器中性点直流电流大于 20 A 变电站 3 座,电流幅值为 10~20 A 有 2 座,电流幅值 2~10 A 之间变电站有 19 座,电流幅值 1~2 A 之间变电站有 13 座,据此可以推算:在单极满负荷运行工况下(入地电流将达到 5000 A),变压器中性点偏磁电流最大可能超过 200 A,将严重危及设备安全。

同样,宾金直流单极大地方式下对换流站内的换流变压器也产生了影响,当直流电流为 500 A 时,流入金华站换流变中性点直流电流最大达到 27 A,超过换流变技术规范书所要求的最大值 10 A。当宾金直流单极大地回线大负荷运行时,流入换流变中性点较大的直流电流可直接导致换流变饱和保护跳闸。

2. 治理措施

针对浙中地区直流偏磁现象严重问题,浙江省电力公司全面启动了溪浙直流偏磁治理工作,采取边测试边治理的方式,利用仿真手段进行辅助,基本可将目前电网结构下单极满负荷工况的变压器中性点的直流偏磁电流限制在 20 A 以下。经过三个阶段的治理,仍然可能有 3 座变电站变压器中性点直流电流超过 15 A。

1.2.5.3 新疆电网直流偏磁的治理现状

1. 情况介绍

2013 年 11 月在天中直流调试阶段,哈密和烟墩 750 kV 变压器及部分 220 kV 变压器均出现严重的直流偏磁,天中直流电流仅 1000 A 时在 220 kV 东疆变中性点就测出大于 20 A 的直流电流,变压器噪声达到了 80 dB。新疆电力公司分阶段一共进行了三次直流电流测试,数据如下表所示。最大直流电流达到 20 A。

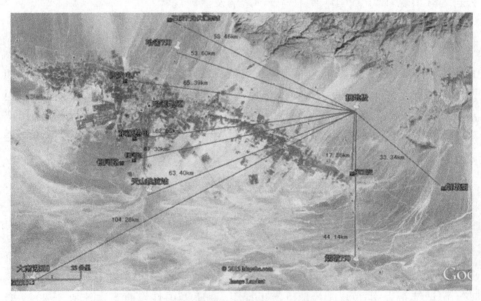

图 1-11　新疆哈密地区变电站与接地极距离

表 1-2　新疆电网直流电流测试结果

测试时间	接地极入地电流/A	测试位置	中性点直流/A
2013年10月22日～10月23日	1000	220 kV 东疆变	20.1
2013年12月17日～10月18日	500	750 kV 哈密变	5.7
		750 kV 烟墩变	5.6
		220 kV 东疆变	11.1
2014年1月7日～10月8日	4500～4700	220 kV 天光电厂	9.9
		220 kV 银河路变	10.5

表 1-3　750 kV 沙州变直流电流测试结果

测试时间	负荷情况	测试位置	中性点直流电流/A
2014年1月7日～1月8日	极1:2200 MW 极2:200 MW	沙洲变 #1 主变	24.5
	极1:200 MW 极2:1000 MW		9.6
	极1:200 MW 极2:2000 MW		23.6

天中直流单极大地回线的运行方式,同样对甘肃电网750 kV变压器产生了直流偏磁影响,测试数据如下表所示。750 kV沙洲变最大直流电流达到25 A。

2. 治理措施

通过仿真分析及现场实测验证,新疆电力公司在750 kV哈密变、750 kV烟墩变、220 kV东疆变、220 kV十三间房变加装电容式隔直装置,但在哈密地区电网部分厂站仍存在一定的直流偏磁风险,现阶段通过采取优化变压器中性点接地方式的治理措施来降低直流偏磁的影响:当天中直流接地极电流在5000 A,220 kV烟墩西、石城子、烟墩南、烟墩北、苦水西变220 kV侧中性点采取不接地运行方式。

1.2.5.4 上海电网直流偏磁的治理现状

1. 情况介绍

2006年11月,三沪直流工程系统调试期间,对上海地区接地极附近变电站主变中性点直流偏磁电流进行的测试结果表明:500 kV和220 kV的变压器中性点直流电流都有超过10 A的情况。500 kV泗泾站距离接地极32 km,中性点直流达到13 A,噪声达93 dB;220 kV干练站,距离接地极9.4 km,中性点直流达到约12 A,噪声达86 dB。

2010年6月,向上特高压直流工程系统调试期间,当向上直流单极大地回线额定负荷运行时,直流电流为4000 A,测得500 kV亭卫变电站两台主变的中性点直流电流均达到20 A,220 kV合兴变电站主变中性点直流电流达到15 A。

目前上海地区有直流输电工程4条,分别是:±800 kV复奉线、±500 kV宜华、林枫和葛南线,满负荷输送容量分别为6400 MW、3000 MW、3000 MW和1200 MW,上海境内直流接地极3处,其中林枫和葛南共用1个接地极。上海周边距离较近的还有±800 kV锦苏直流和±500 kV龙政直流,其中锦苏直流接地极位于上海、浙江、江苏三省交汇处,对上海电网影响较大。

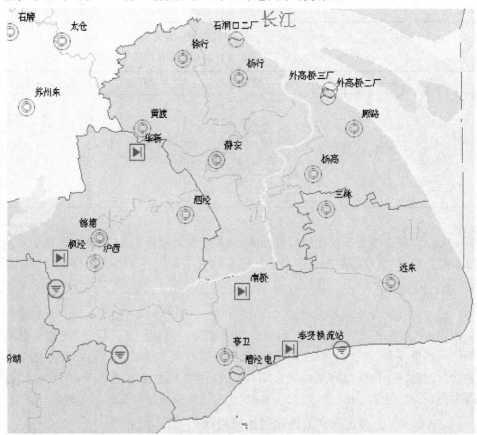

图1-12 上海及周边直流接地极分布情况

2. 治理措施

在直流偏磁的治理方面,上海电力公司采用疏堵结合、合理分配、区域内电网各个电压等级相互协调的原则,主要采取主变中性点加装电阻限流装置来限制直流偏磁影响。近年来通过仿真计算和实测,已基本掌握了上海地区直流偏磁的影响情况。2010年,上海地区主要500 kV变电站在各直流单极大地满负荷运行情况下的直流偏磁评估情况如表1-4,已安装的变电站有1000 kV练塘变、500 kV亭卫变、练塘变、新余变和220 kV合兴变。

表1-4 实测变压器直流偏磁影响情况

设备名称	复奉输送电流	主变中性点直流电流	噪声平均值	最大振动值	振动增大倍数
亭卫1号主变	4000 A	20.4 A	91.1 dB	11.69 m/s²	9.79
亭卫3号主变		20.6 A	90.8 dB	10.42 m/s²	5.95
合兴1号主变		15.2 A	89.4 dB	2.32 m/s²	17.85
亭卫1号主变	800 A	4.75 A	90 dB		
亭卫3号主变		4.65 A	90 dB		

注:测试日期分别为2010年3月2日和5月4日

2010年6月27日,在亭卫变加装了小电阻后,直流偏磁影响复测表明,亭卫变偏磁电流被有效抑制。测试结果见表1-5。

表1-5 测试结果

序号	变电站	变压器	直流接地极3600 A运行工况	
			直流电流范围/A	直流电流平均值/A
1	上海500 kV南桥	1#	1.8~2.5	2.2
2	上海500 kV南桥	2#	2.1~2.6	2.4
3	上海500 kV南桥	3#	2.8~3.2	3.0
4	上海500 kV亭卫	1#	0.51~0.63(中性点带小电阻)	0.57
5	上海500 kV亭卫	3#	0.52~0.63(中性点带小电阻)	0.58
6	上海500 kV远东	3#	2.8~-3.9	3.4
7	上海500 kV远东	4#	2.9~-4.6	3.8
8	上海220 kV合兴	1#	20.4~20.8	-20.6
9	上海220 kV星火	1#	0.63	0.63
10	上海220 kV星火	2#	0.44	0.44
11	上海220 kV农园	1#	1.1~1.4	-1.3
12	上海220 kV农园	2#	0.8~1.2	-1.0
13	上海220 kV江海	1#	0.5~1.0	-0.8

1.2.5.5 四川电网直流偏磁的治理现状

1. 德宝直流

2010年初,±500 kV德阳换流站单极投运后,四川省电力公司对所辖500 kV

变电站主变的中性点直流量进行了测试,在 500 kV 谭家湾、泸州、叙府、尖山站主变中性点出现了直流偏磁电流,其中谭家湾站主变中性点直流量最大,达到 9 A。另外,德阳 220 kV 九岭站,绵阳 220 kV 桑枣、高桥和百胜站在德阳换流站单极运行时也出现了直流偏磁现象,其中桑枣站主变中性点直流量达 8 A。

2. 复奉直流

四川方山电厂地处四川省泸州市江阳区江北镇,邻近 ±800 kV 复龙换流站的直流接地极。2013 年 4 月 22 日,中性点接地运行的主变压器出现了噪声、振动增大等情况,经过仔细判断,确定为直流偏磁,测得主变中性点直流量为 12 A。2013 年以来至今,已发生 4 次直流偏磁情况,持续时间不等。2011 年 07 月 23 日方山电厂 2♯主变损坏,2013 年 8 月 16 日原 1♯ 主变损坏,2014 年 4 月修复后的 2♯ 主变损坏。

3. 宾金直流

宾金直流联调期间,在直流单极大地回线运行电流 5000 A 的条件下,500 kV 泸州变电站单台主变中性点直流最大约为 10.2 A,500 kV 叙府变电站单台主变中性点直流最大约为 6.6 A,两站主变噪声较正常方式下增大 13 dB,振动有明显增加。220 kV 龙头变电站、纳溪变电站、高石变电站中性点直流相比其他站点较大,分别达到 4.79 A、4.01 A、2.7 A,主变噪声、振动较正常方式明显加强,但是均未超过变压器厂家提供的主变抗偏磁电流能力。其余 220 kV 测量站点中性点直流均未超过 1 A,噪声、振动不明显。

4. 治理措施

由于四川电网变压器直流偏磁电流影响较小,且国网公司规定宾金直流接地极电流安全限值为 3000 A,此时,直流偏磁电流最大值出现在 500 kV 泸州站主变,数值为 10.2 A,变压器厂家给出的变压器直流偏磁承受限值为 12 A(单相 4 A),如果直流运行公司严格按照直流接地极电流安全限值的规定,则泸州站主变无需采取直流偏磁抑制装置,只装设中性点直流在线监测装置监视运行。

1.2.5.6 湖北电网直流偏磁的治理现状

湖北省电力公司的 500 kV 朝阳站、220 kV 郭家岗、杨家湾以及长阳等站均出现了直流偏磁现象,该公司拟开展对换流站接地极周围的变电站变压器中性点直流进行在线监测的工作,通过集中监控,获悉每个站的电流情况。对遭受直流偏磁严重的朝阳站,技改项目已下达,准备在朝阳站安装抑制装置,选用电容器 0.1Ω + 双向晶闸管旁路 + 机械开关旁路 + 自动控制与监控系统"的"电容隔直方案"。

1.2.5.7 河南电网直流偏磁的治理现状

2013 年 1 月,河南省电力公司在哈郑直流极 I 高端系统的大负荷试验期间,对中州换流站接地极周边地区 15 座变电站(2 座 500 kV 站,12 座 220 kV 站,1 座 110 kV

站)变压器直流偏磁电流进行了测试。500 kV 菊城站偏磁电流最大,达到 7.75 A;220 kV 变电站中明河站偏磁电流最大,达到 4.40 A,其他变电站的偏磁电流均不超过 2.50 A。对变压器的偏磁电流进行拟合,哈郑直流工程直流入地电流为 5000 A 时,菊城站主变中性点直流电流达 8.27 A;明河站主变中性点直流电流达 4.82 A。另对 500 kV 菊城站和 220 kV 明河站的噪声进行了测量,直流入地电流从 0 A 增加到 4750 A,菊城变压器噪声增量为 9.7 dB;明河变压器噪声增量最大为 7.7 dB。

1.2.5.8 辽宁电网直流偏磁的治理现状

2010 年 9 月,辽宁省电力公司在呼辽直流单极大地回路和双极两种运行方式下对穆家换流站接地极和呼辽直流沿线可能受到单极大地回路运行影响的变压器,共计 16 座变电站的 34 台变压器进行了测试。呼辽直流单极大地回路运行额定负荷(1500 MW)时,220 kV 牛庄变是距离整流侧接地极最近的变电站,测得其主变中性点最大直流电流为 7.4 A,是测试中中性点直流电流最大值。

辽宁省电力公司对受呼辽直流单极运行影响较大的 500 kV 王石变电站、220 kV 牛庄变电站、220 kV 刘二堡变电站采用了两种原理的治理方案。王石 500 kV 变电站及 220 kV 牛庄变电站采用了中性点加装电阻抑制直流电流的治理方案,刘二堡 220 kV 变电站采用电容隔直方案。牛庄变及刘二堡两站的隔直装置尚未投运。王石变的隔直装置目前运行状态良好,在直流线路单极大地运行下(输送功率 1021 MW),王石变中性点直流电流小于 0.5 A,低于历史数据。

1.2.5.9 江苏电网直流偏磁的治理现状

为了解决三峡直流输电对江苏电网的影响,2004 年江苏省电力公司采取了在两台 500 kV 变压器中性点注入反向直流电流的方法来限制变压器的直流偏磁,直流偏磁抑制装置安装在 500 kV 常州武南变电站 3、4 号主变,目前运行正常。

2010 年 6 月,复奉单极大功率大地回线调试期间对苏州地区部分 500 kV 及 220 kV 主变进行了直流偏磁影响测试,检测结果见表 1-6。中性点直流电流最大的为苏州玉山变,为 6.45 A(在 3600 A 入地电流下)。调试期间,以上主变油色谱均正常,噪声及振动有所增加,但主变运行未受明显影响。

表 1-6　复奉直流单级大地回线运行方式下苏州地区直流偏磁测量结果

变电站主变	入地电流/A	主变中性点直流电流/A
500 kV 吴江变 #1		4.30
500 kV 吴江变 #2		4.40
500 kV 吴江变 #3	3600	5.31
500 kV 玉山变 #1		6.38
500 kV 玉山变 #4		6.45

2012年7月,在锦苏直流低端大负荷调试阶段,对苏州、无锡地区部分500 kV及220 kV主变进行了直流偏磁影响测试,检测结果见表1-7。从检测结果来看,中性点直流电流最大的为苏州车坊变#2主变(4500 A的入地电流下,电流为7.2 A;该主变现已搬迁至吴江变),其余均低于5 A。调试期间,以上主变油色谱均正常,噪声及振动有所增加,但主变运行未受明显影响。

表1-7 锦苏直流大地回线运行方式下苏州无锡地区主变直流偏磁测试结果

序号	地区	变电站名称	运行编号	入地电流/A	中性点直流电流/A
1	苏州	500 kV 玉山变	4号主变		4.34
2	苏州	500 kV 玉山变	1号主变		4.48
8	苏州	500 kV 石牌变	3号主变	4500	3.20
9	苏州	500 kV 石牌变	2号主变		3.50
11	苏州	500 kV 车坊变	3号主变		3.80
12	苏州	500 kV 车坊变	2号主变		7.20

1.2.5.10 宁夏电网直流偏磁的治理现状

宁东—山东±660 kV直流输电工程投运以来,由于系统调试、年度综检、故障检修导致的系统单极大地运行,致使接地极周边甜水河330 kV变电站、国华矸石电厂变压器发生直流偏磁现象,变压器中性点对地直流电流最大可达10.63 A。治理方案主要利用了电容器通交隔直的原理,将电容器串联至变压器中性点与主地网之中,并合理运用了氧化锌阀组和大容量快速开关保证装置的可靠性,该措施能够将直流偏磁电流抑制到零。

图1-13 宁夏电网主变安装电容隔直装置

1.3　本书主要内容

±800 kV 特高压直流输电工程能缓和我国能源与负荷中心分布不均衡的矛盾，但其采用单极大地回路方式运行时产生的变压器直流偏磁现象，会导致变压器铁芯的高度磁饱和，漏磁增加，引起金属结构件和油箱过热，影响变压器的寿命。同时直流偏磁还会导致铁芯磁致伸缩增大，致使变压器振动加剧、噪声加大，影响变压器的稳定性和可靠性。

本书从变压器直流偏磁的产生、变压器偏磁状态时的内部特性和直流偏磁的治理措施等方面开展理论研究，结合四川电网实际情况分析直流偏磁的影响现状，并提出治理建议。本书的主要内容包括以下几个方面。

（1）特高压直流输电单极运行时，分析不同土壤模型条件下直流接地极附近的地表电位分布，给出直流接地极电流分布的计算方法和考虑交流网络的变压器直流量的计算模型，并结合实例进行直流电流在交流电网分布的研究。提出一种多直流接地极不同运行方式下直流偏磁电流影响站点的预测方法。

（2）分析变压器直流偏磁的产生机理，包括流入直流量与励磁电流畸变的关系，以及直流偏磁状态的磁致伸缩效应。通过对比分析组式变压器、三相三柱变压器和三相五柱变压器在直流偏磁下的内部特性，评价它们承受直流偏磁的能力；并分析组式变压器铁芯直径和油箱对直流偏磁的影响。

（3）分析变压器直流偏磁的电阻限流法、电容隔直法、直流电流反向注入法和电位补偿法的优缺点。从可靠性、对变压器的影响、经济性、运行维护等多个方面进行分析，找到一种可靠性高、经济性好、易于推广的直流偏磁治理措施。

（4）针对变压器直流偏磁的电阻限流法，系统地分析变压器接小电阻后耐受过电压的能力，对部分接地方式变压器接小电阻后的绝缘水平进行评估；并讨论直流侧和交流侧的接地电阻对直流偏磁电流的影响。提出一种满足直流偏磁电流抑制、变压器中性点过电压和提高变压器抗短路能力要求的变压器偏磁治理方法。

（5）基于优化算法，提出变压器接小电阻抑制直流偏磁的网络优化配置方法，该方法能兼顾电网中最小化中性点直流量和最小化变压器中性点接入电阻阻值。

（6）给出变压器直流偏磁现场检测及数据分析方法，列举变压器直流偏磁检测实例；开发一种变压器直流偏磁电流在线监测装置，旨在提高电网变压器直流偏磁的早期预警能力。

（7）介绍作为多条特高压直流输电的送端，四川电网变压器受到直流接地极电流影响的现状。选择四川电网直流偏磁治理站点。结合四川电网的实际情况，针对变压器设计、采购、运行、维护等环节，提出变压器直流偏磁治理的建议。

第 2 章　直流输电单极运行时
的地表电位和地电流

当直流输电以单极大地回路运行或者双极功率不平衡运行时,巨大的直流电流经大地构成回路,直流接地极电流的一部分经由变压器接地的中性点流入交流系统,再由另一端的变压器的中性点流回大地,或直流电流的方向相反。流入变压器的直流量的大小,以及直流接地极附近交流变压器直流量的相互关系等关键问题,都与直流接地极周围的地表电位分布和地电流分布密切相关。本章将对高压直流输电系统的构成进行介绍,并分析直流输电单极大地回线方式可能带来的负面效应;着重研究直流输电单极运行时直流接地极周边的地表电位和地电流分布;提出直流偏磁电流影响站点的预测方法,为接地极选址和变电站偏磁电流防护提供理论支撑。

2.1　高压直流输电系统构成及直流接地极电流的影响

交流输电与直流输电相互配合构成现代电力传输系统。直流输电是以直流电的方式实现电能的传输。电力系统中的发电和用电绝大部分为交流电,要采用直流输电必须进行交、直流电的相互转换。也就是说,在送端需将交流电转换成直流电(称为整流),而在受端又必须将直流电转换为交流电(称为逆变),然后才能送到受端交流系统中去。

2.1.1　两端直流输电系统

两端直流输电系统通常由整流站、逆变站和直流输电线路三部分组成,其原理接线如图 2-1 所示。

具有功率反送功能的两端直流系统的换流站,既可作为整流站运行,又可作为逆变站运行。当功率反送时整流站变为逆变站运行,而逆变站则变为整流站运行。换流站的主要设备有:换流变压器、换流器、平波电抗器、交流滤波器和无功补偿设备、直流滤波器、控制保护装置、远动通信系统、接地极线路、直流接地极等。

直流输电所用的换流器通常采用由 12 个(或 6 个)换流阀组成的 12 脉动换流器(或 6 脉动换流器)。早期的直流输电工程曾采用汞弧阀换流,20 世纪 70 年代

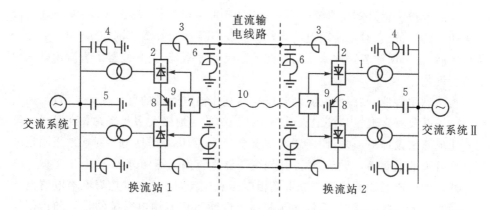

图 2-1 两端直流输电系统构成原理图

1—换流变压器；2—换流器；3—平波电抗器；4—交流滤波器；5—静电电容器；6—直流滤波器；7—控制保护系统；8—接地极线路；9—接地极；10—远动通信系统

以后均采用晶闸管换流阀。晶闸管是无自关断能力的低频半导体器件，它只能组成电网换相换流器。目前的直流输电工程绝大多数均采用这种电网换相换流器，只有小型的轻型直流输电工程是采用由绝缘栅双极晶体管（IGBT）所组成的电压源换流器进行换流。目前在直流输电工程中所采用晶闸管有电触发晶闸管（ETT）和光直接触发晶闸管（LTT）两种。晶闸管换流阀是由许多个晶闸管元件串联所组成的。目前已运行的换流阀的最大容量为 250 kV、3000 A。另外，根据当前的技术水平和制造能力，已经能制造最大容量为 200 kV、40000 A 的换流阀，以满足高压直流输电的需要。

换流变压器可实现交、直流侧的电压匹配和电隔离，并且可限制短路电流。换流变压器的结构可采用三相三绕组、三相双绕组、单相三绕组和单相双绕组四种类型。换流变压器阀侧绕组所承受的电压为直流电压叠加交流电压，并且两侧绕组中均有一系列的谐波电流。因此，换流变压器的设计、制造和运行均与普通电力变压器有所不同。

平波电抗器与直流滤波器共同承担直流侧滤波的任务，同时它还具有防止线路上的陡波进入换流站，防止直流电流断续，降低逆变器换相失败率等功能。

换流器在运行时交流侧和直流侧均产生一系列的谐波，使两侧波形畸变。为了满足两侧的滤波要求，在两侧需要分别装设交流滤波器和直流滤波器。由晶闸管换流阀所组成的电网换相换流器，运行中还吸收大量的无功功率（约为直流传输功率的 30%～50%）。因此，在换流器除了利用交流滤波器提供的无功补偿以外，有时还需要另外装设无功补偿装置（电容器、调相机或静止无功补偿装置等）。

第 2 章 直流输电单极运行时的地表电位和地电流

控制保护装置是实现直流输电正常起停、正常运行、自动调节、故障处理与保护等功能的设备,它对直流输电的运行性能及可靠性起着重要的作用。20世纪80年代以后,控制保护装置均采用高性能的微机处理系统,大大改善了直流输电工程的运行性能。

为了利用大地(或海水)为回路,以提高直流输电运行的可靠性和灵活性,两端换流站还需要有接地极和接地极线路。换流站的接地极大多是考虑长期通过运行的直流电流来设计的,它不同于通常的安全接地,需要考虑地电流对接地极附近地下金属管道的电腐蚀,以及中性点接地变压器直流偏磁等问题。

两端的交流系统给换流器提供换相电压和电流,同时它也是直流输电的电源和负荷。交流系统的强弱、系统结构和运行性能对直流输电系统的设计和运行均有较大的影响。另一方面,直流系统运行性能的好坏,也直接影响两端交流系统的运行性能。

两端直流输电系统可分为单极系统(正极或负极)、双极系统(正、负两极)和背靠背直流系统(无直流输电线路)三种类型。

1. 单极系统

单极系统有单极大地回线和单极金属回线两种接线方式如图2-2所示。前者利用大地(或海水)为返回线,输电线路只有一根极导线,后者则由一根高压极导线和一根低压返回线所组成。前者要求接地极长期流过直流输电的额定电流,而后者则地中无直流电流,其直流侧接地属安全接地性质。

2. 双极系统

双极系统大多采用两端中性点接地方式如图2-1所示,它是由两个可独立运行的单极大地回线方式所组成,地中电流为两极电流之差值,正常双极对称运行时,地中仅有很小的两极不平衡电流(小于额定电流的1%)流过;当一极故障停运时,双极系统则自动转为单极大地回线方式运行,可至少输送双极功率的一半,从而提高了输电的可靠性。同时这种接线方式还便于工程分期建设,可先建一极,然后再建另一极。双极系统还有双极一端换流站接地方式以及双极金属中线方式,这两种接线方式工程上很少采用。

3. 背靠背直流系统

背靠背直流系统如图2-3所示,是无直流输电线路的两端直流系统,它主要用于两个非同步运行(不同频率或频率相同但非同步)的交流系统之间的联网或送电。背靠背直流系统的整流和逆变设备通常装设在一个换流站内,也称背靠背换流站。其主要特点是直流侧电压低、电流大,可充分利用大截面晶闸管的通流能力,可省去直流滤波器。背靠背换流站的造价比常规换流站的造价低约15%~20%。

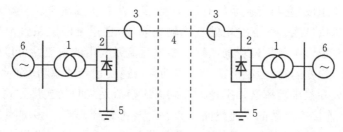

(a)单极大地回线方式

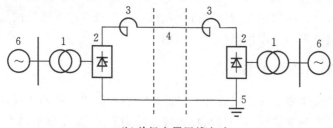

(b)单极金属回线方式

图 2-2 单极直流输电系统接线示意图

1—换流变压器;2—换流器;3—平波电抗器;4—直流输电线路;

5—接地极系统;6—两端的交流系统

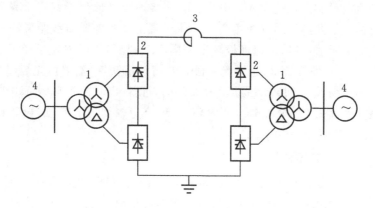

图 2-3 背靠背换流站原理接线

1—换流变压器;2—换流器;3—平波电抗器;4—两端的交流系统

2.1.2 多端直流输电系统

多端直流输电系统是由三个或三个以上换流站以及连接换流站之间的高压直

流输电线路所组成,它与交流系统有三个或三个以上连接端口。多端直流输电可以解决多电源供电或多落点受电的直流输电问题,它还可以联系多个交流系统或将交流系统分成多个孤立运行的电网。多端直流系统中的换流站可以作为整流运行也可以作为逆变运行,但整流运行的总功率与逆变运行的总功率必须相等,即多端系统的输入和输出功率必须平衡。多端系统换流站之间的连接方式可以是并联或串联方式,连接换流站的直流线路可以是分支形或闭环形。多端系统比多个两端系统要经济,但其控制保护系统及运行操作比较复杂。目前世界上已运行的多端直流工程只有意大利—撒丁岛(三端,小型)和魁北克—新英格兰(五端,实为三端运行)两项。此外,加拿大的纳尔逊河双极 1 和双极 2 以及美国的太平洋联络线直流工程也具有多端直流输电的运行性能。

2.1.3　直流接地极介绍

直流接地极主要由接地极极环和导流(馈电)线组成。接地极极环一般置于地下敷设的碳床中央。导流线一端与接地极线路相连,分多路沿不同方向幅射,另一端与极环相连。

2.1.3.1　共乐接地极

共乐接地极为宜宾换流站与复龙换流站的共用接地极。宜宾换流站投产后,单站运行时接地极入地电流最大值可能上升到 5000 A;在两站均为单极大地运行情况下,接地极可能出现更大入地电流。宜宾接地极极址位于宜宾市兴文县共乐镇大沙坝村,距复龙换流站直线距离约 72 km,距宜宾换流站直线距离约 80 km。

如图 2-4 所示,共乐接地极极环采用同心双圆环布置:内环半径 $R_1 = 240$ m(周长 1507.2 m),埋深 3.5 m,放置单根 $\varphi 50$ 高硅铬铁棒,焦碳填充截面为 0.6×0.6 m^2;外环半径 $R_2 = 315$ m(周长 1978.2 m),埋深 4 m,放置单根 $\varphi 50$ 高硅铬铁棒,焦碳填充截面为 0.6×0.6 m^2。内环、外环分为较均匀的四段,极环穿越大沟渠开断处加上直径为 8 m 的小圆环电极。

2.1.3.2　永河接地极

永河接地极(德阳换流站接地极)的极环设计为双环异形,内环长 1950 m,外环长 2319 m,见图 2-5。极环材料为 $\varphi 70$ 圆形低碳钢,埋深 3.5 m,内环焦碳横断面 0.8×0.8 m^2,外环焦碳横断面 1×1 m^2。

永河接地极的导流系统采用电缆引流方式。从德阳换流站引来的接地极线路经终端塔后通过地下馈电电缆与极环相连。16 根电缆分四路,每路四根电缆,从极址中心引向位于内极环和外极环的引流井。

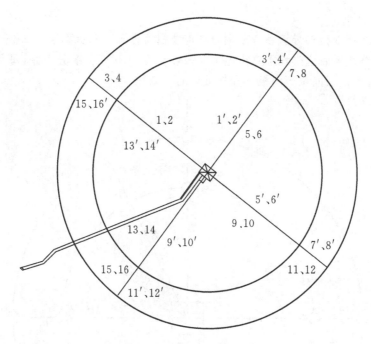

图 2-4 共乐接地极示意图

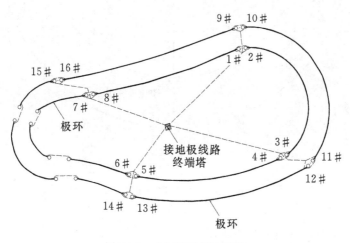

图 2-5 永河接地极示意图

2.1.3.3 张家塬接地极

张家塬接地极(宝鸡换流站接地极)为同心双圆环形,内环半径 200 m(周长 1256 m),外环半径 280 m(周长为 1758.4 m),如图 2-6 所示。极环材料为 φ60 低碳钢棒,电极埋深 3.5 m,内环、外环的焦碳横断面分别为 0.70×0.70 m²、

$0.60 \times 0.60 \ m^2$。

张家堨接地极的导流系统采用直埋电缆引流方式。从宝鸡换流站引来的接地极线路经终端塔后通过地下馈电电缆与极环相连。16根电缆分四路，每路四根电缆，从极址中心引向位于内极环和外极环的引流井。

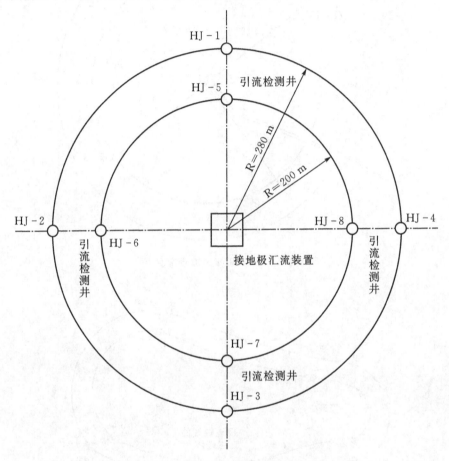

图 2-6 张家堨接地极示意图

2.1.4 直流接地极电流的影响

单极系统运行的可靠性和灵活性均不如双极系统好，实际工程中大多采用双极系统。双极系统是由两个可独立运行的单极系统组成的，便于工程进行分期建设，同时在运行中当一极故障停运时，可自动转为单极系统运行。因此，虽然所设计的单极直流输电工程较少，但在实际运行中单极系统的运行方式还是常见的。直流输电单极大地回线方式的优点是显而易见的，但可能带来的负面效应应引起各方的足够注意。强大的直流电流持续地、长时间地流过接地极所表现出的效应可分为电磁效应、热力效应和电化效应三类。

2.1.4.1 电磁效应

当强大的直流电流经接地极注入大地时,在极址土壤中形成一个恒定的直流电流场,并伴随着出现大地电位升高、地面跨步电压和接触电势等。因此,这种电磁效应可能会带来以下影响。

(1)直流电流场会改变接地极附近大地磁场,可能使得依靠大地磁场工作的设施(如指南针)在极址附近受到影响。

(2)大地电位升高,可能会对极址附近地下金属管道、铠装电缆、具有接地系统的电气设施(尤其是电力系统)等产生负面影响。因为这些设施往往能给接地极入地电流提供比土壤更好的泄流通道。

(3)极址附近地面出现跨步电压和接触电势,可能会影响到人畜安全。因此,为了确保人畜的安全,必须将其控制在安全范围之内。

(4)接地极引线(架空线或电缆)是接地极的一部分,它与换流站相连。在选择极址时,应对接地极引线的路径进行统筹考虑。直流输电工程几乎都是采用12脉动换流器,此换流器除了产生持续的直流电流外,还将产生12、24、36等12倍数的谐波电流。在单极大地回线方式运行时,换流器产生的谐波电流将全部或部分地(当换流站中性点加装电容器或滤波器时)流过接地极引线。这种谐波电流形成的交变磁场,将可能干扰通信信号系统。为减少接地极架空线路上的谐波电流对通信系统的电磁干扰,其最有效的方法之一是使架空线路远离通信线路。

2.1.4.2 热力效应

由于不同土壤电阻率的接地极呈现出不同的电阻率值,在直流电流的作用下,电极温度将升高。当温度升高到一定程度时,土壤中的水分将可能被蒸发掉,土壤的导电性能将会变差,电极将出现热不稳定,严重时将可使土壤烧结成几乎不导电的玻璃状体,电极将丧失运行功能。影响电极温升的主要土壤参数有土壤电阻率、热导率、热容率和湿度等。因此,对于陆地(含海岸)电极,希望极址土壤有良好的导电和导热性能,有较大的热容系数和足够的湿度,这样才能保证接地极在运行中有良好的热稳定性能。

2.1.4.3 电化效应

当直流电流通过电解液时,在电极上便产生氧化还原反应;电解液中的正离子移向阴极,在阴极和电子结合进行还原反应;负离子移向阳极,在阳极给出电子进行氧化反应。大地中的水和盐类物质相当于电解液,当直流电流通过大地返回时,在阳极上产生氧化反应,使电极发生电腐蚀。图 2-7(a)、(b)分别为孔状腐蚀和块状腐蚀。

(a)孔状腐蚀　　　　　　　　　　　(b)块状腐蚀

图 2-7　管道腐蚀情况

　　电腐蚀不仅仅发生在电极上,也同样发生在埋在极址附近的地下金属设施的一端和电力系统接地网上。地中电流对地下设施造成影响的主要原因是由于地下金属管道等金属设施为地中电流传导提供了比周围土壤导电能力更强的导电特性,致使在构件的一部分(段)汇集地中电流,又在构件的另一部分(段)将电流释放到土壤中去,因此接地极地电流可对埋在接地极附近的金属构件产生电腐蚀。对管道的电腐蚀程度除了与极性和持续时间有关外,还与接地极与地下金属设施的距离、走向、地下金属设施几何长度等因素密切相关。

　　我国接地网所用材质主要为普通碳钢,当直流输电单极运行时,直流接地极电流会对邻近变电站接地网造成电化腐蚀,缩短接地网的使用寿命。由于接地网埋于地下难以直接监测,当地网满足不了热稳定要求时,无法承受雷电冲击或短路事故形成的大电流。一旦地网烧毁,地电位猛升,高压窜至二次回路导致送变电设备大量烧毁,将造成巨大的经济损失和不良社会影响。

　　接地极地电流可能使埋在极址附近的金属构件产生电腐蚀,图 2-8(a)描述了接地极以阳极运行时,金属管道上的电流腐蚀情况。在这种情况下,靠近电极的一段管道吸取来自阳极的电流,然后在远离电极的一段管道处将电流释放到土壤中去。这表明,在电极附近的这一段管道相对土壤的电位为负,受到阴极保护;在远离电极的那一段管道相对土壤的电位为正,以致产生腐蚀(阴影部分)。假若接地极是以阴极运行,则管道上的直流电流的流向情况与上述情况正好相反,在离开接地极远处的一段管道汇集来自阳极的电流,再由在靠近电极的一段管道将电流释放给阴极。因此,在远离电极的那一段管道受到了阴极保护,而在电极附近的这一部分管道上产生电腐蚀,如图 2-8(b)所示。

　　从理论分析结果表明,直流地电流对管道的电腐蚀程度除了和接地极与地下金属设施的距离 d、走向等因素有关外,还与地下金属设施几何长度 L 密切相关。

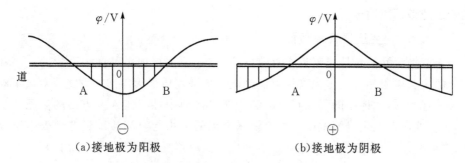

(a)接地极为阳极　　　　　(b)接地极为阴极

图 2-8　接地极对地下管道的腐蚀范围示意图

在其他条件不变情况下,设施 L 愈大,电腐蚀程度愈严重。一般情况下,当 L/d 小于 1 时,几乎不受腐蚀影响。由此,接地极地电流主要是对地下金属管道、铠装电缆、电力线路杆塔基础等这类跨度的埋地设施的金属构件产生电腐蚀。

　　严格上讲,接地极地电流对附近的地下金属管道或电缆铠装总是存在影响的,只是大小不同而已。通过管道或铠装的电流多大被认为有影响,国际大电网会议 14.21 工作组的文章认为,泄漏电流密度为 $0.01\ \mathrm{A/m^2}$,每年对铁的腐蚀厚度是 $0.174\ \mathrm{mm}$,是可以接受的。然而事实上,仅仅以电流密度来评判地电流对金属管道或铠装有无影响是不够的。评判接地极地电流对金属管道或铠装有无影响,不仅仅取决于电流密度,更重要的是取决于所造成的累计电腐蚀,是否对受影响物在其设计寿命期间的安全运行构成威胁。如果是构成了威胁,则认为是有影响的。

　　减少接地极地电流对管道或铠装电腐蚀的一般方法是使接地极与其间保持足够的距离。但在实际工程中,当不满足安全距离要求和不便采用上述措施时,对有影响的管道或电缆,可采取阴极保护措施。

　　腐蚀学家认为,对于钢(铁)结构的管道不产生腐蚀的对周边土壤的电位为 $-0.85\ \mathrm{V}$,即低于 $-0.85\ \mathrm{V}$ 的金属构件受到阴极保护;如果金属构件对土壤的电位低于 $-1.5\ \mathrm{V}$,将会导致防护层脱落。因此,美国腐蚀工程师全国协会(NACE)推荐 $-0.85\sim-1.5\ \mathrm{V}$ 对地下金属构件保护的上下限控制标准。

　　阴极保护和牺牲阳极保护是一种较为广泛用于地下金属构件的防腐措施,前者是在被保护构件施加相对于地为负极性的电压,使其得到电流;后者是采用比被保护构件更活泼的金属(如锌棒)牺牲电极并与被保护构件连接,从而在构件和阴极材料之间形成原电池而保护设备。虽然两者方法不一样,但保护的基本原理是一样的,都是使被保护构件相对于周边土壤为负电位。

　　对于大型或重要的地下金属管道,如石油和煤气管道等,一般都采用沥青浸渍的玻璃布包裹。其作用一方面是为避免自然腐蚀,另一方面当采用了阴极保护时,可减少阴极保护电流。值得指出的是,由于这些防护层不可能是理想的绝缘材料,甚至可能出现小孔,如果管道汇集的电流可能集中在管道裸露于土壤处释放电流,

第 2 章　直流输电单极运行时的地表电位和地电流

则会加速该部位腐蚀。

2.1.4.4　变压器直流偏磁

直流换流站的接地极附近有直流电位,该电位由接地极处注入电流的大小和该处的土壤电阻率决定。当高压直流输电系统采用单极大地回路方式或双极不对称方式运行时,大地中的部分直流电流会通过接地中性点流入变电站的变压器绕组,引起变压器发生直流偏磁。直流偏磁电流的大小与直流接地极的地表电位分布、变电站位置、土壤结构等相关。本书将对变压器直流偏磁问题重点论述。

2.2　直流接地极周边的地表电位分布

直流接地极附近的地表电位分布与当地的土壤结构密切相关。电阻率均匀的土壤很少见,通常土壤都具有不均匀性。由于受重力作用,常常会形成各种岩层的水平分界面,如沉积岩在沉积过程中受重力作用,形成砂砾岩层、细沙层和黏土层;由于地壳构造运动,地壳中往往会形成垂直层结构。因此,不均匀土壤往往可以近似为水平分层和垂直分层的结构,对于土壤结构更复杂的地区,可以采用水平分层和垂直分层相结合的土壤模型。

2.2.1　水平分层土壤的地表电位

2.1.1.1　水平分层土壤地表电位的解析解

按土壤电阻率的不同,土壤可以分成水平 n 层,各层电阻率、各层厚度以及各界面到地表面间的距离如图 2-9 所示。

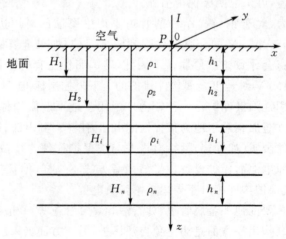

图 2-9　水平土壤结构示意图

图 2-9 中 P 为直流接地极的位置，I 为单极运行时注入直流，则以 P 为原点、y 轴垂直向下的柱坐标系中，地表电位的 Laplace 方程为：

$$\frac{\partial^2 v}{\partial r^2} + \frac{1}{r}\frac{\partial v}{\partial r} + \frac{\partial^2 v}{\partial z^2} = 0 \qquad (2-1)$$

设 $R(r)$ 为 r 的函数，$Z(z)$ 为 z 的函数，使用分离变量法，将式(2-1)中的 $v(r,z)$ 分离变量得：

$$v(r,y) = R(r)Z(z) \qquad (2-2)$$

由式(2-1)和(2-2)得：

$$\frac{1}{R(r)}\frac{d^2 R(r)}{dr^2} + \frac{1}{rR(r)}\frac{dR(r)}{dr} + \frac{1}{Z(z)}\frac{d^2 Z(z)}{dz^2} = 0 \qquad (2-3)$$

假设：

$$\frac{1}{R(r)}\frac{d^2 R(r)}{dr^2} + \frac{1}{rR(r)}\frac{dR(r)}{dr} = -m^2 \qquad (2-4)$$

式中，m 为常数。

式(2-4)可变形为：

$$\frac{d^2 R(r)}{dr^2} + \frac{1}{r}\frac{dR(r)}{dr} + m^2 R(r) = 0 \qquad (2-5)$$

由式(2-3)和式(2-4)得：

$$\frac{d^2 Z(z)}{dz^2} - m^2 Z(z) = 0 \qquad (2-6)$$

式(2-5)的解为零阶贝塞尔函数 $J_0(mr)$ 和 $Y_0(mr)$，而式(2-6)的解为 e^{mz} 和 e^{-mz}。当 $r=0$ 时，$Y_0(mr)$ 是发散的，所以通解中 $Y_0(mr)$ 应舍去。分析直流接地极电流产生的地表电位，应重点分析第一层土壤中的电位 v_1。因为 m 是常数，故可连续取 0 至无穷之间的所有值，因此，第一层土壤中的电位的 Laplace 方程的解为：

$$v'_1 = \int_0^\infty J_0(mr)\left[A_1(m)\exp(-mz) + B_1(m)\exp(mz)\right]dm \qquad (2-7)$$

式中，$A_1(m)$ 和 $B_1(m)$ 是积分变量 m 的函数。

除了电流源 P 外，其余各处都满足 Laplace 方程。因此，第一层土壤中的电位 v_1 包含了电流源在半无限介质中产生的电位 $v_1 = I\rho_1/2\pi R$，(其中 $R = \sqrt{r^2+z^2}$)，和 Laplace 方程的解两部分，故第一层土壤中的地表电位为：

$$v_1 = \frac{I\rho_1}{2\pi R} + v'_1 = \frac{I\rho_1}{2\pi R} + \int_0^\infty J_0(mr)\left[A_1(m)\exp(-mz) + B_1(m)\exp(mz)\right]dm$$

$$(2-8)$$

第一层土壤的上边界空气的电阻率无限大，故有：

$$\left(\frac{\partial v_1}{\partial z}\right)_{z=0} = 0 \tag{2-9}$$

由式(2-8)和式(2-9)得:

$$B_1(m) = A_1(m) \tag{2-10}$$

将式(2-10)代入(2-8)可得第一层土壤的电位:

$$v_1 = \frac{I\rho_1}{2\pi} \frac{1}{\sqrt{r^2+z^2}} + \int_0^\infty J_0(mr)A_1(m)\big[\exp(-mz)+\exp(mz)\big]\mathrm{d}m \tag{2-11}$$

邻近接地体的土壤中电位与直流接地极电位几乎相等,离直流接地极无限远处的电位为零。在地面上,除直流入地点外,电流密度的法向分量等于零,即:

$$\delta_n = -\frac{1}{\rho}\frac{\partial v}{\partial n} = 0 \tag{2-12}$$

由于电位函数是连续的,故在两层土壤的交界面两侧电位相等:$v_1 = v_2$;在分界面两侧电流密度的法向分量相等,即:

$$\delta_{1n} = \delta_{2n} \tag{2-13}$$

分析水平两层土壤结构的地表电位分布时,取 $n=2$,由边界条件式(2-12)和式(2-13)可得:

$$B_1(m) = \frac{I\rho_1}{2\pi} \frac{K_{12}\exp(-2mh_1)}{1-K_{12}\exp(-2mh_1)} \tag{2-14}$$

式中,K_{12} 为土壤的折射系数,$K_{12} = \dfrac{(\rho_2-\rho_1)}{(\rho_2+\rho_1)}$。

将式(2-14)代入式(2-10)和式(2-11),并用韦伯-李普希金积分,展开为级数形式,得到水平两层土壤分层时地表电位分布为:

$$v_1 = \frac{I\rho_1}{2\pi}\left[\frac{1}{\sqrt{r^2+z^2}} + 2\sum_{n=1}^\infty \frac{K_{12}^n}{\sqrt{r^2+(2nh_1+z)^2}}\right] \tag{2-15}$$

分析水平三层土壤结构的地表电位分布时,取 $n=3$,$z=0$,用分析两层土壤电位分布时相同的方法,得到水平三层土壤结构时地表电位分布为[21]:

$$v_1 = \frac{I\rho_1}{2\pi}\int_0^\infty \frac{1-c(m)\exp(-2mh_1)}{1+c(m)\exp(-2mh_1)}J_0(mr)\mathrm{d}m \tag{2-16}$$

式中,$c(m) = \dfrac{(\rho_2-\rho_1 a/b)}{(\rho_1+\rho_2 a/b)}$,$a = 1+K_{23}\exp(-2mh_2)$,$b = 1-K_{23}\exp(-2mh_2)$,$K_{23} = \dfrac{(\rho_3-\rho_2)}{(\rho_3+\rho_2)}$。

2.1.1.2　水平分层土壤地表电位的仿真分析

1. 接地极模型

特高压直流接地极仿真模型采用 ±800 kV 复龙和宜宾换流站的共用接地极

共乐接地极的参数(详见本书 2.1.3 节),该特高压直流接地极极环采用同心双圆环布置:内环半径 $R_1 = 240$ m(周长 1507.2 m),埋深 3.5 m,外环半径 $R_2 = 315$ m (周长 1978.2 m),埋深 4 m。内环、外环分为较均匀的四段,极环穿越大沟渠开断处加上直径为 8 m 的小圆环电极。电导率 $\sigma = 1 \times 10^7$ S/m,$\mu_r = 200$,$\varepsilon_r = 1$。

本书旨在分析直流接地极电流对变压器的影响,而交流变电站离直流接地极通常有数十千米远,此时接地极的形状对远处的地电位分布的影响很小。土壤模型是直流输电单极运行时的通道,如何选取土壤模型对地电位的分布至关重要。

2. 水平两层土壤模型地表电位的仿真分析

不同土壤模型的地表电位分布是不同的,分析时可以根据不同的极址选取合适的土壤模型。通常,直流接地极所在位置的表层土壤电阻率比较小,随着深度的加大,会有一层高阻层。对特定的极址,深层的电阻率通常比较稳定,而表层土壤会受季节和湿度等因素影响,出现一定的变化,表 2-1 中列出了常见土壤和水的电阻率。

表 2-1　常见土壤和水的电阻率

类别	名称	电阻率参考值/Ω·m	不同湿度下的电阻率/Ω·m	
			较湿(一般地区、多雨区)	较干(少雨区、沙漠)
泥土	冲积土	5	——	——
	黑土、陶土、田园土	50	30~100	50~300
	白垩土、黏土	60	30~100	50~300
	黄土	200	100~200	250
	含砂黏土、砂土	300	100~1000	>1000
岩石	砾石、碎石	5000	——	——
	多岩石地	5000	——	——
	花岗岩	200000	——	——
水	海水	1~5	——	——
	湖水	30	——	——
	河水	30~600	——	——

水平分层土壤模型通常用于分析地质条件较好的地区,如平原,此时表层土壤通常为黄土或含砂黏土,黄土和含砂黏土分别为北方和南方的典型土壤。同时考虑雨季和旱季对这两种土壤中含水量的影响,根据表层土壤的类型建立四种两层土壤模型见表 2-2。

表2-2 双层土壤模型

模 型	表层/Ω·m	深层/Ω·m	表层厚度/m
湿黄土	100	5000	100
干黄土	250	5000	100
湿含砂黏土	300	5000	100
干含砂黏土	1000	5000	100

基于接地分析软件CDEGS,在特高压直流接地极注入4 kA直流,得到双层土壤模型下四种类型土壤的地表电位分布如图2-10所示。

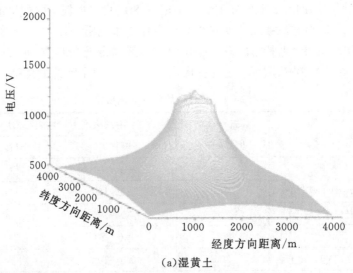

(a)湿黄土

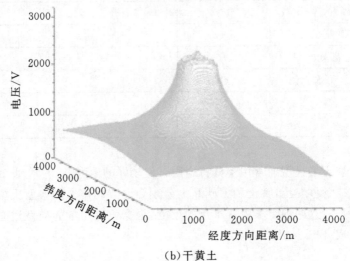

(b)干黄土

图2-10 黄土双层土壤模型的地表电位分布

由图 2-10 可知:黄土双层土壤模型下,直流接地极附近电位最高,且极址附近电位下降较快。湿黄土的峰值电压为 1545.43 V,干黄土的峰值电压为 2822.75 V,这表明对处于黄土地区的直流接地极址,在雨季和旱季直流输电单极运行时的地电流对附近变压器的影响程度是不同的,旱季时应尤其注意对地中直流的监测和防护。

由图 2-11 可知:含砂黏土双层土壤模型下,湿砂黏土的峰值电压为 3159.08 V,干砂黏土的峰值电压为 6214.8 V,含砂黏土多数分布在南方地区,由

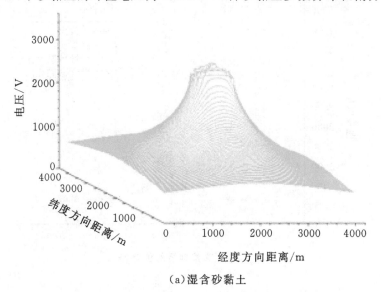

（a）湿含砂黏土

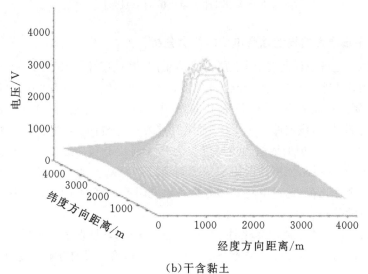

（b）干含黏土

图 2-11　含砂黏土双层土壤模型的地表电位分布

变压器直流偏磁及其治理

于含水量对含砂黏土的电位分布影响较大,因此,直流偏磁的防护应根据最严重的情况来设计。

对比四种典型土壤模型下直流接地极的地表电位(见图 2-12)可知:直流接地极位于湿黄土时的极址地表电位最小,位于干含砂黏土的极址地表电位最大。在距离接地极 50 km 以外时,地表电位仅有几十伏,且四种典型土壤模型下的地表电位接近。

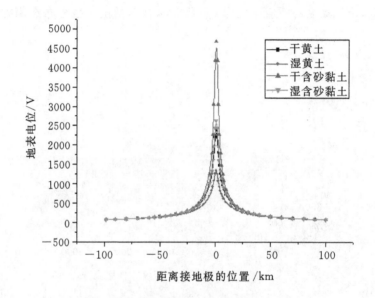

图 2-12　四种典型土壤的地表电位

3. 水平三层土壤模型地表电位的仿真分析

典型的大地分层结构是:最上层为腐植土层,其电阻率为 10~1000 Ω·m,厚度为几米到几十米;第二层为全新世地层,其电阻率 100~400 Ω·m,厚度为 1~4 km;第三层为原始岩石,其电阻率 1000~20000 Ω·m,厚度为 10~30 km;第四层为地球内部热层,该层厚几千千米,导电性能良好,分析时可认为其电阻率很小,厚度为∞。由于第一层的腐植土层厚度仅为几米到几十米,因此,分析时把最上层和第二层合并为一层,该层的电阻率兼顾腐植层和全新世地层。各层的电阻率和厚度都有一个变化范围,以下将具体分析各层电阻率和厚度变化时,直流接地极附近地表电位的分布。

建立第一层土壤电阻率变化时的水平三层土壤模型(见表 2-3),第一层的厚度设为 3 km;第二层设为 20 km,电阻率为 10000 Ω·m;第三层的电阻率设为 2 Ω·m。

表 2-3 ρ₁ 变化时的水平三层土壤模型

土壤层 \ 参数	电阻率/Ω·m					厚度/km
第一层	50	100	200	300	400	3
第二层	10000					20
第三层	2					∞

应用接地分析软件 CDEGS 建立仿真模型,直流接地极注入直流量为 4 kA,得到第一层电阻率分别为 50 Ω·m、100 Ω·m、200 Ω·m、300 Ω·m 和 400 Ω·m 时,直流接地极附近的地表电位分布,计算结果如图 2-13 所示。

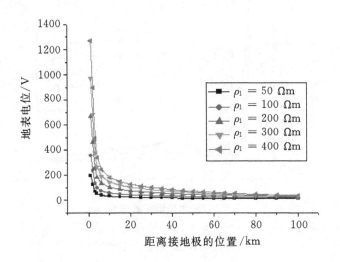

图 2-13 ρ₁ 变化时的地表电位

由图 2-12 可知:第一层土壤电阻率对直流接地极址的地表电位影响较大,地表电位随土壤电阻率的增大而增大。当第一层土壤电阻率为 50 Ω·m 时,最大地表电位为 198.37 V;当土壤电阻率增加到 400 Ω·m 时,最大地表电位为 1270.94 V,增幅达 6.4 倍。

建立表 2-4 所示的水平三层土壤模型,分析当第一层土壤厚度变化时,接地极附近地表电位的分布。第一层土壤厚度分别取 0.5 km、1 km、2 km、3 km 和 4 km。

表 2-4 h_1 变化时的水平三层土壤模型

参数 土壤层	厚 度/km					电阻率/$\Omega \cdot$m
第一层	0.5	1	2	3	4	200
第二层	20					10000
第三层	∞					2

直流接地极注入直流量为 4 kA,计算结果如图 2-14 所示。

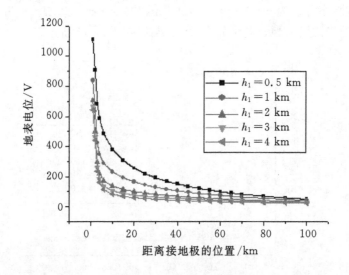

图 2-14 h_1 变化时的地表电位

第一层土壤厚度越薄,接地极附近的地表电位越大。第一层土壤厚度变化时的地表电位对地表电位最大值的影响没有电阻率的影响大,但是其影响的范围却更远,在 50 km 处 h_1=0.5 km 时,地表电位为 120.296 V,而 h_1=4 km 时,地表电位为 37.66 V,相差 3.19 倍。当距离接地极的位置为 100 km 时,第一层土壤厚度变化时的地表电位的影响很小。

表 2-5 为第二层土壤电阻率变化时的水平三层土壤模型,该模型分别取第二层土壤电阻率为 1000 $\Omega \cdot$m、5000 $\Omega \cdot$m、10000 $\Omega \cdot$m、15000 $\Omega \cdot$m 和 20000 $\Omega \cdot$m,直流接地极注入直流量为 4 kA,分析当第二层土壤电阻率对接地极地表电位分布的影响。

表 2-5　ρ_2 变化时的水平三层土壤模型

土壤层 \ 参数	电阻率/Ω·m					厚度/km
第一层	200					3
第二层	1000	5000	10000	15000	20000	20
第三层	2					∞

计算结果如图 2-15 所示。

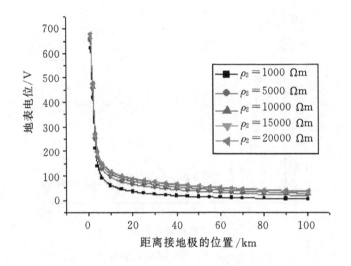

图 2-15　ρ_2 变化时的地表电位

由计算结果知(见图 2-15):地表电位随第二层土壤电阻率的增大而增大,但是第二层土壤电阻率变化的对地表电位的最大值影响很小,当 $\rho_2 = 1000$ Ω·m 时,地表电位为 621.4 V,当 $\rho_2 = 20000$ Ω·m 时,地表电位为 679.5 V,电阻率增加了 20 倍,地表电位才相差 1.09 倍。但是第二层土壤电阻率的对地表电位的影响范围很远,在距离直流接地极 100 km 远处,当 $\rho_2 = 1000$ Ω·m 时,地表电位为 5.2 V,当 $\rho_2 = 20000$ Ω·m 时,地表电位为 37.2 V,地表电位相差 7.15 倍。

表 2-6 为第二层土壤厚度变化时的水平三层土壤模型,该模型分别取第二层土壤厚度为 10 km、20 km 和 30 km,直流接地极注入直流量为 4 kA,分析第二层土壤厚度对接地极地表电位的影响。

表 2 - 6 h_2 变化时的水平三层土壤模型

参数 土壤层	厚度/km			电阻率/Ω·m
第一层	3			200
第二层	10	20	30	10000
第三层	∞			2

计算结果如图 2 - 16 所示。

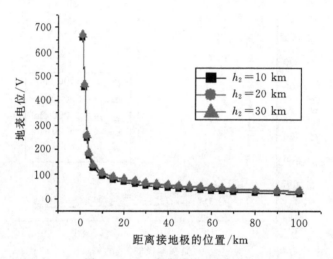

图 2 - 16 h_2 变化时的地表电位

由图 2 - 16 可知:地表电位随第二层土壤厚度的增加而增大;第二层土壤厚度变化对地表电位最大值的影响很小,当 $h_2=10$ km 时,地表电位为 656.6 V,当 $h_2=30$ km时,地表电位为 668.6 V,仅相差 12 V。第二层土壤电阻率的对地表电位的影响范围也很远,在距离直流接地极 100 km 远处,当 $h_2=10$ km时,地表电位为 19.2 V,当 $h_2=30$ km 时,地表电位为 31.5 V,地表电位相差 12.3 V,与最大电位处的电位差,不但没减小,反而有所增加。

2.2.2 垂直分层土壤的地表电位

2.2.2.1 垂直分层土壤地表电位的解析解

当土壤电阻率在垂直方向差异较大时,土壤可以分成垂直 n 层,取柱坐标系 (r,φ,x),原点为直流接地极所在位置,即 p 点。垂直两层土壤结构各层电阻率、厚度以及各界面的 x 轴的坐标如图 2 - 17 所示。

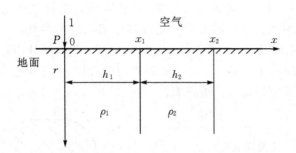

图 2-17 垂直土壤结构示意图

垂直分层土壤的地表电位的计算仍然用 Laplace 方程求解。应用类似水平多层土壤地表电位的求解方法得：

$$v_i = \int_0^\infty [A_i(m)\exp(-mx) + B_i(m)\exp(mx)]J_0(mr)\mathrm{d}m \qquad (2-17)$$

垂直分层土壤的第一层土壤中的电位 v_1 包含了电流源在半无限介质中产生的电位 $v_1 = I\rho_1/2\pi R$，（式中 $R = \sqrt{r^2 + y^2}$），以及 Laplace 方程的解两部分，因此垂直分层土壤的第一层土壤中的地表电位为：

$$v_1 = \frac{\rho_1 I}{2\pi} + \int_0^\infty [\exp(-mx) + \exp(mx)]B_1(m)J_0(mr)\mathrm{d}m \qquad (2-18)$$

垂直分层土壤的第 n 层土壤中（$n \neq 1$ 时），电位的解中只有 Laplace 方程的解，故垂直分层土壤的第 n 层土壤中的地表电位为：

$$v_n = \int_0^\infty A_n(m)J_0(mr)\exp(-mx)\mathrm{d}m \qquad (2-19)$$

取 $n=2, r=0$ 时，可得垂直两层土壤结构时各层的地表电位分布为：

$$\begin{cases} v_1 = \dfrac{I\rho_1}{2\pi}\left(\dfrac{1}{x} + \dfrac{K_{12}}{2d-x}\right) \\ v_2 = \dfrac{I\rho_2}{2\pi}\left(\dfrac{1-K_{12}}{x}\right) \end{cases} \qquad (2-20)$$

式中，$K_{12} = \dfrac{(\rho_2 - \rho_1)}{(\rho_2 + \rho_1)}$。

2.2.2.1 垂直分层土壤地表电位的仿真分析

对于地表地质情况复杂的地区，采用垂直分层土壤来分析直流接地极附近的地表电位能得到更准确的结果。本节分析直流接地极附近存在高阻层和低阻层时的地表电位分布。针对直流接地极位于高山或湖泊附近的情况，采用垂直两层的土壤模型研究直流接地极附近地表电位的分布规律。

垂直分层土壤地表电位的仿真计算时,特高压直流接地极仿真模型仍采用 $\pm 800\,kV$ 复龙和宜宾换流站的共用接地极共乐接地极的参数,即:采用同心双圆环布置,内环半径 $R_1 = 240\,m$,周长 $1507.2\,m$,埋深 $3.5\,m$,外环半径 $R_2 = 315\,m$,周长 $1978.2\,m$,埋深 $4\,m$。内环、外环分为较均匀的四段,极环穿越大沟渠开断处加上直径为 $8\,m$ 的小圆环电极。电导率 $\sigma = 1 \times 10^7\,S/m$,$\mu_r = 200$,$\varepsilon_r = 1$。

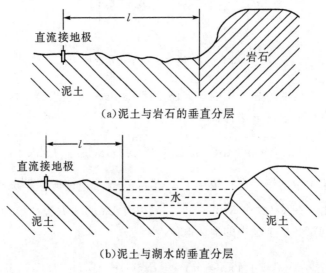

(a)泥土与岩石的垂直分层

(b)泥土与湖水的垂直分层

图 2-18　垂直分层特点的地形图

根据图 2-18(a)建立砂土与岩石的垂直分层土壤模型,取距离接地极不同位置处,表 2-7 所示,取砂土的电阻率为 $300\,\Omega \cdot m$,岩石的电阻率为 $10000\,\Omega \cdot m$,分别建立接地极到砂土层和岩石层分界面的距离为 $0.5\,km$、$1\,km$、$10\,km$、$50\,km$、$90\,km$ 的垂直土壤模型,接地极注入的直流量为 $3\,kA$,计算得到这 5 种模型在离接地极 $100\,km$ 范围内的地表电位如表 2-7 所示。

表 2-7　砂土与岩石的垂直分层模型下的地表电位　　　　　单位:V

离接地极的位置/km	接地极到分界面的距离 l/km 0.5	1	10	50	90
0.5	696.692	641.5866	612.8923	604.0866	599.6646
1	605.5382	585.2168	462.075	454.153	442.865
2	516.2441	443.8828	396.0477	392.2083	391.7846
3	356.7905	254.5112	191.4319	187.4979	187.0716

离接地极的位置/km \ 接地极到分界面的距离 l/km	0.5	1	10	50	90
4	219.7913	201.9519	117.7205	113.7046	113.276
5	161.2233	163.5319	87.16611	83.07142	82.64076
6	127.7554	129.194	69.95982	65.78508	65.35236
8	90.48162	91.21759	51.05853	46.71654	46.27967
10	70.05304	70.51514	60.87522	36.35455	35.91349
15	44.60901	44.83336	48.59652	23.56868	23.11688
20	32.49592	32.64556	33.20829	17.56432	17.10139
30	20.61064	20.71003	21.18053	11.80229	11.31577
40	14.6236	14.70597	15.85233	9.01848	8.50647
50	10.92313	10.99759	12.13417	18.38852	6.84888
60	8.34672	8.41677	9.54453	12.32673	5.75708
70	6.40573	6.47297	7.59241	8.58746	4.98512
80	4.85885	4.92414	6.03556	6.0497	4.41166
90	3.57319	3.63702	4.74063	4.64708	5.96993
100	2.46953	2.53221	3.62816	4.34031	4.92017

为分析直流接地极到高山的距离对最大地表电位的影响,定义影响系数为:

$$k_1 = \frac{U_s - U_\infty}{U_\infty} \tag{2-21}$$

式中,U_s 为距离高山距离为 S 时的最大地表电位;U_∞ 为距离高山距离为无穷远时的最大地表电位。

将接地极到砂土层和岩石层分界面的距离为 0.5 km、1 km、10 km、50 km、90 km 时,对最大地表电位的影响统计于表 2-8 中。

表 2-8 接地极到高山距离对最大地表电位的影响

接地极到分界面的距离 l/km	0.5	1	10	50	90	∞
地表电位 U/V	696.692	641.5866	612.8923	604.0866	599.6646	596.52
影响系数 k_1	0.17	0.07	0.02	0.01	0.005	0

第 2 章 直流输电单极运行时的地表电位和地电流

　　根据表 2-7 的计算结果,砂土与岩石的垂直分层模型下的地表电位分布图,见图 2-19。

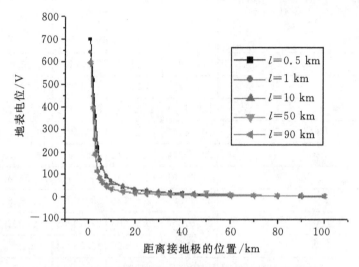

图 2-19　砂土与岩石的垂直分层模型下的地表电位

　　由表 2-7 和图 2-19 可知:位于砂土层中的直流接地极离砂土与岩石的分界面越近则最大电位就越大,每种土壤模型在分界面附近的岩石层中都会出现电压有一定升高的现象。在砂土与岩石组成的垂直分层模型下地表电位在接地极附近 10 km 下降较快,比 10 km 远的范围电压为几十伏,且减小缓慢。当接地极到山地的距离大于 10 km 后,岩石层对最大地表电位的影响较小,距离为 90 km 时,影响系数已经减小到 0.005。

　　根据图 2-18(b)建立砂土与湖水的垂直分层土壤模型,取砂土的电阻率为 300 Ω·m,湖水的电阻率为 30 Ω·m,分别建立接地极到砂土层和湖泊分界面的距离为 0.5 km、1 km、10 km、50 km、90 km 的垂直分层土壤模型,接地极注入的直流量为 3 kA,计算得到这 5 种模型在离接地极 100 km 范围内的地表电位如表2-9所示。

表 2-9　砂土与湖水的垂直分层模型下的地表电位　　　　　　　　单位:V

接地极到分界面的距离 l/km	0.5	1	10	50	90
0.5	502.9523	557.244	589.7941	592.617	592.9307
1	387.3582	396.389	447.7146	451.761	442.146
2	293.5327	352.2452	387.8912	390.7404	391.0548
3	50.38828	136.0449	183.1041	186.0234	186.3398

接地极到分界 面的距离 l/km	0.5	1	10	50	90
4	30.02152	46.30735	109.2443	112.2246	112.5426
5	21.74798	21.50236	78.54759	81.58625	81.90584
6	17.12194	16.97163	61.19673	64.2948	64.61591
8	12.05231	11.97884	41.99385	45.21603	45.54023
10	9.31105	9.26751	21.48894	34.84371	35.17102
15	5.9399	5.9223	12.30035	22.03149	22.36676
20	4.35953	4.35006	9.81158	15.99995	16.34349
30	2.84125	2.83721	3.70548	10.18086	10.5419
40	2.10377	2.10153	2.10077	7.33607	7.71603
50	1.66786	1.66644	1.66587	4.64079	6.04126
60	1.37992	1.37894	1.37846	4.10888	4.93162
70	1.17552	1.17481	1.17439	3.69414	4.14113
80	1.02292	1.02237	1.022	3.07492	3.5484
90	0.90463	0.90419	0.90385	2.58413	2.6663
100	0.81025	0.80989	0.80957	2.1816	2.41601

为分析直流接地极到湖泊的距离对最大地表电位的影响,定义影响系数 k_2。

$$k_2 = \frac{U_\infty - U_S}{U_\infty} \qquad (2-22)$$

式中,U_S 为距离高山距离为 S 时的最大地表电位;U_∞ 为距离高山距离为无穷远时的最大地表电位。

将接地极到砂土层和岩石层分界面的距离为 0.5 km、1 km、10 km、50 km、90 km 时,对最大地表电位影响的计算结果见表 2 - 10。

表 2 - 10 直流接地极到湖泊距离对电表电位的影响

接地极到分界 面的距离 l/km	0.5	1	10	50	90	∞
地表电位 U/V	502.95	557.24	589.79	592.62	592.93	596.52
电压减小系数 k_2	0.157	0.066	0.011	0.0065	0.006	0

根据表 2 - 9 的计算结果,得到砂土与湖水的垂直分层模型下的地表电位分布图,见图 2 - 20。

由表 2 - 9 和图 2 - 20 可知:位于砂土层中的直流接地极离砂土与湖泊的分界

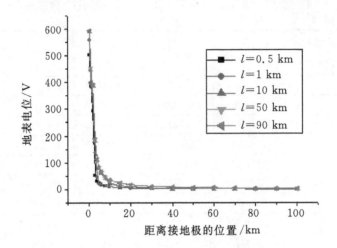

图 2 - 20　砂土与湖水的垂直分层模型下的地表电位

面越近则最大电位就越小,直流接地极到湖泊距离对电表电位的影响见表 2 - 10。在分界面附近的湖泊侧中电压会出现一定的下降。距离接地极 10 km 以外的湖泊对最高电表电位的影响很小,但是几百米范围内时,湖水能有效降低地表电压,故若有条件应尽量将直流接地极极址选在湖泊或江河的附近。

2.3　直流接地极周边的地电流分布

2.3.1　交流电网中变压器直流量的计算模型

当直流输电单极运行时,大地是工作回路,由于地中直流量会通过中性点接地的变压器流入到接地极附近的交流系统,所以交流系统会改变流入直流量的分布,是直流通路网络的一部分(见图 2 - 21)。两变电站变压器中性点的电压差越大,流入的直流量 I_{DC} 也越大,同时,直流电流的大小还受直流接地极注入电流、土壤电阻率、变电站接地电阻、变压器等效直流电阻、交流系统直流电阻和网络结构等因素的影响。

直流输电单极运行时,从直流接地极注入到大地的电流是直流输电的工作电流,通常是稳定的,由于土壤电阻率、变电站接地电阻、变压器等效直流电阻、交流系统直流电阻和网络结构等都是定值,因此在直流接地极附近的地表电位分布也是稳定的,同时,附近交流变压器中性点间的电压差也是恒定的电压差,此时从接地极电流和土壤模型端看交流系统,对于有多点接地的交流系统,任何两个接地点的电势差是基本恒定,这样可以认为交流系统的等值直流网络端口承受一个电压源的作用。直流电流在交流系统中的分布会受端口电压的影响,按照电路网络结

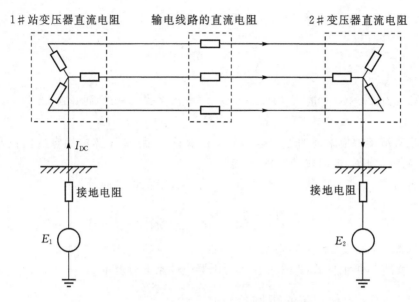

1♯站变压器直流电阻　　　　　输电线路的直流电阻　　　　2♯变压器直流电阻

I_{DC}

接地电阻　　　　　　　　　　　　　　　　　接地电阻

E_1　　　　　　　　　　　　　　　　　　　　E_2

图 2-21　地中直流流经交流网络示意图

构进行分布。实际上,大地的电位分布决定交流系统中的直流分布,交流系统的存在也改变了大地电位分布,它们互相影响。理论上应该用场路耦合的方法,计算得到大地电流场和交流系统直流电流的稳态分布。计算和测试结果表明:尽管有一定的直流电流会以交流系统作为流通回路,但是交流系统对大地电位的影响有限,绝大部分电流还是经过大地返回受端直流接地极。

　　根据电力系统的地理接线和电气参数可以得到确定的等值网络模型。为了便于计算,把变电站的接地电阻和变压器等值直流电阻作为一条支路,输电线路作为一条支路(见图 2-21),对于有 n 个变电站,m 条线路的系统来说,等值交流系统网络共有 $2n$ 个节点和 $n+m$ 条支路,则节点电压方程为:

$$I = Y \cdot U \qquad\qquad (2-23)$$

式中,I 为注入网络节点的列向量($2n \times 1$);Y 为节点导纳矩阵($2n \times n$);U 为节点电压列向量($2n \times 1$)。

　　式(2-23)中的节点包括 n 个接地节点和 n 个非接地节点,为了便于分析,分别以下标 1 和 2 表示接地节点和非接地节点,非接地节点的注入电流为 0,接地节点的注入电流为 I_1,由式(2-23)可得:

$$\begin{bmatrix} Y_1 \\ Y_2 \end{bmatrix} \cdot [U] = \begin{bmatrix} I_1 \\ 0 \end{bmatrix} \qquad\qquad (2-24)$$

式中,Y_1 为矩阵($n \times 2n$);Y_2 为矩阵($2n \times 2n$)。

$$Y_1 \cdot U = I_1 \qquad\qquad (2-25)$$

$$Y_2 \cdot U = 0 \qquad\qquad (2-26)$$

由式(2-26)得:

$$[Y_{21}\ Y_{22}] \cdot \begin{bmatrix} U_1 \\ U_2 \end{bmatrix} = 0 \qquad\qquad (2-27)$$

式中,Y_{21}为$(2n \times n)$向量;Y_{22}为$(2n \times 2n)$向量。将式(2-27)展开得:

$$Y_{21}U_1 + Y_{22}U_2 = 0 \Rightarrow U_2 = -Y_{21}Y_{22}^{-1}U_1 \qquad\qquad (2-28)$$

当直流接地极附近的地表电位分布计算确定后,变压器中性点的电位 U_1 也就相应的确定了,根据式(2-28)可得到 U_2。

再由式(2-25)得到流入各接地变压器中性点的电流向量为:

$$I_1 = Y_1 \cdot \begin{bmatrix} U_1 \\ -Y_{21}Y_{22}^{-1}U_1 \end{bmatrix} \qquad\qquad (2-29)$$

因此,根据场方程可得到变压器中性点的电位 U_1,在结合网络线性方程就得到 Y_{21} 和 Y_{22}^{-1},再根据式(2-29)流入变压器中性点的电流量。

2.3.2 直流电流分布的实例分析

规划中的山西～江苏±500 kV 直流输电工程(见图 2-22),北起山西省晋城市阳城县±500 kV 换流站,南至江苏省溧阳±500 kV 换流站,线路途径山西、河南、安徽、江苏四省,线路全长 865.45 km。山西段线路全长 45 km,阳城县±500 kV 换流站的接地极线路 80 km。

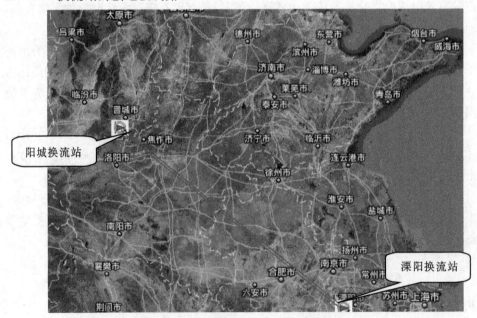

图 2-22　山西～江苏±500 kV 直流输电工程

2.3.2.1 晋城市交流电网概况

根据山西省电力公司的电网地理接线图,选取 2009 年晋城市 220 kV 和500 kV 等级交流系统进行等值网络简化。一共确定了 20 条交流输电线路和 12 座变电站及换流站作为研究对象。其中,220 kV 交流输电线 16 条、500 kV 输电线4 条,220 kV 变电站 9 座、500 kV 变电站 2 座、换流站 1 座。晋城市电网地理接线如图 2-23 所示。

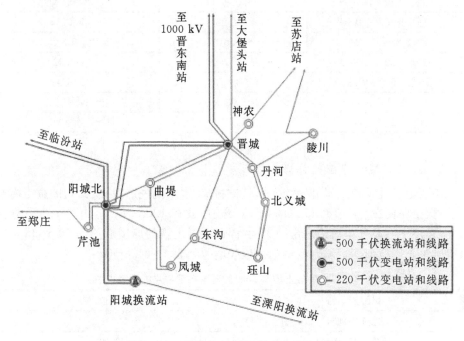

图 2-23　晋城市 220 kV 以上交流电网图

2.3.2.2 晋东南地区观测点位置

为了研究晋城市变电站受直流偏磁影响的地表电位分布情况,需要具体的观测点。观测范围覆盖了晋东南地区所有 220 kV 以上变电站,并对各个观测点位置予以坐标确定:高平直流接地极双环圆心为坐标原点,由西向东水平方向为 X 轴正向,由南向北竖直方向为 Y 轴正向。晋城市观测点按照距离直流接地极由近及远的顺序排列,观测点的位置坐标统计如表 2-11 所示。

表 2-11　晋城市变电站观测点坐标

观测点名称	横坐标/km	纵坐标/km
直流接地极	0	0
神农 220 kV 站	−5.3613	3.6708

续表 2 - 11

观测点名称	横坐标/km	纵坐标/km
晋城 500 kV 站	−7.2933	0
丹河 220 kV 站	−1.2075	−7.98
北义城 220 kV 站	0	−15.6975
陵川 220 kV 站	18.8853	0.3864
东沟 220 kV 站	−20.9895	−27.3189
珏山 220 kV 站	−1.68	−35.0175
曲堤 220 kV 站	−37.8147	−13
凤城 220 kV 站	−32.1468	−38.892
阳城北 500 kV 站	−53.0754	−17.8248
阳城换流站	−39.9	−41.3175
芹池 220 kV 站	−56.4711	−19.9038

2.3.2.3 地表电位的计算结果

山西地区气候较干旱、降水集中、植被稀疏、水土流失严重,属典型的黄土高原地貌,黄土厚度在 50～180 m 之间,平均覆盖厚度在 100 m 以下,由 2.1.1 节分析可知,表层土壤厚度越薄地表电位越大,因此表层土壤的厚度取值为 50 m,仿真计算得到该土壤模型下晋城市变电站的地表电位如表 2-12 所示。

表 2-12 表层土壤厚 50m 时晋城市观测点的地表电位

观测点名称	地表电位/V
直流接地极	−1894.26
神农 220 kV 站	−517.93
晋城 500 kV 站	−499.47
丹河 220 kV 站	−471.79
北义城 220 kV 站	−356.01
陵川 220 kV 站	−330.47
东沟 220 kV 站	−248.46
珏山 220 kV 站	−245.00
曲堤 220 kV 站	−227.39
凤城 220 kV 站	−197.85
阳城北 500 kV 站	−185.07
阳城换流站	−181.94
芹池 220 kV 站	−177.54

高平直流接地极处地表电位高达－1894.26 V,阳城换流站交流侧地表电位达
－181.94 V;其余为变电站观测点,地表电位从－517.93 V 到－177.54 V。

2.3.2.4 流过变压器中性点的直流电流

表层土壤的厚度取值为 50 m 时,仿真计算得到流过晋城市观测点(中性点接地变压器)的直流电流如表 2－13 所示。

表 2－13 表层土壤厚 50 m 时流过晋城市观测点的直流电流

观测点名称	直流电流/A
神农 220 kV 站	－2.11
晋城 500 kV 站	－1.96
丹河 220 kV 站	－1.83
北义城 220 kV 站	－1.06
陵川 220 kV 站	－0.87
东沟 220 kV 站	－0.31
珏山 220 kV 站	－0.29
曲堤 220 kV 站	－0.18
凤城 220 kV 站	＋0.03
阳城北 500 kV 站	＋0.11
阳城换流站	＋0.14
芹池 220 kV 站	＋0.17

晋城市直流电流流入站点包括:2 座 220 kV 站(凤城、芹池)、1 座 500 kV 站(阳城北)以及阳城换流站,晋城市其余观测点直流电流均为流出。晋城市各观测点直流电流值介于－2.11 A 到＋0.6174502 A 之间。阳城换流站交流侧流入直流电流达 0.14 A。影响最大的是神农 220 kV 站,变压器中性点直流流出值达2.11 A,其次是晋城 500 kV 站、丹河 220 kV 站以及北义城 220 kV 站。

晋城市 220 kV 以上电网架空输电线上的直流电流分布情况如图 2－24 所示,直流电流最大的为晋东南 1000 kV 特高压站到晋城站 500 kV 架空输电线路,直流电流值达 4.94 A。阳城换流站交流侧到阳城北站 500 kV 架空输电线路的直流电流值仅为 0.14 A。最小的为陵川到丹河 220 kV 架空输电线路,直流电流仅为0.08 A。

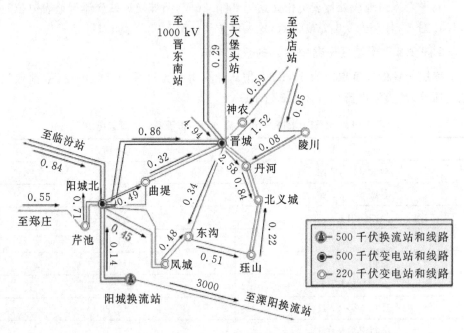

图 2-24　晋城市 220 kV 以上交流电网直流电流分布图

2.4　直流偏磁电流影响站点预测方法

　　变压器直流偏磁时会出现振动加剧、噪声增大、局部过热等现象,引发变压器内部加紧件松动、绕组断线、绝缘材料受到破坏、铁片松动弯曲等问题,持续时间过长将导致变压器损坏。变压器直流偏磁还会引起交流电网电压波形总畸变率增大,谐波大大升高,对其他电气设备产生较大影响,并可能引起继电保护误动,这些影响最终将会危及到电网的安全运行。

　　直流接地极与变电站的相互位置、电网结构、土壤类型等因素影响着直流偏磁电流的分布,对于存在多个直流接地极的地区,当直流输电采取不同运行方式时,直流接地极电流在电网中的分布,以及对直流接地极附近的变压器的影响范围均不相同。通过仿真计算建立目标电网模型,根据各变电站和直流接地极的地理位置,以及输电线路直流电阻和变压器的直流电阻,对多直流接地极地区电网不同运行工况下直流偏磁的影响情况进行计算。但是,由于电网所在地质情况复杂,仿真模型中对大地建模部分不能准确模拟真实情况,给计算带来误差,不能进行准确的直流电流在电网中分布的计算,更不能实现对多直流接地极地区电网不同运行工况下直流偏磁的影响情况进行预测。

因此,本书提出一种多直流接地极不同运行方式下直流偏磁电流影响站点的预测方法。通过在直流接地极附近变压器中性点安装直流在线监测装置,掌握直流偏磁电流分布的实测数据,再根据实测数据,调整各层土壤电阻率和厚度对仿真模型进行修正,再使用修正后的土壤模型对多直流接地极地区电网不同运行工况下直流偏磁的影响情况进行预测,提高电网变压器直流偏磁的早期预警能力,便于及时对直流偏磁风险较大的变压器采取有效性的防护措施。

2.4.1 预测方法原理

当直流输电单极大地回路运行时,直流接地极会向大地注入(或吸出)线路运行时的直流电流,在直流接地极及其附近地表电位将上升(或下降),此时附近变电站主变中性点处于不同的地表电位,导致直流电流会从变压器中性点流入(或流出),直流电流经过变压器绕组引起直流偏磁现象。

根据直流接地极及近区变电站所在区域的地质结构、土壤类型建立仿真模型,通过仿真软件计算直流接地极近区电位分布;然后由各变电站到直流接地极的地理位置,可以得到变电站的地表电位;再由各站的地表电位、主变的直流电阻和线路的直流电阻建立仿真模型(见图 2-25),计算可以得到流入(或流出)变压器中性点的直流电流。

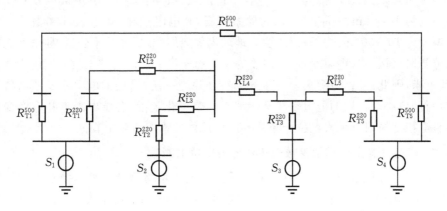

图 2-25 预测方法原理图

由于电网所在的地质情况复杂,仿真模型中对大地建模部分不能准确模拟真实情况,因此,在直流接地极附近变压器中性点安装在线监测装置,实时监测直流电流实际数据(直流偏磁电流在线监测装置见本书 7.3 节),然后通过修订仿真模型中的土壤分层的厚度和各层的电阻率取值,使仿真计算值与实测值在误差允许的范围内,以此完成对仿真模型的修正。

应用修正后的仿真模型,对多直流接地极不同工况下直流量在近区交流电网中的分布进行预测计算,对于直流电流超过设定值的变压器,可以提前采取防护措施,从而达到有针对性的进行直流偏磁电流防护的目的。

2.4.2　地表电位计算模型参数修正依据

2.4.2.1　土壤类型和季节对地表电位的影响

直流接地极附近的地表电位分布与当地的土壤结构密切相关。电阻率均匀的土壤很少见,通常土壤都具有不均匀性。由于受重力作用,常常会形成各种岩层的水平分界面,如沉积岩在沉积过程中受重力作用,形成砂砾岩层、细沙层和黏土层;由于地壳构造运动,地壳中往往会形成垂直层结构。因此,不均匀土壤往往可以近似为水平分层和垂直分层的结构,对于土壤结构更复杂的地区,可以采用水平分层和垂直分层相结合的土壤模型。

土壤类型和季节对地表电位的影响详见本书 2.2 节。

2.4.2.2　土壤模型参数变化对地表电位的影响

1. 水平分层土壤模型参数变化对地表电位的影响

典型的大地分层结构是:最上层为腐植土层,其电阻率在 $10 \sim 1000 \ \Omega \cdot m$ 之间,厚度为几米到几十米;第二层为全新世地层,其电阻率在 $100 \sim 400 \ \Omega \cdot m$ 之间,厚度为 $1 \sim 4 \ km$ 之间;第三层为原始岩石,其电阻率在 $1000 \sim 20000 \ \Omega \cdot m$ 之间,厚度为 $10 \sim 30 \ km$ 之间;第四层为地球内部热层,该层厚几千公里,导电性能良好,分析时可认为其电阻率很小,厚度为 ∞。由于第一层的腐植土层厚度仅为几米到几十米,因此,分析时把最上层和第二层合并为一层,该层的电阻率兼顾腐植层和全新世地层。各层的电阻率和厚度都有一个变化范围,各层电阻率和厚度变化时,直流接地极附近地表电位分布的具体分析详见本书 2.2.1 节。

2. 垂直分层土壤模型参数变化对地表电位的影响

在地表地质情况复杂的地区,基于垂直分层土壤模型计算直流接地极附近的地表电位的结果更准确。垂直分层土壤模型通常用于直流接地极附近存在高阻层和低阻层时的地表电位分布,或者直流接地极位于高山或湖泊附近的情况,采用垂直两层的土壤模型研究直流接地极附近地表电位详见本书 2.2.2 节。

2.4.3　直流偏磁电流在线监测

在多个直流接地极地区附近 100 km 范围内的变电站主变中性点安装在线监测装置,应具有较高的测试精度和较好的时间同步性,当出现直流单极大地回路方式运行时,同时测试多个直流接地极近区变压器中性点的直流偏磁电流,能够实现不同运行方式下,直流偏磁电流分布的在线监测。

2.4.3.1 直流偏磁电流在线监测装置主要参数

直流偏磁电流在线监测装置的主要参数为：

直流电流测量范围：$-50\sim+50$ A；

零点温度偏移电流（$-10\sim+75℃$，仅适用于输出信号为模拟信号）$\leqslant0.2$ A；

准确度：$\leqslant\pm2\%$；

线性度：$\leqslant\pm0.5\%$；

响应时间$\leqslant150$ ms；

纹波含量（仅适用于输出信号为模拟信号）$\leqslant3\%$；

防护等级：IP55（室外、防风沙雨雪）；

环境温度：$-10\sim+75℃$。

2.4.3.2 直流偏磁电流在线监测装置主要功能

装置具有北斗定位同步对时功能，各个变电站的直流偏磁电流在线监测装置要具有很好的时间同步性，使所有监测装置时间高度一致，为直流接地极电流在系统中的分布提供实时、同步及高精度的数据。

直流偏磁电流在线监测装置的其他功能详见本书 7.3 节。

2.4.4 直流偏磁电流仿真模型修正

直流偏磁电流仿真模型修正按以下步骤进行：

（1）定义直流接地极处为坐标原点 $P(0,0)$，根据地理位置可得直流接地极近区变电站的坐标为 $S_i=(X_i,Y_i)$其中变电站序号 $i=1,2,3,\cdots,n$。

（2）建立变电站的地表电位的仿真模型见表 $2-14$。

表 2 - 14　变电站的地表电位的仿真模型

参数 / 土壤层	电阻率/Ω·m	厚度/km
第一层	ρ_1	h_1
第二层	ρ_2	h_2
第三层	2	∞

（3）通过仿真软件计算得到的变电站的地表电位为 V_i（见图 $2-26$）。

（4）将 V_i 设为直流电源，结合电网结构，可计算得到变电站的主变中性点的直流偏磁电流 I_i。

（5）当直流输电采取单极大地回路运行方式时，直流偏磁电流在线监测装置能够测试得到各变电站的主变中性点的直流偏磁电流 I'_i（见图 $2-27$）。

（6）当直流偏磁电流的计算值和实测值的误差 $d=|I_i-I'_i|\geqslant0.5$ A 时，需要对表 2-14 地电位仿真模型中的分层土壤电阻率参数 ρ_1 和 ρ_2、土壤分层厚度参数 h_1 和 h_2 进行调节，直到新直流偏磁电流仿真模型计算得到的 I_i 满足下式：

$$d=|I_i-I'_i|\leqslant0.5\text{ A}$$

则得到满足精度要求的直流偏磁电流仿真模型，此时修正后的地表电位的仿真模型见表 2-15。

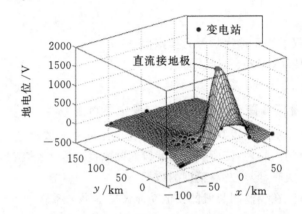

图 2-26　接地极附近变电站地电位分布

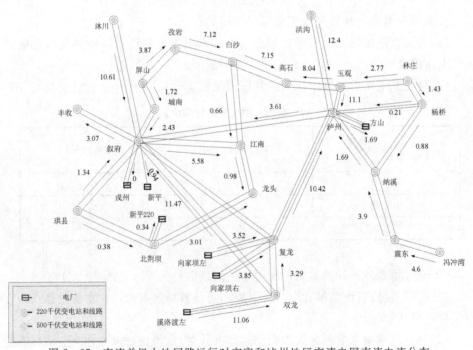

图 2-27　直流单极大地回路运行时宜宾和泸州地区交流电网直流电流分布

表 2-15　修正后的地表电位的仿真模型

参数　　　　　土壤层	电阻率/Ω·m	厚度/km
第一层	ρ'_1	h'_1
第二层	ρ'_2	h'_2
第三层	2	∞

当直流偏磁电流的计算值和实测值的误差 $d = I_i - I'_i \geqslant 0.5$ A 时,对表 2-15 地电位仿真模型中的土壤模型的调节步骤如下:

(1)比较直流偏磁电流的计算值和实测值,当实测值大于计算值时,根据前文分析得出的水平分层土壤模型参数变化对地表电位的影响规律,增加仿真模型里的第一土壤层电阻率 ρ_1(每次增加 10 Ω·m),或减小第一土壤层厚度 h_1(每次减小 0.1 km),或增加第二土壤层电阻率 ρ_2(每次增加 500 Ω·m),或增大第二土壤层厚度 h_2(每次增加 5 km),上述四个参数的调整可多个或同时进行。调整后进行直流电流分布的计算,直到满足 $I'_i - I_i \leqslant 0.5$ A。

(2)比较直流偏磁电流的计算值和实测值,当实测值小于计算值时,根据前文分析得出的水平分层土壤模型参数变化对地表电位的影响规律,减小仿真模型里的第一土壤层电阻率 ρ_1(每次减小 10 Ω·m),或增大第一土壤层厚度 h_1(每次增大 0.1 km),或减小第二土壤层电阻率 ρ_2(每次减小 500 Ω·m),或减小第二土壤层厚度 h_2(每次减小 5 km),上述四个参数的调整可多个或同时进行。调整后进行直流电流分布的计算,直到满足 $I_i - I'_i \leqslant 0.5$ A。

2.4.5　基于修正后仿真模型的直流偏磁影响站点预测

以 3 个直流接地极为例,将其中一个直流接地极处定义为坐标原点 $P_1(0,0)$,根据地理位置可得另两个直流接地极的坐标为 $P_2(X_{P2}, Y_{P2})$、$P_3(X_{P3}, Y_{P3})$,直流接地极近区变电站的坐标为 $S_i = (X_i, Y_i)$。

在此 3 个直流接地极与周围交流电网形成的混联电网中,直流接地极的运行方式见表 2-16。

表 2-16　3 个直流接地极的不同运行方式

	直流接地极 P_1	直流接地极 P_2	直流接地极 P_3
方式 1	单极大地回路运行	双极平衡运行	双极平衡运行
方式 2	双极平衡运行	单极大地回路运行	双极平衡运行
方式 3	双极平衡运行	双极平衡运行	单极大地回路运行

	直流接地极 P_1	直流接地极 P_2	直流接地极 P_3
方式4	单极大地回路运行	单极大地回路运行	双极平衡运行
	两个直流接地极单极大地回路运行时同极性		
方式5	单极大地回路运行	单极大地回路运行	双极平衡运行
	两个直流接地极单极大地回路运行时不同极性		
方式6	单极大地回路运行	双极平衡运行	单极大地回路运行
	两个直流接地极单极大地回路运行时同极性		
方式7	单极大地回路运行	双极平衡运行	单极大地回路运行
	两个直流接地极单极大地回路运行时不同极性		
方式8	双极平衡运行	单极大地回路运行	单极大地回路运行
	两个直流接地极单极大地回路运行时同极性		
方式9	双极平衡运行	单极大地回路运行	单极大地回路运行
	两个直流接地极单极大地回路运行时不同极性		
方式10	单极大地回路运行	单极大地回路运行	单极大地回路运行
	任意两个直流接地极单极大地回路运行时同极性		
方式11	单极大地回路运行	单极大地回路运行	单极大地回路运行
	三个直流接地极单极大地回路运行时同极性		

注:单极大地回路降功率运行产生的偏磁电流比单极大地回路运行时小,故不考虑该运行方式。

直流输电单极大地回路运行时,会产生直流偏磁电流影响接地极近区变电站的主变,而直流输电双极平衡运行时,直流接地极电流为 0,周围交流变压器不会出现直流偏磁现象,当 3 个直流接地极采取同极性单极大地回路运行时导致近区交流变压器直流偏磁的影响最大。

多直流接地极不同运行方式时,直流接地极电流对近区交流变压器的影响程度和影响的变电站站点均不同,利用修正后的直流偏磁电流分布计算模型可以进行多直流接地极不同运行方式下直流偏磁影响站点的预测,对于计算得到直流偏磁电流超标的变电站进行预警,并提前采取防护措施。

利用修正的仿真模型进行多直流接地极不同运行方式下直流偏磁影响站点的预测步骤如下:

(1)假设有 n 个直流接地极,定义其中一个直流接地极为坐标原点 $P_1(0,0)$,其余直流接地极的坐标为 $P_2(X_{P2}, Y_{P2})$、$P_3(X_{P3}, Y_{P3})$,…,$P_n(X_{Pn}, Y_{Pn})$,直流接地极近区 k 个变电站的坐标为 $S_i = (X_i, Y_i)$ 其中变电站序号 $i = 1, 2, 3, \cdots, k$。

（2）根据修正后的土壤模型参数（见表2-15），建立坐标原点所在接地极 P_1（0,0）近区变电站的地表电位的仿真模型。

（3）通过仿真软件计算 n 个直流接地极电网以某一运行方式时变电站的地表电位为 V'_i。

（4）将 V'_i 设为直流电源，结合电网结构，可计算得到在该运行方式下变电站主变中性点的直流偏磁电流 I'_i。

（5）当序号为 i 的变电站主变中性点直流偏磁电流 $I'_i \geqslant 12$ A 时，直流偏磁电流超标，对该变电站进行预警，并提前采取防护措施；当 i 变电站主变中性点直流偏磁电流 $I'_i < 12$ A 时，直流偏磁电流不超标，该变电站主变能承受此直流偏磁电流。12 A 为变压器承受直流偏磁的限值，该值可以根据变压器承受直流偏磁的实际能力进行调整。

2.5　本章小结

本章研究了直流接地极处于水平分层、垂直分层土壤模型下的地表电位分布规律。直流输电单极运行时，流入变压器的直流量还受电网结构的影响，文中结合实例计算了直流电流在交流电网中的分布。具体归纳如下。

（1）在旱季、雨季时的含砂黏土和黄土土壤模型中，旱季时直流接地极含砂黏土极址地表电位最大，雨季时黄土极址地表电位最小。在离接地极50 km以外时，四种典型土壤模型下的地表电位接近，且只有几十伏。

（2）第一层土壤电阻率对直流接地极址的地表电位影响较大，而第二层土壤电阻率的影响很小但影响范围较远。当 ρ_1 从 50 Ω·m 增加到 400 Ω·m 时，最大地表电位增幅达 6.4 倍。当 ρ_2 从 1000 Ω·m 增加到 20000 Ω·m 时，地表电位仅增加 1.09 倍。地表电位随第一层土壤厚度的增大而减小，随第二层土壤厚度的增大而增大，其中 h_1 变化时对地表电位最大值的影响没有电阻率的影响大，但是其影响的范围却更远，h_2 变化对地表电位的最大值影响也很小。

（3）位于砂土层中的直流接地极离与岩石的分界面越近，最大电位就越大。在砂土与岩石组成的垂直分层模型下地表电位在接地极附近10 km内下降较快，比10 km远的范围电压为几十伏，且减小缓慢。位于砂土层中的直流接地极离与湖泊的分界面越近则最大电位就越小。距离接地极10 km以外的湖泊对最高电表电位的影响很小，但是几百米范围内时，湖水能有效降低地表电位。

（4）直流输电单极运行产生的直流偏磁电流除了与变电站的地表电位有关以外，还受电网结构的影响。以晋城市电网为例，研究表明：流入（出）各观测点变电站变压器中性点的直流电流大都在2 A以下，直流电流影响最大的是神农220 kV站，其数值略大于2 A。其次是晋城500 kV站、丹河220 kV站以及北义城220 kV

站,其数值都大于 1 A 接近 2 A。

(5)通过本章的分析,从减小直流接地极地电流对交流变压器影响的角度,建议选择直流接地极址时应考虑以下条件:极址的土壤的电阻率要尽量小,如极址为冲击土、黏土等,同时该地区降雨量要丰富,无恶劣的干旱季节;表层低电阻率土壤的厚度尽量大,而深层高阻土壤的厚度要小;直流接地极址要远离高山,接近水源。

(6)提出一种多直流接地极不同运行方式下直流偏磁电流影响站点的预测方法。通过在直流接地极附近变压器中性点安装直流在线监测装置,掌握直流偏磁电流的分布的实测数据,再根据实测数据,调整各层土壤电阻率和厚度对仿真模型进行修正,然后使用修正后的土壤模型对多直流接地极地区电网不同运行工况下直流偏磁的影响情况进行预测,提高电网变压器直流偏磁的早期预警能力,便于及时对直流偏磁风险较大的变压器采取有效性的治理。

第3章 变压器直流偏磁内部特性

目前国家电网公司在变压器的招标采购时,给出了变压器耐受直流偏磁电流的建议值,如表3-1所示。但实际验证变压器的偏磁耐受能力较为困难,变压器耐受直流偏磁电流的限值尚不明确。在±800 kV宾金特高压直流联调中浙江电网测得的变压器直流偏磁电流最大可达200 A。如果对变压器直流偏磁耐受能力限值估算过大,超出了变压器的实际承受限度,会对变压器造成损坏;反之,如果对变压器直流偏磁耐受能力估算太小,则将导致需要在大范围内治理变压器直流偏磁,造成工作量和治理成本的浪费。

表3-1 变压器直流偏磁耐受能力建议值

电压等级	最大容量	国家电网公司物资采购建议值
220 kV	240 MVA 三相	三相绕组中性点接处地直流电流12 A
330 kV	360 MVA 三相	三相绕组中性点接处地直流电流12 A
500 kV	400 MVA 单相自耦	每相绕组中性点接地直流电流4 A
500 kV	750 MVA 三相	三相绕组中性点接处地直流电流12 A
750 kV	700 MVA 单相自耦	每相绕组中性点接地直流电流6 A

为了揭示直流偏磁现象时变压器的内部特性,并为确定变压器直流偏磁承受能力提供理论基础,本章将研究直流量流入变压器后,导致铁芯半周饱和,励磁电流畸变,形成直流偏磁的作用机理;几种典型的变压器铁芯在直流偏磁状态下的内部特性存在差异,通过分析组式变压器、三相三柱变压器和三相五柱变压器受直流偏磁影响程度,评估其承受直流偏磁的能力,以便有针对性的采取抑制措施。变压器铁芯直径的选取关系到整个变压器的制造成本,是实现变压器优化设计的关键,本章将分析变压器铁芯直径变化对直流偏磁的影响,及变压器油箱与直流偏磁的关系。

3.1 变压器直流偏磁的机理

分析变压器直流偏磁的作用机理,对研究直流偏磁时变压器的内部特性,以及采取合适的抑制措施都有重要的意义。当直流输电单极大地回路运行时,地中直流会流入变压器绕组,导致铁芯半周饱和,励磁电流畸变。畸变的励磁电流会使铁芯磁致伸缩加剧,而磁致伸缩又是引起振动加剧、噪声增大的重要因素。

3.1.1 变压器的铁芯

油浸式电力变压器在交流输电系统中应用最广,其主体部分放在油箱内,箱内灌满变压器油,利用油受热后的对流作用,把铁芯和绕组产生的热量经油箱壁上的散热管发散到空气中,同时变压器油又隔绝了绕组与空气,提高了绝缘强度,避免了空气中的水汽及其他气体对绕组绝缘的腐蚀作用。

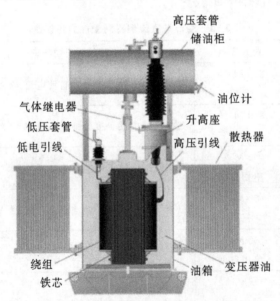

图 3-1 油浸式电力变压器

变压器铁芯由芯柱、铁轭和夹件组成的变压器主磁路,也是变压器器身的机械骨架。变压器的原、副边线圈通过主磁路中的磁通进行耦合,将功率由原边线圈传输到副边线圈去。为减小涡流损耗,铁芯采用彼此绝缘的薄硅钢片叠装而成。在配电变压器中,也有用薄硅钢片卷制而成的卷铁芯。铁芯的结构型式分为芯式和壳式。目前在我国,这两种铁芯结构的变压器都在生产和使用。

自 1935 年晶粒取向的冷轧硅钢片出现以后,铁芯材料有原来的热轧硅钢片改为冷轧硅钢片,硅钢片的厚度也由原来的 0.5 mm 减小到 0.3 mm、0.23 mm。铁芯结构及加工工艺也有了不断的改进,如叠片搭接由直接缝改成了全斜接缝;用玻璃粘带绑扎代替了用穿芯螺杆夹紧。为减少切口毛刺,采用快速自动剪切机剪切硅钢片。铁芯材料、结构及加工工艺的改进,大大降低了变压器的铁芯损耗。

电力变压器的铁芯多数为芯式结构。芯式变压器常采用单相二柱式和三相三柱式的铁芯。大容量变压器由于受运输高度的限制,常常采用单相三柱式铁芯(一芯、二旁轭)、三相五柱式铁芯(三芯、二旁轭)。目前,我国 110 kV 及以下电压等级的变压器和 220 kV 90 MVA 及以下容量的变压器一般采用三相三柱式的铁芯;220 kV 90 MVA 以上的三相变压器,一般采用三相五柱式的铁芯;500 kV 变压器一般采用单相三柱式铁芯。图 3-2 所示为各种铁芯型式。此外,壳式铁芯结构的变压器具有重心低、线圈机械强度高、漏抗小和耐冲击性能好等优点,在超高压、大容量及特殊用途的变压器中,均有采用。

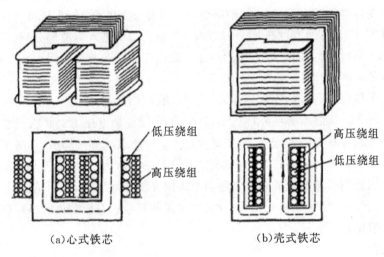

图 3-2 变压器铁芯结构

为了减小漏磁,变压器铁芯应尽可能占据绕组内径里的所有空间。现在几乎所有电力变压器的铁芯均采用多级叠装铁芯。在大容量变压器中,为了保证铁芯中的温度不致太高,往往在铁芯中设置油道。

3.1.2 直流偏磁下的励磁电流

直流接地极向大地注入工作电流后,会在附近土壤中形成电位分布,同时,直流输电的额定直流电流也会以大地为回路,流向逆变站直流接地极,若在直流接地极附近存在中性点接地的变压器,则有少部分直流电流会经过接地中性线流入变压器绕组中,并通过交流电网形成回路。流入变压器绕组的直流会与交流励磁电流一起形成交直流叠加的励磁电流(见图3-3),导致磁化曲线工作点进入一侧的饱和区域,形成直流偏磁(见图3-3)。

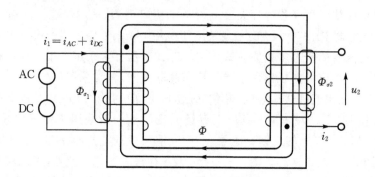

图3-3 地中直流量流入变压器绕组示意图

电力变压器铁芯磁通 $\Phi(t)$ 与励磁电流 $i(t)$ 呈非线性关系,见图3-4(b)。对于热轧硅钢片,当磁通密度在 $0.8 \sim 1.3$ T 时,磁化曲线进入弯曲部分;而当磁通密度超过 1.3 T 时,磁化曲线进入饱和部分。现代变压器铁芯多采用冷轧硅钢片,其导磁率较热轧硅钢片高,当磁通密度在 $1.5 \sim 1.7$ T 时,磁化曲线进入弯曲部分。大容量变压器($\geqslant 220$ kV)在额定电压 U_n 时,通常热轧硅钢片 $i(t)$ 的有效值 $I_e \leqslant 1\% I_n$,优质冷轧硅钢片 $I_e \approx 0.1\% I_n$,$i(t)$ 的大小随外加电压增大而急剧增加。

因为硅钢片具有磁非线性,故直流磁通 Φ_{DC} 与励磁电流平均值 i_{DC} 间不是磁化曲线上 Φ 和 i 那样的关系,即不能用叠加原理简单的认为:形成直流偏磁后的磁通是进入变压器的直流产生的直流磁通与原来的交流磁通之和,以下是证明过程。

设 N_1、N_2 分别为单相变压器一次、二次侧的匝数。直流偏磁时一次侧电流同时含有交流量和直流量,即:$i_1 = i_{AC} + i_{DC}$。

一次侧电压为:

$$u = N_1 \frac{\mathrm{d}\Phi}{\mathrm{d}t} = \sqrt{2} U_1 \cos\omega t \qquad (3-1)$$

其中 Φ 为交直流磁通之和,即:

$$\Phi = \Phi_{DC} + \Phi_m \sin\omega t = \Phi_{DC} + \sqrt{2}\frac{U_1}{\omega N_1}\sin\omega t \qquad (3-2)$$

设所有交直流磁通都经铁芯闭合,则磁通密度为:

$$B = K\frac{\Phi}{A} \qquad (3-3)$$

式中,A 为铁芯的有效截面积;K 为漏磁系数。

设 l 为铁芯磁路的平均长度,由安培环路定律得:

$$N_1(i_{AC} + i_{DC}) = Hl \qquad (3-4)$$

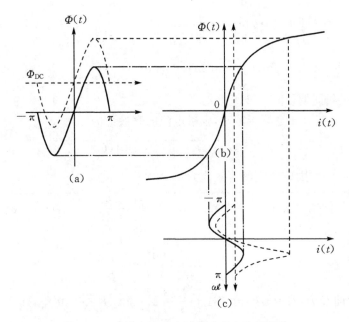

图 3 - 4 直流电流对变压器励磁电流的影响

用双曲函数拟合磁化曲线有：

$$H = x \cdot \text{sh}(yB) \tag{3-5}$$

其中，x、y 是与铁芯磁化取向相关的参数，通常取其值大于 1。

由（3-1）～（3-5）得：

$$N_1(i_{\text{AC}} + i_{\text{DC}}) = lx \cdot \text{sh}\left[K \frac{y}{A}(\Phi_{\text{DC}} + \Phi_m \sin\omega t)\right]$$

$$= lx \cdot \left[\text{sh}(K \frac{y}{A}\Phi_{\text{DC}})\text{ch}(K \frac{y}{A}\Phi_m \sin\omega t) + \text{ch}(K \frac{y}{A}\Phi_{\text{DC}})\text{sh}(K \frac{y}{A}\Phi_m \sin\omega t)\right] \tag{3-6}$$

令：$K \frac{y}{A}\Phi_m = yB_m = C$ 是设计常数，与铁芯的工作点有关，反应其利用率。将 $\text{ch}(K \frac{y}{A}\Phi_m \sin\omega t)$，$\text{sh}(K \frac{y}{A}\Phi_m \sin\omega t)$ 分别用傅立叶级数展开，可得：

$$N_1(i_{\text{DC}} + i_{\text{AC}}) = lx \cdot \text{sh}(C)a_0(C) +$$

$$lx \cdot \left[\frac{N_1 i_{\text{DC}}}{lxa_0} \sum_{i=1}^{\infty} a_{2n}(m)\cos(2n\omega t) + \sqrt{1 + \frac{N_1 i_{\text{DC}}}{lxa_0}} \sum_{i=1}^{\infty} a_{2n+1}(C)\sin((2n+1)\omega t)\right]$$

$$n = 1, 2, 3\ldots \tag{3-7}$$

式中，$a_0(C) = \frac{\omega}{\pi}\int_0^{\text{T}} \text{ch}[C \cdot \sin\omega t]\text{d}t$；

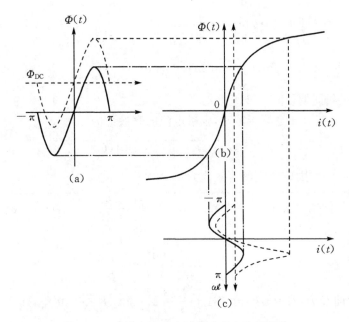（本段为右侧竖排文字）第 3 章 变压器直流偏磁内部特性

$$a_{2n}(C) = \frac{\omega}{\pi}\int_0^T \mathrm{ch}[C \cdot \cos\omega t] \cdot \cos(2n\omega t)\,\mathrm{d}t = \frac{C}{2(2n)}[a_{2n-1}(C) + a_{2n+1}(C)];$$

$$a_{2n+1}(C) = \frac{\omega}{\pi}\int_0^T \mathrm{sh}[C \cdot \sin\omega t] \cdot \sin(2n+1)\omega t\,\mathrm{d}t = \frac{C}{2(2n+1)}[a_{2n}(C) + a_{2n+1}(C)]$$

(T 为工频周期,即 0.02s)

当 $i_{\mathrm{DC}}=0$ 直流分量等于零时,励磁电流的有效值为:

$$I_e = \frac{lx}{N}\sqrt{a_1^2(C) + a_3^2(C) + a_5^2(C) + \ldots}$$

当 $i_{\mathrm{DC}}\neq 0$ 时,励磁电流的有效值为:

$$I_e = \frac{lx}{N}\sqrt{[a_1^2(C) + a_3^2(C) + a_5^2(C) + \ldots] + \left(\frac{N_1 i_{\mathrm{DC}}}{lx a_0(C)}\right)^2 (a_1^2(C) + a_2^2(C) + \ldots)}$$

由上式可得:

$$i_{\mathrm{DC}} = \frac{lx a_0}{N_1}\mathrm{sh}\left(\frac{Ky}{A}\Phi_{\mathrm{DC}}\right) \tag{3-8}$$

若磁化曲线为:$H = x \cdot \mathrm{sh}(yB) \Rightarrow \dfrac{Ni}{l} = x \cdot \mathrm{sh}\left(yK\dfrac{\Phi}{A}\right)$,可得:

$$i = \frac{lx}{N_1}\mathrm{sh}\left(\frac{Ky}{A}\Phi\right) \tag{3-9}$$

比较(3-8)和(3-9)可知:交直流同时励磁时,Φ_{DC} 与 i_{DC} 之间除了满足交流磁化曲线上对应的关系外,还受系数 $a_0(C)$ 的影响。

$$a_0(C) = \frac{\omega}{\pi}\int_0^T \mathrm{ch}[C \cdot \sin\omega t]\,\mathrm{d}t = \frac{\omega}{\pi}\int_0^T \left(1 + \frac{yB_m \sin^2\omega t}{2!} + \ldots\right)\mathrm{d}t$$

当交直流磁通同时作用时,铁芯的磁通密度位于磁化曲线的未饱和区,则 $a_0(C) = \dfrac{\omega}{\pi}\displaystyle\int_0^T 1\,\mathrm{d}t = 1$,励磁电流不会畸变。但是当交直流共同作用的平均磁通密度位于材料磁化曲线的饱和段或高度饱和段时,励磁电流会发生严重的畸变。

基于图 3-3 的原理,以 SFPSZ8-150 MVA/220 kV 变压器为例,分析变压器在直流量 $i_{\mathrm{DC}} = n\,(A)$,($n=0、2、4、6、10、15$)时,励磁电流、励磁电流的谐波分布和磁通的变化规律,变压器的参数如表 3-2。

表 3-2　SFPSZ8-150 MVA/220 kV 变压器的参数

额定电压 /kV	额定电流 /A	短路电压/% 高中/高低/中低	短路损耗/kW 高中/高低/中低	空载电流 /%	空载损耗 /kW
220±8×1.25% /115/36.75	394/753 /1178	13.37/22.49 /6.76	575.8/194.7/143.8	0.42	114.2

得到的仿真结果如下。

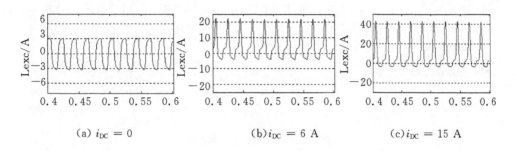

(a) $i_{DC}=0$ (b)$i_{DC}=6$ A   (c)$i_{DC}=15$ A

图 3-5   直流偏磁下的励磁电流

由图 3-5 可知：当 $i_{DC}=6$ A 时励磁电流已向正方向有明显的偏移，随着直流量的进一步增加，励磁电流相应的呈非线性增加，当 $i_{DC}=15$ A，波形畸变已经很严重，正峰值为 89.5 A。

直流偏磁状态下励磁电流会发生畸变，直流量越大，畸变程度也越大。将含直流量的励磁电流波形傅立叶分解就得到其总谐波畸变率。总谐波畸变率是谐波含量均方根值与基波均方根值之比，即 $THD=\sqrt{\sum_{k=1}^{n}I_k^2}/I_1$。分析结果表明（见图 3-6）：谐波的大小和次数均随直流量的增加而增加；当 $i_{DC}=15$ A 时，励磁电流畸变已经很严重，THD$=84.35\%$，此时，在直流量的作用下，铁芯已经高度磁饱和。

Fundamental (50Hz)$=2.864$ Fundamental (50Hz)$=11.86$ Fundamental (50Hz)$=24.52$
THD$=4.62\%$ THD$=57.64\%$ THD$=84.35\%$

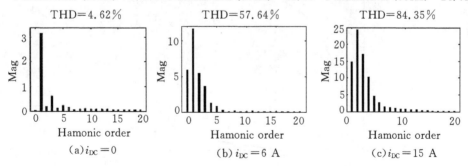

(a)$i_{DC}=0$ (b) $i_{DC}=6$ A   (c)$i_{DC}=15$ A

图 3-6   直流偏磁下的励磁电流的谐波分布

图 3-7 表明：在直流量达 6 A 时，铁芯磁通的偏移已经比较明显，当偏移磁通达到 2000 Wb 时，其数值随直流量的增加基本不变，说明此时铁芯内部已经达到了半周磁饱和。

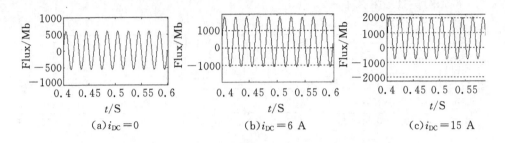

(a)$i_{DC}=0$ (b)$i_{DC}=6$ A   (c)$i_{DC}=15$ A

图 3-7 直流偏磁下的磁通

3.1.3 直流偏磁下的磁致伸缩效应

磁致伸缩是铁磁体在外磁场中磁化时,其长度和体积发生变化的现象。硅钢片的体积和形状在磁场作用下都会发生变化,而且随磁场的不同,改变的形状也不同,当磁场小于饱和磁化场 H_S 时,硅钢片的形变主要是长度的改变,即线磁致伸缩,此时体积变化很小;当磁场大于饱和磁化场 H_S 时,硅钢片的形变主要是体积的改变,即体积磁致伸缩,此时体积变化较大;硅钢片的磁化曲线、磁致伸缩与磁化强度的关系见图 3-8,从图中可知,在磁场大于饱和磁化场 H_S 时,体积磁致伸缩才发生,直流偏磁时磁场大于铁芯的自发磁化强度,故中性点直流会导致铁芯体积发生周期性的膨胀和收缩,对外表现为振动加剧、噪声增大。

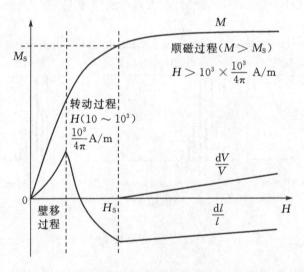

图 3-8 硅钢片的磁化曲线、磁致伸缩与磁场强度的关系

磁致伸缩的单离子模型能从晶体结构、磁性离子的占位和电子结构参数出发,

计算磁致伸缩的大小,按单离子模型推导出的磁致伸缩与温度及磁场的关系为：

$$\lambda(T,H)/\lambda(0,H) = I'_{L+1/2}(x) \tag{3-10}$$

式中，$I'_{L+1/2}(x) = I_{L+1/2}(x)/I_{1/2}(x)$，$I_{L+1/2}(x)$ 是 $L+1/2$ 阶双曲贝塞尔函数，$x = L^{-1}[m(T,H)]$ 是关于磁化强度的郎之万函数的反函数，$m = m(T)/m_S(0)$，$m(T)$ 和 $m(0)$ 分别是温度 T 和 $0K$ 时的饱和磁化强度。

从微观看,材料的磁致伸缩主要来源于交换作用、晶场和自旋一轨道耦合作用、磁偶极相互作用等;从宏观看磁致伸缩是材料内部的磁畴在外磁场作用下发生转动的结果。压力、温度和材料成分可改变材料内部磁畴的分布和运动状态。直流偏磁时,励磁电流畸变导致电动力加大,且为周期变化,此电动力表现为与应力有关的弹性性能 F_∂，其表达式为：

$$F_\partial = -(3/2)\sigma[\lambda_{100}(\alpha_1^2\gamma_1^2 + \alpha_2^2\gamma_2^2 + \alpha_3^2\gamma_3^2)] + 3\lambda_{111}(\alpha_1\alpha_2\gamma_1\gamma_2 + \alpha_2\alpha_3\gamma_2\gamma_3 + \alpha_3\alpha_1\gamma_3\gamma_1) \tag{3-11}$$

式中，$\alpha_1,\alpha_2,\alpha_3$ 表示磁化强度的方向余弦;$\gamma_1,\gamma_2,\gamma_3$ 表示应力的方向余弦。

3.2 变压器直流偏磁的有限元仿真分析

3.2.1 有限元法及 ANSYS 简介

3.2.1.1 有限元法电磁场分析简介

有限元分析法是将物体划分成有限个单元,这些单元之间通过有限个节点相互连接,单元看作是不可变形的刚体,单元之间通过节点传递,然后利用能量原理建立各单元矩阵;在输入材料特性、载荷和约束等边界条件后,利用计算机进行物体变形、应力和电磁场等特性的计算,最后对计算结果进行分析。

麦克斯韦方程组是研究和分析电磁现象的一个基本依据,麦克斯韦方程组实际上是由四个定律组成的,即安培定律、法拉第定律、高斯电通定律和高斯磁通定律。电磁场服从麦克斯韦方程组,因此电磁问题可以用这些微分方程或积分方程所描述,并为相应问题的边界条件和初始条件所限定。一般来说,求解这样的偏微分方程需要一个非常复杂的过程,常常需要对这些偏微分方程进行简化,从而能够用分离变量的方法得到电磁波的解析解,并且用三角函数的指数函数形式表示。

但在工程实际中,由于区域、介质和激励的不同,只有极个别问题可以找出解析解,而绝大部分问题都需要根据其边界条件和初始条件,用数值计算的方法来求解其数值解。所谓"边界条件"是指在两种介质交界处,电磁量应该满足某个特定的条件。以电场为例,如果两种介质的交界构成一个边界,那么该边界两侧的电场强度切向分量相同,且两侧的电通密度法向分量的差就等于边界上的自由电荷密度。而对于磁场,如果两种磁介质的交界构成一个边界,那么边界两侧的磁场强度切向分量的变化就等于边界上的电流线密度,且两侧的磁通强度法向分量是连续的。

在电磁场实际问题中,存在着各种各样的边界,对此加以归类,通常可以将这些边界条件分为三种形式,即狄利克雷(Dirichlet)边界条件,诺伊曼(Neumann)边界条件以及这两种边界条件的组合。

以电势函数 φ 的边界条件为例:

(1)狄利克雷边界条件表明电势在某个边界的值是给定的,用公式表示为:

$$\phi\Big|_{\Gamma_1} = g(\Gamma_1) \tag{3-12}$$

式中,Γ_1 为狄利克雷边界,$g(\Gamma_1)$ 为位置的一般函数。

(2)诺伊曼边界条件表达几何尺寸和激励源的对称性,用公式表示为:

$$\frac{\partial \phi}{\partial n}\Big|_{\Gamma_1} \tag{3-13}$$

这里,Γ_2 表示诺伊曼边界,n 为边界的外向法向矢量,$\sigma(\Gamma_2)$ 和 $h(\Gamma_2)$ 为一般函数。

(3)如果狄利克雷和诺伊曼边界条件中的一般函数都为零,则边界条件分别简化为齐次狄利克雷边界条件和齐次诺伊曼边界条件,前者表示某个边界上的势函数为零,例如在计算电磁场时,大地和无限远处的电势和磁势可认为是零;后者表示在某个边界法线方向上的势函数变化率为零。

在求解边界值问题时常用的两种近似解法是加权余数法和变分法,它们的共同特点是把微分方程的近似解表示成尝试函数的线形组合,然后依据某种原则建立一种误差指标,通过使这种误差指标最小化,确定由线形组合而引入的待定系数,从而求出近似解。在确定待定系数时,线性代数方程可以写成矩阵方程的形式,而计算这些矩阵的各元素时,我们常常用到分部积分法。如果为了计算精度而选取很多个尝试函数,那么计算这些为数众多的分部积分既十分复杂又很费时间,并且很难用计算机进行数值计算。因此,需要寻找一个改进的方法来简化计算并设法利用计算机进行处理,有限元法就是其中的一种。

在有限元方法中,所考虑的整个区域被分割成许多很小的子区域,这些子区域通常称为"单元"或"有限元"。可在每个小的子区域上应用边界问题的求解,并对所有这些子区域进行独立的处理和运算,这样便对一个整体问题进行了局部化处理。通过选取恰当的尝试函数,使得对每一个单元的计算都变得非常简单,经过对每个单元进行重复而简单的计算,再将其结果综合起来,便可以得到用整体矩阵表达的整个区域的解,这一整体矩阵往往是稀疏矩阵,可以更进一步简化和加快求解过程。而计算机非常适合重复性的计算和处理,所以整体矩阵的形成可以很容易地用计算机处理来实现。

一般来说,对于电磁问题,有限元法的基本计算过程可以归纳为以下几个步骤:

(1)根据问题所定义的区域、激励和边界条件,根据具体情况决定问题的描述方程;

(2)对整个计算区域离散化,即将区域用节点和有限元(通常为三角形或矩形单元)表示,每个单元都对应一个激励值和一种材料(可用介电常数和磁导率表示);

(3)每个有限元依次进行局部处理,即根据特殊的形函数求得某个有限元的局部激励矩阵和局部系数矩阵;

(4)将某个单元的局部激励矩阵和局部系数矩阵的各个元素相加到整体激励矩阵和整体系数矩阵中,从而形成求解节点势函数值的矩阵方程;

(5)对整体矩阵方和用线性代数方法加以求解,便能够得到各节点的势函数值;

(6)利用有限元法的势函数分布进行解后处理,根据具体要求找出所解问题的各种工程参数。

有限元法是目前电气工程中解决电磁分布边值问题的强有力的手段。它适应了当今电磁问题分析的需要,已获得了广泛的应用。从历史发展过程来看,电磁分布边值问题求解有图解法、模拟法、解析法和数值计算方法等四种类型。其中数值计算方法包括有限差分法、有限元法、积分方程法、边界元法、混合法等。目前普遍应用的是有限元法,并且只有有限元法已有一些商业化软件被推出使用。

3.2.1.2 有限元分析软件 ANSYS 简介

有限元分析软件 ANSYS 能够同时分析结构、热、流体、电磁、声学的高级多物理场耦合分析程序,先进的多物理场耦合分析技术现今世界首屈一指。各独立物理场的分析功能包括各种结构的静动力线性或非线性分析、温度场的稳态或瞬态分析以及相变、计算流体动力学分析、声学分析和电磁分析。另外,还提供目标设计优化、拓扑优化、概率有限元设计、二次开发技术(参数设计语言 APDL、用户图形界面设计语言 UIDL 以及用户可编程特性 UPFs)、子结构、子模型、单元生死、疲劳断裂计算等先进技术。

ANSYS 有限元分析包括前处理、求解和后处理三个基本过程。前处理模块提供了强大的实体建模及网格划分工具,还可以利用 ANSYS 的 CAD 接口功能导入/导出实体模型,用户可以十分方便地构造有限元模型;分析计算模块包括结构分析(可进行线性分析、非线性分析和高度非线性分析)、流体动力学分析、电磁场分析、声场分析、压电分析以及多物理场的耦合分析,可模拟多种物理介质的相互作用,具有灵敏度分析及优化分析能力;后处理模块可将计算结果以彩色等值线显示、梯度显示、矢量显示、粒子流迹显示、立体切片显示、透明及半透明显示(可看到结构内部)等图形方式显示出来,也可将计算结果以图表、曲线形式显示或输出。

ANSYS 以 Maxwell 方程组作为电磁场分析的基本出发点。有限元法计算的未知量主要是电位或者磁位。其他诸如磁通量密度、电流密度、能量、力、损耗、电感和电容都可以由这些自由度导出。根据用所选择的单元类型和单元选项的不同,自由度可以是标量磁位、矢量磁位或者边界通量,也可以是非时间积分电位和时间积分电位。

根据分析类型。材料特性和分析的物理情况,ANSYS 提供了几种分析方法。电磁分析可以与热传递、机械、流体和电力分析进行耦合,其中本书所用的是与电路耦合的方法。它可以进行稳态、谐波和瞬态磁场分析;有棱边单元法、标量位法和矢量位法。电磁场分析有多种单元可供选择,每一种单元的特性都有详细的描述。并不是所有的单元都会用到每一个电磁分析中,可以根据实际情况的需要选择一种或者几种单元并对其进行详细的特性设置,再进行具体的分析。

3.2.1.3 ANSYS 的理论基础

ANSYS 的算法基础是基于有限元的分析,有限元分析是利用数学近似的方法对真实物理系统进行模拟,利用简单而又相互作用的元素,即单元,就可以用有限数量的未知量去逼近无限未知量的真实系统。有限元模型是真实系统理想化的数学抽象,模型由一些简单形状的单元组成,单元之间由节点相连,并承受一定量的载荷,每个单元的特性是通过一系列的线性方程式来描述的。作为一个整体,单元形成了整体结构的数学模型。信息是通过单元之间的公共节点传递的。在ANSYS 用于电磁场的分析中,计算的参数用自由度来表示,也就是通常所说的节点自由度。

1. 麦克斯韦方程组

电磁分析问题实际上是求解给定边界下的麦克斯韦方程组问题。麦克斯韦方程组是研究和分析电磁现象的一个基本依据。在电磁场中有限元法所用的偏微分方程就是从麦克斯韦方程组推导出来的。麦克斯韦方程组由四个定律构成:安培定律、法拉第定律、高斯电通定律、高斯磁通定律。下面给出麦克斯韦方程组的微分形式。

$$\nabla \times \vec{E} = -\frac{\partial \vec{E}}{\partial t} \tag{3-14}$$

$$\nabla \times \vec{H} = \vec{J} + \frac{\partial \vec{D}}{\partial t} \tag{3-15}$$

$$\nabla \cdot \vec{D} = \rho \tag{3-16}$$

$$\nabla \cdot \vec{B} = 0 \tag{3-17}$$

电流连续方程:

$$\nabla \cdot \vec{E} = -\frac{\partial \vec{\rho}}{\partial t} \tag{3-18}$$

式中:$\nabla \times$ 为旋度算子;$\nabla \times$ 为散度算子;$\vec{H}$ 为磁场强度矢量,$\vec{J}$ 为总的电流密度矢量;$\vec{D}$ 为电位移矢量;$\vec{E}$ 为电场强度矢量,$\vec{B}$ 为磁感应强度矢量;ρ 为题电荷密度。

方程(3-14)~(3-18)中只有(3-14)、(3-15)、(3-16)为独立方程,其他两个方程可由独立方程推出。

变压器工作频率为 50 Hz,属于低频似稳交变磁场。似稳交变磁场是麦克斯韦方程组的特例,它满足似稳条件,即场强随时间变化"充分慢",从场源到观察点的距离比波长短得多,从而在电磁波传播所需的时间内,场强的变化极其微小,近似稳定情况。在低频问题,时变电磁场的变化频率很慢,而实际物体的尺寸比电磁波的波长要小得多,属似稳电磁场。与传导电流相比,位移电流可以忽略,上述方程可以简化为:

$$\nabla \times \vec{E} = -\frac{\partial \vec{E}}{\partial t} \tag{3-19}$$

$$\nabla \times \vec{H} = \vec{J} \tag{3-20}$$

$$\nabla \cdot \vec{D} = \rho \tag{3-21}$$

$$\nabla \cdot \vec{B} = 0 \tag{3-22}$$

在媒质中,场量间的关系为:$\vec{D} = \varepsilon \vec{E}$,$\vec{B} = \mu \vec{H}$,$\vec{J} = \sigma \vec{E}$。

式中:ε——介电常数(F/m);μ——磁导率(H/m);σ——电导率(S/m)。

为方便求解电磁场,在时变场中引入电磁位 $\vec{A}$ 与 φ。并定义矢磁位 $\vec{A}$ 表示为:

$$\vec{B} = \nabla \times \vec{A} \tag{3-23}$$

$\vec{A}$ 是空间坐标与时间的函数。由于旋度为零的向量可以表示成标量 φ 的梯度,有 $\vec{E} + \frac{\partial \vec{A}}{\partial t} = -\nabla \varphi$,即

$$\vec{E} = -\frac{\partial \vec{A}}{\partial t} - \nabla \varphi \tag{3-24}$$

φ 为标量电位,$\vec{A}$ 和 φ 就构成了时变电磁场的电磁位。

2. 边界条件

电磁场的分析与计算,通常归结为求解微分方程的解。对于常微分方程来说,只要由辅助条件决定任意常数之后,其解就是唯一的。而在电磁场计算中一般归结为求解电磁场位函数或场量所满足的偏微分方程,其解唯一的条件就是在初始条件和边界条件的基础上稳定。因此,分析和计算电磁场问题首先要明确以下两点:

(1)确定求解区域物理问题的数学模型,包括选择位函数,到处所求解的微分方程;

(2)给出定解条件。由于变压器铁芯磁场分析问题属于似稳电磁场求解对于似稳电磁场问题,只需给出边界条件。

边界条件有两种情况:

(1)第一类边界条件:狄利克雷边界条件(Dirichlet)

根据边界条件的要求,确定了物理量 μ(对于电磁场问题,μ 代表标量位或 φ_m、φ 或矢量位 $\vec{A}$)在边界条件 S 上的值为常数,即:

$$\mu|_s = f_1(s) \tag{3-25}$$

当 $\mu|_s = f_1(s) = 0$ 时,有

$$\mu|_s = 0 \tag{3-26}$$

式(3-25)称为第一类边界条件,式(3-26)称为第一类齐次边界条件。

(2)第二类边界条件:诺伊曼边界条件(Nenman)

根据边界条件要求,确定物理量 μ 的法向当属在边界 S 上的值是常数。即

$$\frac{\partial \mu}{\partial t}|_s = f_2(s) \tag{3-27}$$

当 $f_2(s) = 0$ 时,有

$$\frac{\partial \mu}{\partial t}|_s = 0 \tag{3-28}$$

式(3-27)成为第二类边界条件,式(3-28)称为第二类齐次边界条件。

为求解麦克斯韦方程组,需要将上诉方程组进行适当的变换,同时针对不同的问题,时间相应的边界条件,由此产生了多种电磁场分析方法。

3. 电磁场求解的有限元法及其实现步骤

本次计算采用的有限元法基本求解步骤归纳为:

(1)确定求解场域、边界条件和激励,列出电磁场方程。利用几何结构和激励的对称性确定对称轴,缩小求解区域和计算量。

(2)将整个场域离散。即有限元的剖分,用单元和节点表示场域。在这步中,全域被分成许多小区域,这些子域就称为单元。整个区域完全被单元覆盖。各个

单元的顶点由节点确定,节点和单元按次序用数字编号。每个单元对应一个激励和一种材料。一个节点的完整描述应包括它的坐标值、局部编码和全局编码。节点的局部编码表示它在单元中的位置,全局编码表示它在场域中的位置。有限元法得到的系数矩阵通常是带状矩阵。这样,可通过对节点合理编号使带宽较小,减小系数矩阵的规模。进而减小计算机存储量和计算时间。单元形状可以是三角形、四面体、六面体等,单元类型的选择主要取决于求解场域的形状及求解精度要求。

（3）插值基函数的选择。

（4）方程组的建立。

（5）依据变分原理,求出泛函的极值,离散出矩阵方程。

（6）方程组的求解。

用强加边界条件修改方程组,求解修改后的方程组,得到各个节点的磁位近似解。线性方程组的解法,可用直接法、迭代法和优化方法。直接法有高斯消去法、平方根法和乔列斯基解法。优化法有共轭梯度法、不完全分解的共轭梯度法。

（7）结果分析。

电场量和磁场量一般都不是最终的求解量。还应根据具体情况应用函数等得出工程所需参数

3.2.2 仿真模型信息

分析时,首先根据实际变压器参数建立变压器平面,经剖分得到有限元模型。再建立交直流叠加的电压源模型串联绞线圈模型,通过节点连接到有限元模型上,再进行直流偏磁有限元分析。

对单相三柱变压器,选取 500 kV 交流变压器进行分析,所采用的变压器型号为单相三柱变压器,变压器参数如下表所示。

表 3 - 3 变压器尺寸表

额定参数:240000 kVA, $\dfrac{500 \text{ kV}}{\sqrt{3}}$/210 kV	
铁芯尺寸 /mm	铁芯直径:1510;铁芯高度:3490; 铁芯截面积:1645300 mm²
	窗口内宽:595;窗口内高:2250
油箱尺寸 /mm	油箱长宽高:4280、3000、3720
	油箱壁厚:10
	油箱磁屏蔽厚:12

第 3 章 变压器直流偏磁内部特性

续表 3－3

额定参数:240000 kVA,$\dfrac{500\ \text{kV}}{\sqrt{3}}$/210 kV						
绕组 参数	/	内半径 /mm	外半径 /mm	高度 /mm	匝数	相电流 /A
	高压	1022	1192	2050	508	755.8
	低压	787	912	2080	32	12000

变压器其他构成如下(ANSYS里模型默认参数单位为国际单位制):

(1)线圈区:绞线圈(无集肤效应)508匝,直流电阻为2Ω,相对磁导率为1,电阻率为0.76e－8,由独立电压源,再模型中驱动施加电源为500 kV峰值交流电压以及150V直流电压偏移量,工作频率为50 Hz,用一个绞线圈将独立电压源连接到有限元区域上;

(2)铁芯区:采用叠片铁芯因此无须考虑集肤效应,导磁率用B－H曲线表示,电阻率为2e－7;

(3)空气区由于直流偏磁时,铁芯饱和,一部分磁通会进入空气,因此要对空气进行建模,围绕铁芯油箱外厚两米,相对磁导率为1;

(4)油箱区,经验证,有无油箱对变压器有限元分析计算结果影响很大,因此要根据实际建立油箱单元,厚0.01 m,相对磁导率为500;

本模型要把2－D平面有限元模型的绞线圈源与电路耦合在一起,也就是通过外电路给线圈施加电压载荷。通过使用绞线圈单元的一个节点作为CIRCU124单元的K节点来完成的,如图3－9所示。

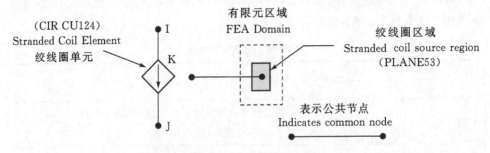

图3－9 电路单元与有限元模型的耦合示意图

因此,在结束了有限元模型的建立之后,利用电路建模器(circuit builder)建立电路单元。

3.2.3 模型建立以及加载

变压器直流偏磁分析模型一共包含两部分:变压器有限元平面模型和用于对有限元模型加载的电路单元,分别采用不同的建模方式。

3.2.3.1 有限元模型的建立

1. 选择单元类型

有限元单元类型决定了单元的自由度是在二维空间还是在三维空间,因此,线圈区域单元类型的自由度选项必须激活。在 ANSYS 里面,用 3-D 模型是模拟结构最贴切的模型,但是 3-D 模型通常比 2-D 模型复杂得多,也常常要求更多的计算量以及计算时间,在变压器有限元分析里,2-D 分析能得到类似于 3-D 的结果,所以本模型里选择了 2-D 模型进行分析。

ANSYS Main Menu>Preprocessor>element type>Add/Edit/Delete

本书分析的有限元模型主要涉及到 PLANE53,表示二维的四边形磁实体矢量,共有 8 个节点,依据单元的 KOPT 选项,其自由度约束 DOF 可以为 AZ、AZ VOLT 、AZ CURR、AZ CURR EMF、AZ CURR EMF COIL,在变压器模型里,空气平面,油箱、铁芯均为 AZ,高压绕组中有电流流过,且要与 CIRCU124 电路单元耦合,自由度设置为 AZ CURR EMF COIL。

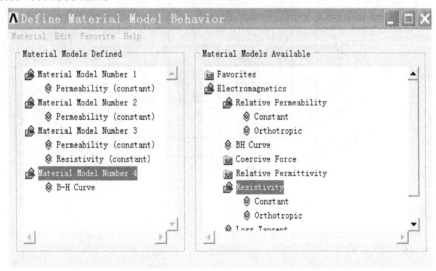

图 3-10 建立材料模型

2. 创建材料类型

空气 Material Model Number1,$\mu_r = 1$;

油箱 Material Model Number2，$\mu_r = 500$；

线圈 Material Model Number3，$\mu_r = 1$，$\rho = 7.6e-9$；

铁芯 Material Model Number4，$\rho = 2e-7$，磁化特性用 B—H 曲线表示，见表 3-4；在 ANSYS 里画出 B—H 曲线图如图 3-11 所示。

表 3-4　铁芯磁化数据表

B	0.9	1.0	1.1	1.2	1.3	1.35	1.4	1.45	1.5	1.55	1.6
H	468	550	670	840	1060	1223	1415	1722	2130	2671	3480
B	1.7	1.75	1.8	1.85	1.9	2.0	2.05	2.1	2.15	2.2	2.25
H	5952	7650	10105	1.3e3	15905	26296	32901	42700	61700	84295	1.1e5

3. 建立平面图形

本书涉及的模型里，为了合理地简化分析步骤，减少计算时间，又考虑到低压绕组对仿真结果影响较小，其模型直接用空气隙代替。

ANSYSMainMenu＞Preprocessor＞Modeling＞Create＞Rectangle＞ByDimensions

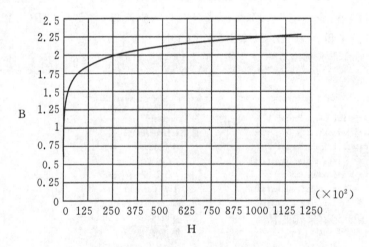

图 3-11　铁芯 B—H 曲线

4. 进行布尔操作 Overlap

ANSYSMainMenu ＞ Preprocessor ＞ Modeling ＞ Operate ＞ Booleans ＞ Overlap＞Areas

可建立变压器平面模型。

在本书涉及的实际操作中，由于单相三柱变压器左右对称，由直流偏磁所产生的电磁效应在变压器的左右也是相同的，因此只建立一半模型不仅能完成整个分析过程,而且能让后面的网格划分、耦合、计算等步骤均得到简化。

5. 定义实常数

每个线圈必须输入实常数数据,使之符合于指定的直流电阻值。如果用两个截面来模拟线圈,则线圈电阻应分配到两个截面上,本书建立一半模型,因此为实际电阻一半。对于平面模型的绞线圈实常数数据组成如下:

区域截面积:(CARE)= 线圈单元的总面积=0.3485;

匝数:(TURN)=508;

长度:因为线圈绕组为圆形,所填必须为折合长度;

电流正方向(DIRZ):进"或"出"平面方向 0 或者 1 表示,填 1;

线圈填充系数(FILL):$C_f = N^2 \rho L / A R_{coil}$;

式中:N——线圈匝数;ρ——电阻率(Ω/M)

L——折合长度(m)(由于绕线圈为圆形,因此在 Z 方向的长度只能填折合长度,要计算及终端绕组的影响,并且随着其他参数的改变需作适当调整)

A——线圈区域单元面积(m^2);

R_{coil}——单个线圈电阻(Ω)。

最后得到本模型的高压绕组线圈实常数数据如下:

$N = 508$ $\qquad$ $L = 1.5$ m $\qquad$ $\rho = 7.6E-9\Omega$/m

$R_{coil} = 2\Omega$ $\qquad$ $A = 0.3485$ m^2 $\qquad$ $C_f = 0.8$(对应线槽内整个线圈)

把数值输入到每个线圈的实常数组中:

ANSYS Main Menu >Preprocessor>Real Constants

初极线圈,绕组的为第一组实常数组设置。

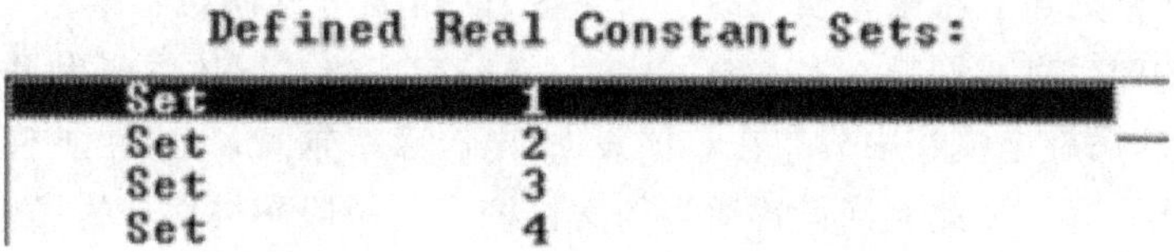

```
Defined Real Constant Sets:
    Set              1
    Set              2
    Set              3
    Set              4
```

图 3-12 变压器实常数设置

在实常数 Set 1 中,输入高压绕组线圈数据。

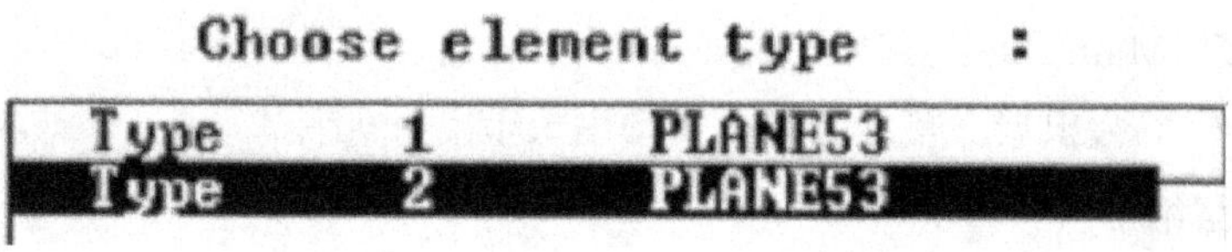

```
Choose element type      :
    Type     1      PLANE53
    Type     2      PLANE53
```

图 3-13 选择 PLANE53 单元进行实常数设置

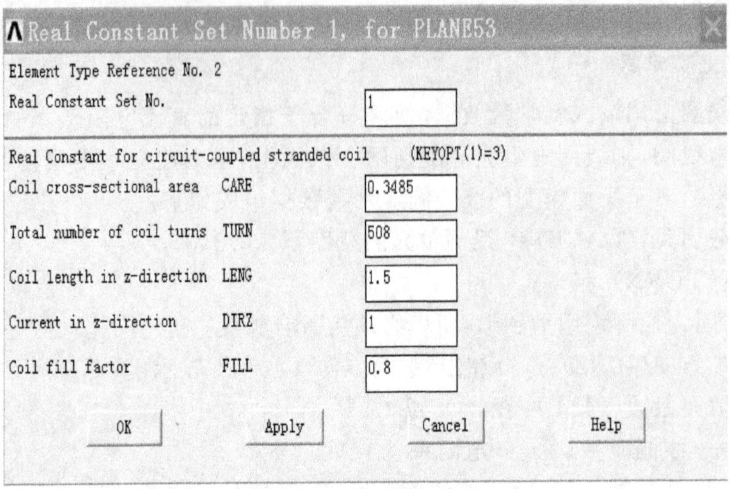

图 3 - 14　高压绕组实常数设置

6. 分配材料属性

首先对所建立的平面模型,分配每一块面积所对应的材料特性,即与上文提到的 Material Model Number 一一对应。

ANSYSMain Menu＞Preprocessor＞Meshing＞ Meshing Attributes＞Picked Areas,分配已经定义好的实常数,本模型里主要是把实常数分配给高压绕组;选择单元类型,高压绕组对应 Type2 PLANE53,其余对应 Type1 PLANE53。

7. 进行网格划分

划分网格是建立有限元模型的一个重要环节,划分的网格形式对计算精度和计算规模将产生直接影响。在本模型中,交变载荷可能在导体中产生涡旋电流,由于集肤效应,涡旋电流集中分布在单体表面,电源频率越高,导电性能越好的导体,集肤效应越显著。因此应当设置适当的网格密度。一般网格划分的尺寸设置小于要被划分的平面尺寸的二分之一,然而,在电流或电荷梯度变化剧烈的区域,必须划分得更密,一个实用原则是网格大小应该与结构间的间隔距离相比拟。为了计算精度但是又减少计算量,本模型里对变压器外部空气网格划分,较为粗略,绕组则较为细致。

ANSYS Main Menu＞Preprocessor＞Meshing＞Meshtool

之后,模型会根据网格划分结果自动生成节点和元件。

8. 模型缩放

模型过大会导致计算量超出计算机能力范围,在时间上要求也更长。为了适当减少工作量,简化计算,需要把模型缩放到长宽为原来的百分之一。

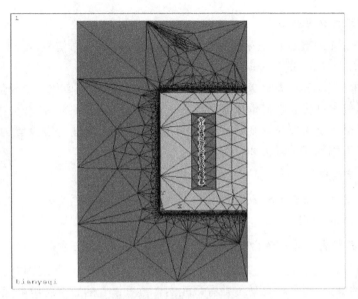

图 3-15　网格划分示意图

ANSYS Main Menu＞Preprocessor＞Modeling＞Operate＞Scale ＞Areas

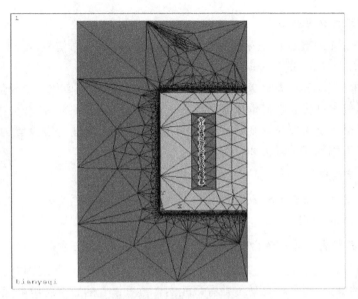

图 3-16　模型缩放

至此,变压器有限元模型的建立过程结束。

3.2.3.2　电路模型建立和加载

这部分首先利用 CIRCU124 里的 ciucuit builder 电路建模器建立电压源以及绕组单元,并完成与有限元模型的耦合,最后完成前处理操作。主要有如下步骤:

1. 建立独立电压源

ANSYSMainMenu＞Preprocessor＞Modeling＞Creat＞Circuit＞Builder＞Electric＞IndpVltg Src＞Sinusoidal

输入电压源幅值、偏移量、衰减指数绕组。其电压源幅值代表变压器原边施加的电压值,偏移量代表直流偏磁量的大小。由于模型已经缩放,施加的电压也应当减小,设置交流电压值为 300 V,直流偏移量为 0.5 V,衰减指数设置为 0,为了简化计算,把工作频率设置为 20 Hz。

2. 立绕组单元

ANSYSMainMenu＞Preprocessor＞Modeling＞Creat＞Circuit＞Builder＞Electric＞Strnd Coil

3. 电路与有限元的耦合

把 Circu124 电路模型连接到有限元模型的高压绕组上,实现耦合。可以重新设立绕组的电阻,结果将自动覆盖有限元实常数里设置的原有绕组电阻值。

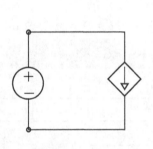 

图 3-17　与电路耦合后的有限元模型图

每个独立电路的回路必须约束 VOLT 自由度,也就是要确定电势为 0 的接地点。

ANSYSMainMenu＞Preprocessor＞Modeling＞Loads＞DefineLoads＞Apply＞Electric＞Boundary＞Voltage＞On Nodes

线圈区域要求耦合 CURR 和 EMF 自由度使电流在绕组里面均匀分布。因此要在高压绕组生成两组耦合 CURR 和 EMF。

操作:选择整个模型→显示平面区域→选择高压绕组面→选择所有附加在高压绕组单元上的节点。

ANSYS Main Menu>Preprocessor> Coupling/Ceqn>Couple DOF

选择 Pick All ,对话框里选择 CURR,选择 APPLY;

选择 Pick All ,对话框里选择 EMF,耦合结果示意图如下图 3 - 18:(只展示绕组部分)

图 3 - 18   耦合了 CURR 以及 EMF 自由度的绕组节点

4. 施加铁芯外面通量边界平行条件

ANSYSMainMenu>Preprocessor>Loads>DefineLoads>Apply>Magnetic>
Boundry>Vector Poten > Flux Par'l>On Lines

选取模型最外面四条边,做为通量平行的边界条件。

3.2.4   仿真结果分析

3.2.4.1   求解

ANSYS 提供了三种电磁计算分析方式:Static Analysis、Harmonic Analysis 以及 Transient Analysis,分别对应电源类型为直流、交流和随时间变化的电源负载。本模型的载荷中既包含交流量又包含直流量,电压源呈现周期变化,因此采用第三种瞬态分析方法:

ANSYS Main Menu>Solution>New Analysis>Analysis Type

选择 Transient Analysis;

定义分析选项：

ANSYS Main Menu ＞ Solution ＞ New Analysis ＞ Analsis Type ＞ Analyysis Option

该操作可实现加载时间的设定、选择求解器、出错控制等；

定义结果文件选项：

ANSYS Main Menu＞Solution＞Load Step Opts＞Output Ctrls

定义载荷步时间和时间步长（子步长）：

ANSYS Main Menu＞Solution＞Load Step Opts＞Time/Frequence＞Time and Substps

设定计算时间为 0.431 秒，每一个子步长为 0.002 秒；

由于铁芯工作的非线性，采用波前求解器，开始分析求解：

ANSYS Main Menu＞Solution＞Solve＞Current LS

求解结束。

3.2.4.2　后处理及结果查看

采用通用后处理器（POST1）查看分析结果，首先要将数据结果读入数据库。

ANSYS Main Menu＞Main Menu＞General Postproc＞Read Results＞First Set/Last Set/Pre Set…

对于暂态分析，通过选定载荷步和子载荷步，或者确定结果集号，可以读入任意时间的结果。如果规定时刻没有对应的计算结果，后处理器会在两个与所定义的时间最接近的结果集之间插值，自动计算得出结果，后处理图形中会显示与结果对应的时间。ANSYS 默认读入整个模型的结果，若结果的读入是在选定模型的某一元件之后，则只读入选中元件的结果。ANSYS 提供了多样的结果显示方式，如用图形结果，其中又包括梯度显示结果模式、向量展示模式、二维通量展示模式；同时也可以通过文本把结果列出来。本书主要对变压器铁芯工作情况进行分析，为了使结果更为直观，采取图形处理的方式，选中铁芯单元，选取任意时刻计算结果进行分析，例如读取第 177 个子步，0.353181 秒的计算结果：

ANSYS Main Menu＞General PostProc＞Read Results＞By Pick

选定第 177 个子步，0.353181 秒，读取了该时刻的结果之后，就可以依次画出要查看的分量。选定铁芯内部的磁场强度分布、磁感应强度分布、电流密度分布以及各部位发热状况等进行分析，最后选定整个模型画出直流偏磁状况下的变压器及其周围磁通量分布，结果可视化处理如下：

1. 场强度分布图（图 3-19）

ANSYS Main Menu＞General PostProc＞Plot Results＞By Pick＞Contour Plot＞Nodal Solu

选取 Magnetic Field Intensity Vector Sum。

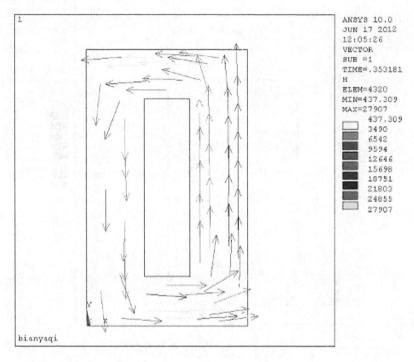

图 3 - 19   向量表示铁芯磁场强度

2. 感应强度分布图(图 3 - 20)

ANSYS Main Menu＞General PostProc＞Plot Results＞By Pick＞Contour Plot＞Nodal Solu

选取 Magnetic Flux density Vector Sum。

对照铁芯的 B－H 工作曲线,可以看出此时变压器铁芯内部有些区域 B 和 H 的值已经超过了拐点,达到了饱和,但是另外一些区域并未饱和,换言之,变压器铁芯内部磁场的饱和情况并不相同。

3. 磁力线分布图(图 3 - 21)

首先激活整个模型,再画出磁力线分布:

ANSYS MainMenu＞General PostProc＞Plot Results＞By Pick＞Contour Plot＞2D Flux Lines

可以看出,在直流偏磁时,铁芯饱和,一部分磁通跑出心,形成漏磁通。实际运行中,变压器漏磁通会穿过连接片、夹件、油箱等构件,并在其中产生铁耗,并由此产生局部过热。铁耗会随着铁芯漏磁通的增加而显著增加。

第
3
章
变
压
器
直
流
偏
磁
内
部
特
性

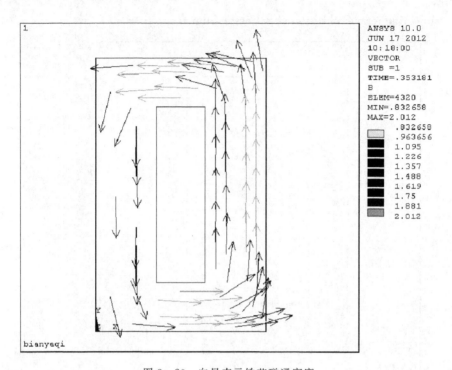

图 3-20　向量表示铁芯磁通密度

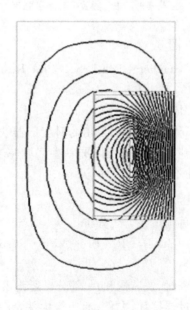

图 3-21　变压器磁力线分布

4. 电流密度分布图

第一种通过向量计算出各部分电流密度分布,计算结果如图3-22所示。

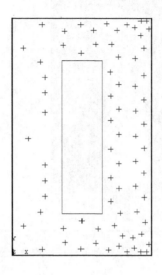

图3-22 电流密度分布图

第二种是根据网格划分生成的元件计算每一元件上的电流密度大小,如图3-23显示的是对结果进行连续平均化处理得到,

ANSYS Main Menu＞General PostProc＞Plot Results＞By Pick＞Vector Plot＞Pre Defined

选取 Current Density Total JT:

ANSYS Main Menu＞General PostProc＞Plot Results＞By Pick＞Contour Plot＞Element Based,选取 Current Density 以及 Averaged。

电流密度的大小可通过右侧图谱表示,该图表明在铁芯内部出现涡流,此时,越靠近绕组槽空气隙的部分涡流越明显。

5. 铁芯元件的发热量分布图(平均化处理后,见图3-24)

与电流密度图对应,在电流密度越大的区域,发热现象越明显。

按照上述方法,取其他时刻进行分析,可以得出不同时刻变压器承受的偏磁带来的影响。另外,可以选定某些分量,比如磁感应强度,在整个计算时间范围内把其变化过程合成动画,由仿真结果可知,随着外加电压的周期改变,所要分析的量在铁芯中的分布也呈现出周期变化。

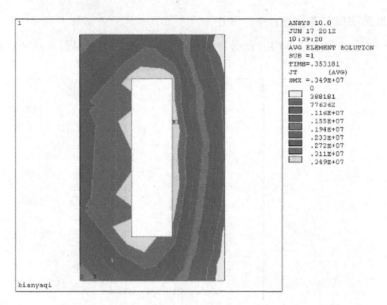

图 3-23　基于模型元件的电流密度分布图

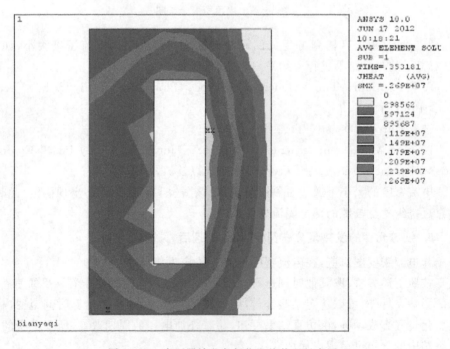

图 3-24　变压器铁芯各部位发热状况示意图

3.3　典型变压器铁芯直流偏磁时的内部特性

三相组式变压器、三相三柱变压器和三相五柱变压器在电力系统的应用最为广泛,本节基于有限元法分析直流偏磁时这三种变压器铁芯的内部特性,评估其承受直流偏磁的能力。

不同类型硅钢片的工作磁感应强度不同,在直流偏磁状态下的特性也不相同。对于电力部门使用的变压器铁芯硅钢片的型号为 30Q130,其 BH 值如表 3 - 5 所示。

表 3 - 5　30Q130 型硅钢片的 BH 值

B	0	0.5	0.6	0.7	0.8	0.9	1	1.1	1.2	1.3	1.4	1.5	1.6	1.7	1.8	1.9
H	0	8.6	9.2	9.6	10.6	11.8	13.3	15.6	19	24	32	48	90	195	520	2000

正常情况下铁芯的工作点在磁化曲线的线性段,铁芯的工作点超过磁饱和点(即膝点)后,励磁电流会发生畸变,从而导致铁芯振动加剧、漏磁增加、局部过热等问题。图 3 - 25 表明,30Q130 型硅钢片的工作段斜率大,磁导率较高,其磁饱和点在磁感应强度为 1.6 T 处。

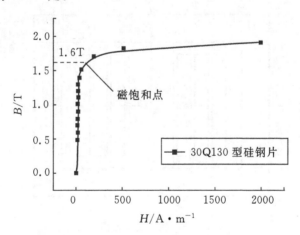

图 3 - 25　30Q130 型硅钢片的 BH 曲线

3.3.1　组式变压器直流偏磁时的内部特性

三相组式变压器铁芯如图 3 - 26 所示,其磁路如图 3 - 27 所示,其磁路方程为:

$$R_{\mathrm{m}}\Phi_1 + (R_1 + 2R_2)\Phi_2 = F \qquad (3-29)$$

$$\Phi_1 + 2\Phi_2 = 0 \qquad\qquad (3-30)$$

式中，F 为组式变压器的励磁磁势；Φ_1 和 Φ_2 分别为主铁芯柱和旁轭的磁通；R_m 和 R_1 分别为主铁芯柱和旁轭的等效磁阻；R_2 为铁轭的等效磁阻。

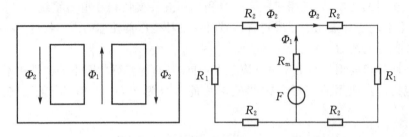

图 3-26 三相组式变压器铁芯   图 3-27 三相组式变压器磁路

以 ODFPSZ—250000/500 型组式变压器为例，分析直流偏磁对组式变压器的影响。该型变压器的额定电压为 $525/\sqrt{3}/230/\sqrt{3}\pm8\times1.25\%/36$ kV，额定电流为 824.8/1882.7/1666.7 A，短路电压（%）高中/高低/中低分布为 16.02/48.31/29.06。所建模型参数如下：变压器铁芯直径 900 mm，高 2400 mm，铁轭高 600 mm，绕组直径 250 mm，绕组高 2000 mm。三相组式变压器的仿真模型见图 3-28。

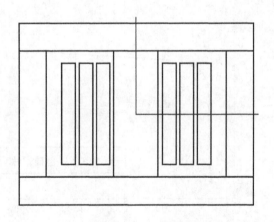

图 3-28 组式变压器模型图

在变压器绕组中分别加直流电流值为：0 A、2 A、4A、10 A、25 A、50 A、100 A、200 A，分析组式变压器随直流量的增加，内部磁感应强度、磁通量、磁场强度等的变化规律。

当 $i_{DC}=0$ 时，变压器在正常的工作状态下，不受直流量的影响，组式变压器在空载时的最大磁感应强度为 1.4555 T，见图 3-29 此时，铁芯工作在磁化曲线的线性段，没有超过磁饱和点。图 3-29 表明，在铁芯柱和铁轭、以及旁轭和铁轭交接处的磁感压强度较大,若出现过励磁或者是直流偏磁时,这些位置比其他位置先达到磁饱和点。

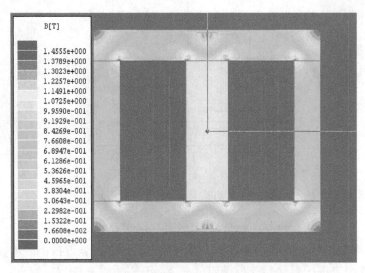

图 3-29　单相变压器空载时的磁感应强度分布云图($i_{DC}=0$ A)

由图 3-30 可知:当 $i_{DC}=0$ A 时,在铁芯内框附近的磁力线较集中,导致了内框四周(尤其是四个转角处)的磁感应强度相对较大。

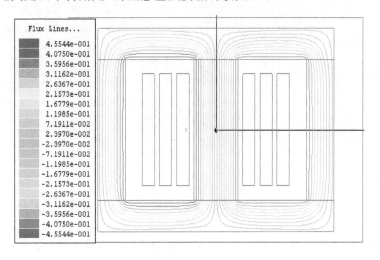

图 3-30　单相变压器空载时的磁力线分布图($i_{DC}=0$ A)

为了更好的研究变压器铁芯中的磁感应分布,选取了几个较有代表性的位置,如图 3-31。

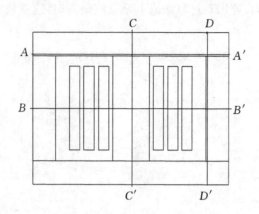

图 3-31　组式变压器典型位置划分

　　其中，$A-A'$ 是铁轭靠近铁窗的位置；$B-B'$ 是铁芯柱、旁轭和绕组中部剖面线；$C-C'$ 是铁芯柱和铁轭的中部剖面线；$D-D'$ 是旁轭靠近铁窗的位置。

　　对计算结果进行后处理分析得到 $A-A'$、$B-B'$、$C-C'$、$D-D'$ 四处观测线位置的磁感应强度如图 3-32 所示。

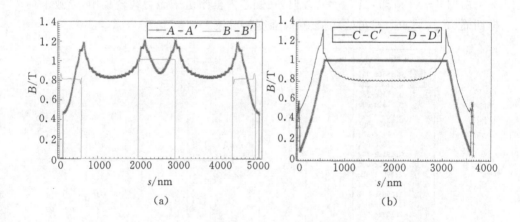

(a)　　　　　　　　　　　　　　(b)

图 3-32　组式变压器四处典型位置的磁感应强度分布图（$i_{DC}=0\,A$）

　　图 3-32(a)中，铁芯观测线 $A-A'$ 处磁感应强度的幅值为 1.2 T；观测线 $B-B'$ 处磁感应强度的幅值为 1.0 T。由分布曲线可知磁感应强度的幅值都集中在铁芯柱与铁轭的交接处。铁芯柱的磁感应强度比绕组及铁轭都大。图 3-32(b)中，观测线 $C-C'$ 处磁感应强度的幅值为 1.38 T；观测线 $D-D'$ 处磁感应强度的幅值为 1.0 T。四处典型位置的磁感应强度都没有超过铁芯的饱和值。

当 $i_{DC}=10$ A 时的磁感应强度分布云图和磁通分布图见图 3-33、图 3-34。

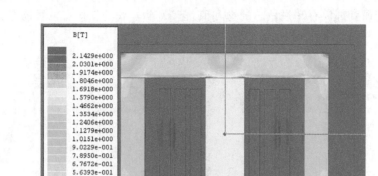

图 3-33　组式变压器空载时的磁感应强度分布云图($i_{DC}=10$ A)

仍然选取图 3-31 所示的组式变压器的四个典型位置,仿真计算得到 $i_{DC}=10$ A 时,$A-A'$、$B-B'$、$C-C'$、$D-D'$ 位置的磁感应强度如图 3-35 所示。

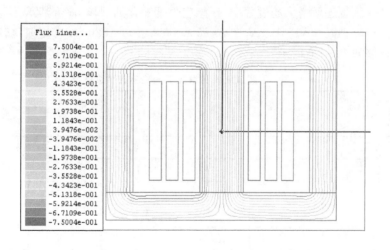

图 3-34　组式变压器空载时的磁力线分布图($i_{DC}=10$ A)

由图 3-35 所示观测线处磁感应强度的分布可知:当绕组中存在 10 A 的直流电流时,四处典型位置的磁感应强度都相对直流电流为 0 A 时有所增加,其中,$A-A'$ 处磁感应强度的幅值为 1.385 T;$B-B'$ 处磁感应强度的幅值为 1.31 T;$C-C'$ 处磁感应强度的幅值为 1.29 T;$D-D'$ 处磁感应强度的幅值为 1.58 T。

磁感应强度的幅值仍然集中在铁芯柱(或旁轭)与铁轭的交接处。尽管四处典型位置的磁感应强度都没有超过铁芯的饱和值,但 $D-D'$ 处的工作点位置已经接近磁饱和点。

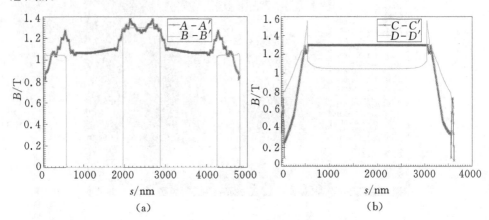

图 3-35　组式变压器四处典型位置的磁感应强度分布图($i_{DC}=10\,A$)

分别在绕组中加上从小到大的一系列直流量,计算出 $A-A'$、$B-B'$、$C-C'$、$D-D'$ 位置的磁感应强度以及铁芯中磁感应强度的最大值,以此分析组式变压器空载时在直流量逐渐增大的过程中,磁感应强度变化的规律,评价其承受直流电流的能力。计算得到 0 A、2 A、4 A、10 A、25 A、50 A、100 A、200 A 直流偏磁时的磁感应强度幅值如表 3-6 所示。

表 3-6　不同直流偏磁情况下的磁感应强度幅值　　　　　　单位:T

I_{DC}/A ＼ B/T	$A-A'$	$B-B'$	$C-C'$	$D-D'$	最大值
0	1.21	1.03	1.02	1.38	1.446
2	1.275	1.153	1.128	1.469	1.514
4	1.323	1.256	1.236	1.532	1.576
10	1.385	1.31	1.29	1.58	1.696
25	1.803	1.724	1.708	1.68	1.896
50	1.884	1.835	1.825	1.71	1.963
100	1.943	1.88	1.895	1.73	2.021
200	1.978	1.954	1.94	1.79	2.059

根据表 3-6 的计算结果,得到组式变压器直流量与磁感应强度的关系如图 3-36 所示。

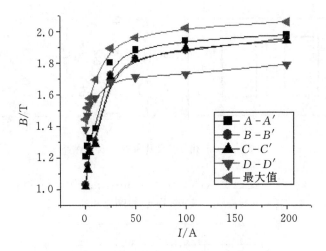

图 3 - 36　组式变压器直流量与磁感应强度的关系

由表 3 - 6 和图 3 - 36 可知:当直流量 I_{dc} 从 0 A 增加到 200 A 时,不同位置处磁感应强度分量的变化规律基本不变,但是不同位置磁感应强度分量增加的速率不同。当直流电流增加到 10 A 时,尽管 $A-A'$、$B-B'$、$C-C'$、$D-D'$ 四处没有达到磁饱和点,已经接近饱和,且铁芯中的最大磁感应强度已经超过了饱和点。当直流量达到 25 A 时,4 处典型位置处都超过了铁芯的饱和点,铁芯中的最大磁感应强度处于过饱和状态。当 I_{DC} 超过 25 A 后,铁芯中多处位置处于严重饱和,磁感应强度增加趋势减缓,此时必须采取抑制直流量的措施,否则长期处于过饱和状态带来的直流偏磁效应会干扰变压器的正常运行,甚至危及变压器的安全。

3.3.2　三相三柱变压器直流偏磁时的内部特性

三相三柱变压器铁芯及其磁路如图 3 - 37 所示,其磁路方程为:

$$R_{aa}\Phi_{l1} + R_{ab}\Phi_{l2} = F_a - F_b \tag{3-31}$$

$$R_{ab}\Phi_{l1} + R_{bb}\Phi_{l2} = F_b - F_c \tag{3-32}$$

$$F_a + F_b + F_c = 3i_0 N_1 \tag{3-33}$$

$$\Phi_a = \Phi_{l1} \tag{3-34}$$

$$\Phi_b = \Phi_{l1} - \Phi_{l2} \tag{3-35}$$

$$\Phi_c = -\Phi_{l2} \tag{3-36}$$

式中,F_a、F_b、F_c 分布为 a、b、c 三相的励磁磁势;Φ_a、Φ_b、Φ_c 分别为 a、b、c 三相的磁通;i_0 为零序电流;Φ_{l1}、Φ_{l2} 为铁芯网孔磁通;R_a、R_b、R_c 分别为三个铁芯柱的等效磁阻;R_2 为铁轭的等效磁阻;网孔的自阻和互阻分别为:$R_{aa}=R_{aa}+2R_2+R_b$,$R_{bb}=R_c+2R_2+R_b$,$R_{ab}=-R_b$。

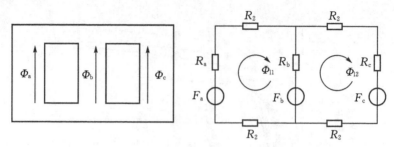

图 3-37　三相三柱变压器铁芯及其磁路

所建模型参数如下:变压器铁芯直径 600 mm,高 2600 mm,铁轭高 400 mm,绕组直径 200 mm,绕组高 2000 mm。所建模型如图 3-38。

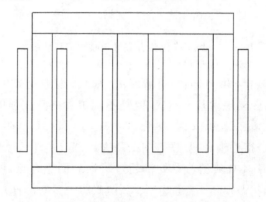

图 3-38　三相三柱变压器模型图

分别加直流电流值为:0 A、2 A、4A、10 A、25 A、50 A、100 A、200 A。由图 3-39的磁感应强度分布云图可以得出该三相三柱变压器正常工作空载时的磁感

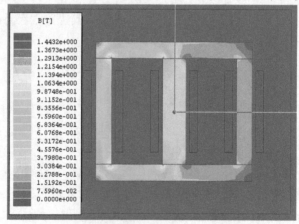

图 3-39　三相三柱变压器磁感应强度分布云图(0.1 s、0 A 时)

应强度为1.443 T。由图3-39可以看出,此时的磁力线主要分布在变压器的左侧绕组上,所以此时左侧绕组的磁感应强度较大。

瞬态模型来分析变压器的磁场分布的时,三相三柱的磁通和磁感应强度随时间而变化。为了分析器变化规律,本文选取每30°为一个观察点来研究磁场分布。图3-40分别为0°,30°,60°,90°,120°,150°的磁通分布图。

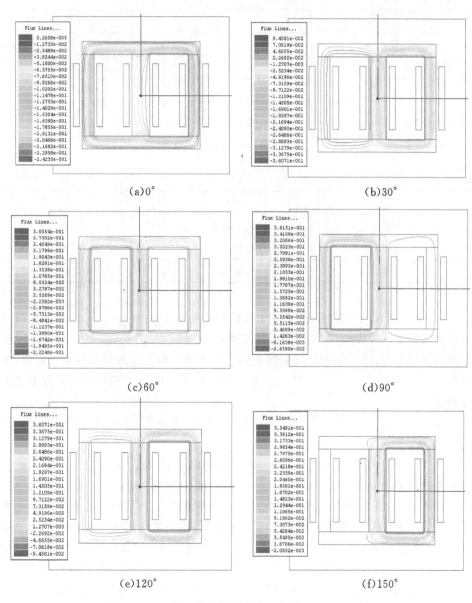

图 3-40　三相三柱变压器磁通分布图($i_{DC}=0$ A 时)

第3章　变压器直流偏磁内部特性

根据计算结果,将三相三柱变压器在 $i_{DC}=0$ A 时,每 30°的磁感应强度和磁场强度统计如表 3-7 所示。

表 3-7 三相三柱变压器不同相位的磁感应强度和磁场强度($i_{DC}=0$ A)

最大值 角度	磁感应强度/T	磁场强度/A·m⁻¹
30	1.2912	31.075
60	1.4579	97.671
90	1.4637	98.122
120	1.4607	98.117
150	1.4432	88.836
180	1.3962	62.221
210	1.2912	31.075
240	1.4579	97.671
270	1.4637	98.122
300	1.4607	98.117
330	1.4432	88.836
360	1.3962	62.221

表 3-7 为 12 个时刻磁感应强度和磁场强度的值,由表 3-7 可知磁感应强度和磁场强度的成周期性变化,在 90°时磁感应强度最大,因此以 90°时刻来进一步研究变压器此时各处的磁感应强度,我们选取了几个较有代表性的地方进行研究,如图 3-41,其中 $A-A'$、$B-B'$、$C-C'$、$D-D'$、$E-E'$ 为考查磁感应强度分布的观测位置。

$i_{DC}=0$ A 时,$A-A'$、$B-B'$、$C-C'$、$D-D'$、$E-E'$ 五处的磁感应强度如图 3-42所示。

图 3-42 中,左图为 $A-A'$、$B-B'$ 两处的磁感应强度,观测线 $A-A'$ 处磁感应强度的幅值为 1.11 T。观测线 $B-B'$ 处磁感应强度的幅值为 0.95 T。右图为 $C-C'$、$D-D'$、$E-E'$ 三处的磁感应强度,观测线 $C-C'$ 处磁感应强度的幅值为 1.26 T。观测线 $D-D'$ 处磁感应强度的幅值为 0.55 T。观测线 $E-E'$ 处磁感应强度的幅值为 0.38 T。由于此次讨论的是其中的一个时刻,而此时刻由图 3-42 可以看出此次磁力线全部分布在变压器右侧,所以 $A-A'$、$B-B'$ 处的磁感应强度的分布才如图 3-42所示。不过总体也能看出幅值都集中在铁芯和铁轭交接处。

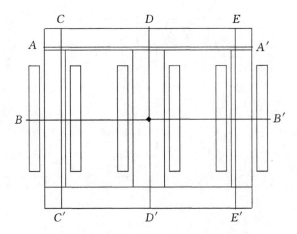

图 3-41 三相三柱变压器典型位置划分

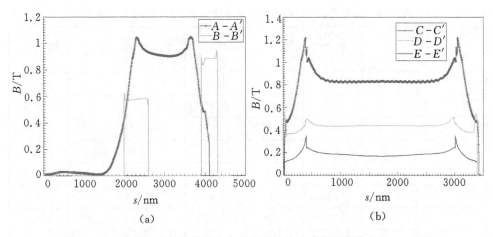

| (a) | (b) |

图 3-42 三相三柱变压器五个典型位置的的磁感应强度分布($i_{DC}=0$ A)

当 $i_{DC}=10$ A 时,取相位为 90°时,计算变压器几条观测线处的磁感应强度。按照图 3-41 的典型位置划分,可得 $i_{DC}=10$ A 时,三相三柱变压器五个典型观测位置的磁感应强度分布。

由图 3-43 知,位置 $A-A'$、$B-B'$、$C-C'$、$D-D'$、$E-E'$ 处的磁感应强度在铁芯柱与铁轭的交接处磁感应强度较大。

为了分析三相三柱变压器空载时在直流量逐渐增大的过程中,磁感应强度变化的规律,评价其承受直流电流的能力。分别在绕组中加上从小到大的一系列直流量,计算出 $A-A'$、$B-B'$、$C-C'$、$D-D'$ 位置的磁感应强度以及铁芯中磁感应强度的最大值,计算得到 0 A、2 A、4A、10 A、25 A、50 A、100 A、200 A 直流偏磁时的磁感应强度幅值如表 3-8 所示。

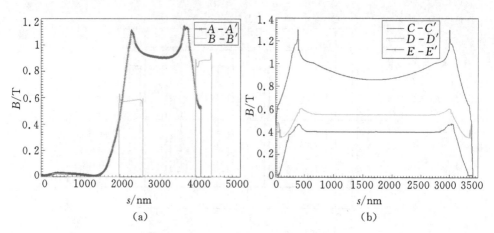

图 3-43 三相三柱变压器五个典型位置的磁感应强度分布（$i_{DC}=10$ A）

表 3-8 三相三柱变压器不同直流偏磁情况下的磁感应强度幅值　　单位：T

I_{DC}/A ＼ B/T	$A-A'$	$B-B'$	$C-C'$	$D-D'$	$E-E'$	最大值
0	1.11	0.95	1.26	0.55	0.38	1.443
2	1.18	1.05	1.28	0.59	0.39	1.456
4	1.19	1.08	1.3	0.6	0.41	1.461
10	1.2	1.09	1.31	0.61	0.44	1.467
25	1.21	1.1	1.33	0.62	0.45	1.473
50	1.22	1.13	1.35	0.65	0.46	1.481
100	1.25	1.16	1.36	0.67	0.48	1.489
200	1.29	1.18	1.39	0.71	0.52	1.502

　　根据表 3-8 的统计数据,得到三相三柱变压器磁感应强度与直流量的关系如图 3-44 所示。

　　由表 3-8 和图 3-44 可知,当直流量 I_{dc} 从 0 A 增加到 200 A 时,各位置处磁感应强度分量的增幅较小,由于三相三柱铁芯结构对称,各铁芯柱的磁阻相等,磁感应强度的增加主要是由漏磁通引起,漏磁通随电流变化较小,因此当直流量增加时磁感应强度增加平缓,未达到铁芯的磁饱和点。和组式变压器相比可知:由于三相三柱结构对称,故对直流偏磁的敏感度低于组式变压器,三相三柱变压器承受直流偏磁的能力较强。

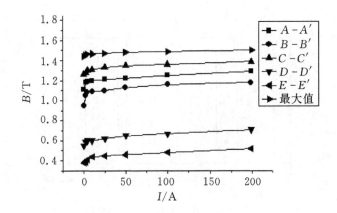

图 3 - 44　三相三柱变压器直流量与磁感应强度的关系

3.3.3　三相五柱变压器直流偏磁时的内部特性

三相五柱变压器铁芯及其磁路如图 3 - 45 所示,其磁路方程为:

$$R_2(\Phi_a - \Phi_1) + R_a\Phi_a - R_b\Phi_b - F_b - R_2(\Phi_b + \Phi_c - \Phi_4) = F_a \quad (3-37)$$

$$R_a\Phi_a - R_1\Phi_1 = F_a \quad (3-38)$$

$$R_2(\Phi_a + \Phi_b - \Phi_1) + R_b\Phi_b - R_c\Phi_c - F_c - R_2(\Phi_c - \Phi_4) = F_b \quad (3-39)$$

$$R_c\Phi_c + R_1(\Phi_a + \Phi_b + \Phi_c - \Phi_1) = F_c \quad (3-40)$$

$$\Phi_a + \Phi_b + \Phi_c - \Phi_1 - \Phi_4 = 0 \quad (3-41)$$

式中,F_a、F_b、F_c 分布为 a、b、c 三相的励磁磁势;Φ_a、Φ_b、Φ_c 分别为 a、b、c 三相的磁通;Φ_1 和 Φ_4 为铁芯旁轭的磁通;R_a,R_b,R_c 分别为三个铁芯柱的等效磁阻;R_1 为旁轭的等效磁阻;R_2 为铁轭的等效磁阻。

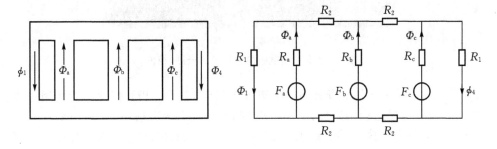

图 3 - 45　三相五柱变压器铁芯及其磁路

所建模型参数如下:变压器铁芯直径 600 mm,高 3000 mm,铁轭高 400 mm,绕组直径 200 mm,绕组高 2400 mm。所建模型如图 3 - 46。

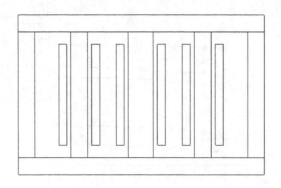

图 3 - 46　三相五柱变压器模型图

　　由相位 90°、直流量为 0 A 时的磁感应强度分布云图(见图 3 - 47)可以得出：三相五柱变压器正常工作空载时的磁感应强度为 1.573 T，瞬态分析时，磁感应强度是周期性变化的。

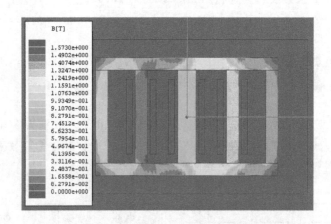

图 3 - 47　三相五柱变压器磁感应强度分布云图(相位 90°、0 A 时)

　　与三相三柱变压器磁场分布的瞬态分析类似，由于三相五柱变压器绕组中存在交流，故它的磁通和磁感应强度也随时间而变化。本文选每 30°为一个观察点来研究磁通分布。图 3 - 48 分别为 0°，30°，60°，90°，120°，150°时三相五柱变压器的磁通分布。

　　根据计算结果，将三相五柱变压器在 i_{DC} ＝ 0 A 时，每 30°相位的磁感应强度和磁场强度统计如表 3 - 9 所示。

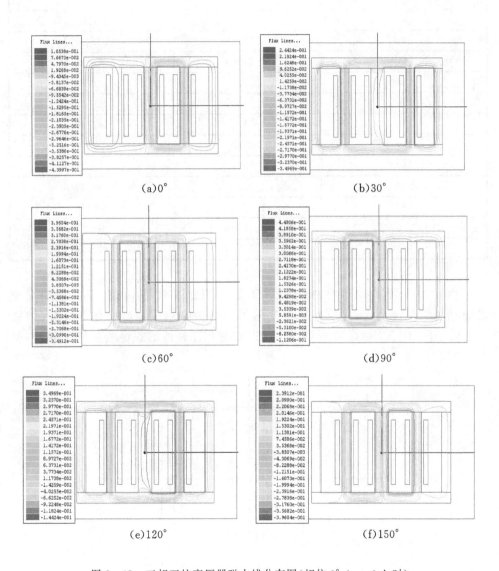

图 3-48　三相五柱变压器磁力线分布图（相位 0°、$i_{DC}=0$ A 时）

表 3-9　三相五柱变压器不同相位的磁感应强度和磁场强度

角度 \ 最大值	磁感应强度/T	磁场强度/A·m⁻¹
30	1.4588	97.253
60	1.5371	225.57
90	1.5730	396.20
120	1.5235	189.84
150	1.5149	169.74
180	1.5104	111.86
210	1.4588	97.253
240	1.5371	225.57
270	1.5730	396.20
300	1.5235	189.84
330	1.5149	169.74
360	1.5104	111.86

由表 3-9 可知:在 90°时磁感应强度最大,因此以 90°的时刻来进一步研究变压器的磁感应强度,为了更好研究变压器内部的磁感应强度的变化规律,选取 $A-A'$、$B-B'$、$C-C'$、$D-D'$、$E-E'$ 五条有代表性的观测线进行研究,如图 3-49所示。

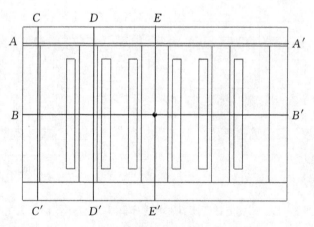

图 3-49　三相五柱变压器典型位置划分

当相位 0°、$i_{DC}=0$ A 时,$A-A'$、$B-B'$、$C-C'$、$D-D'$、$E-E'$ 五处磁感应强度如图 3-50 所示。

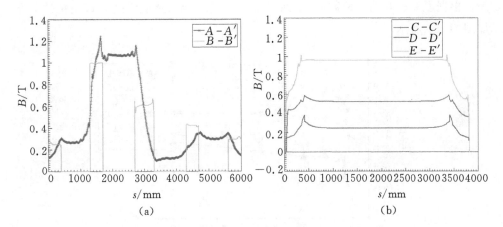

图 3-50　三相五柱变压器典型位置的磁感应强度（$i_{DC}=0$ A 时）

图 3-52(a) 中 $A-A'$ 处的磁感应强度，其幅值在 1.28 T，$B-B'$ 处的磁感应强度，其幅值在 0.97 T。图 3-52(b) 为 $C-C'$、$D-D'$、$E-E'$ 三处的磁感应强度，观测线 $C-C'$ 处磁感应强度的幅值为 0.41 T。观测线 $D-D'$ 处磁感应强度的幅值为 0.59 T。观测线 $E-E'$ 处磁感应强度的幅值为 1.08 T。铁芯柱中的磁感应强度较为均匀，幅值为铁芯与铁轭交接处。

为了分析三相五柱变压器空载时在直流量逐渐增大的过程中，磁感应强度变化的规律，评价其承受直流电流的能力。分别在绕组中加上从小到大的一系列直流量：0 A、2 A、4A、10 A、25 A、50 A、100 A、200 A，计算出 $A-A'$、$B-B'$、$C-C'$、$D-D'$ 位置的磁感应强度以及铁芯中磁感应强度的最大值如表 3-10 所示。

表 3-10　三相五柱变压器不同直流偏磁情况下的磁感应强度幅值　　　　单位：T

I_{dc}/A ＼ B/T	$A-A'$	$B-B'$	$C-C'$	$D-D'$	$E-E'$	最大值
0	1.28	0.97	0.41	0.59	1.08	1.45
2	1.32	1.05	0.49	0.65	1.17	1.52
4	1.37	1.06	0.57	0.72	1.25	1.56
10	1.43	1.12	0.66	0.78	1.31	1.61
25	1.51	1.17	0.73	0.83	1.44	1.68
50	1.56	1.20	0.72	0.85	1.52	1.75
100	1.64	1.24	0.79	0.95	1.61	1.82
200	1.68	1.25	0.91	0.99	1.63	1.86

根据表 3 – 10 的统计数据,得到三相五柱变压器磁感应强度与直流量的关系如图 3 – 51 所示。

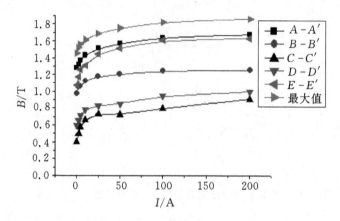

图 3 – 51 　三相五柱变压器直流量与磁感应强度的关系

由表 3 – 10 和图 3 – 51 可知:当直流量 I_{dc} 从 0 增加到 25 A 时,各位置处磁感应强度分量的增幅较大,但当 I_{dc} 超过 25 A 后磁感应强度分量的增加量较小;当相位为 90°时位置 $A—A'$ 的磁感应强度较其余四处位置的大,该处在 I_{dc} 为 100 A 时,磁感应强度为 1.64 T,超过了铁芯的磁饱和点。而铁芯中磁感应强度的最大值在 $i_{DC}=10$ A 时超过铁芯的磁饱和点,磁感应强度为 1.61 T。

对比分析组式变压器、三相三柱变压器和三相五柱变压器在直流偏磁下的内部特性,可得出了以下结论:在相同的偏磁直流电流下,三相组式变压器对直流偏磁最为敏感;三相三柱变压器承受直流偏磁的能力很强;三相五柱变压器受直流偏磁的影响比三相三柱变压器要大但比组式变压器小。建议将 10 A 直流量作为变压器承受直流偏磁的限度,若超过此限度应采取相应的抑制措施。

3.4　变压器铁芯直径变化对直流偏磁的影响

上一节的分析表明:由于三相组式变压器磁通通过铁芯闭合,因此对直流偏磁比较敏感。铁芯的磁通分布与铁芯的结构的选择密切相关,铁芯直径的选择对提高变压器承受直流偏磁的能力有重要的影响,同时变压器铁芯直径的选取关系到整个变压器的制造成本和变压器各技术性能参数,选择合适的铁芯直径是实现变压器优化设计的关键。组式变压器铁芯柱、铁轭和旁轭的直径改变对内部磁通分布有着怎样的影响? 在变压器设计时应在铁芯直径设计方面做哪些改进才能提高组式变压器承受直流偏磁的能力呢？本节将做具体的分析。

3.4.1　变压器铁芯直径选择的主要因素

保持铁芯磁密一定时,增加铁芯的直径会使变压器绕组匝数减少,铁芯材料消耗的增加将使导线材料消耗减少,同时短路阻抗和负载损耗也随之降低。如果保持绕组匝数不变,增大铁芯直径会使磁密降低,而空载电流、空载损耗都将相应下降,但作为铁芯材料的硅钢片会增加。对于电力变压器来说,短路阻抗是一个很重要的性能参数,变压器的设计时应该严格控制在一定范围之内,短路电抗分量为:

$$U_{kx} = 49.6 \frac{f \cdot I_N \cdot W \cdot \rho \cdot K \cdot \sum D}{e_t \cdot H_k \cdot 10^6} (\%) \qquad (3-42)$$

由式(3-42)得:

$$U_{kx} \propto W^2 \frac{\Sigma D}{H_k}$$

所以,当增加铁芯直径来减少绕组匝数 W 时,若要维持短路阻抗为一个定值,就要使绕组电抗高度 H_k 减少,并使纵向漏磁面积 ΣD,即增加辐向尺寸而减小绕组高度,将会导致绕组和变压器的尺寸趋于宽而低,反之,减小铁芯直径同时增加绕组匝数时,要将变压器尺寸设计成窄而高才能保持短路阻抗不变。

铁芯直径的选取关系到整个变压器的制造成本,这是由铁芯材料的增加或者减小及导线材料的减小或者增加之中哪一个量变化对制造成本的影响更大来决定,即如何选择最优的铜铁比。另外,铁芯直径的变化会影响到变压器各技术性能参数,如空载电流、空载损耗、短路阻抗、负载损耗等。总之,铁芯直径的选取是实现变压器优化设计的关键,是一个复杂的技术经济问题。

在综合考虑上述因素后,以往通常按以下经验公式来选择铁芯的直径:

$$D = K_D \cdot \sqrt[4]{S_z} \qquad (3-43)$$

式中,K_D 为铁芯直径的经验系数,它的取值与铜铁比及变压器尺寸等因素相关;S_z 为变压器每柱的容量,kVA。

$$S_z = U \cdot I = 4.44 \cdot f \cdot B_m \cdot j \cdot A_K \cdot A_z \cdot W \cdot 10^{-4}$$

式中,W 为绕组匝数;A_z 为铁芯的有效面积,cm^2;A_K 导线截面积,mm^2;j 为导线电流密度,A/mm^2;B_m 为磁通密度的最大值,T。

3.4.2　铁芯直径变化对直流偏磁的影响

设铁芯柱、旁轭和铁轭的长度分别为:l_m、l_1、l_2(其中 $l_m = l_1$);铁芯柱、旁轭和铁轭的截面积分别为:S_m、S_1、S_2,尺寸的分布如图 3-52 所示。

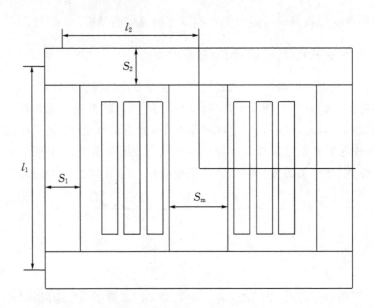

图 3 - 52　组式变压器铁芯几何尺寸

磁阻与磁路的平均长度成正比,与磁路的截面积成反比,即:

$$R_m = \frac{l}{\mu S} \qquad (3-44)$$

式中,μ 为磁导率;l 为磁路的平均长度;S 为磁路的截面积。

由前面内容知,组式变压器铁芯磁路中磁通量的关系为:

$$\Phi_1 = 2\Phi_2 \qquad (3-45)$$

由磁路定理可得组式变压器磁势为:

$$F = \Phi_1 R_m + \Phi_2(R_1 + 2R_2) \qquad (3-46)$$

铁芯中的磁感应强度为:

$$B = \frac{\Phi}{S} \qquad (3-47)$$

由前文知,所建 ODFPSZ－250000/500 型组式变压器的尺寸参数为:

$$\begin{cases} l_m = l_1 = 3000 \text{ mm} \\ l_2 = 1500 \text{ mm} \\ S_m = 4S_2 = 4S_1 = \pi 450^2 \text{ mm}^2 \end{cases} \qquad (3-48)$$

为了分析组式变压器铁芯尺寸变化对直流偏磁时,铁芯内部磁场分布的情况,建立几种不同铁芯柱、铁轭和旁轭尺寸的铁芯模型,如表 3 - 11 所示。

表 3-11   组式变压器铁芯模型

模型 位置	铁芯柱 面积	铁芯柱 l_m/mm	铁轭 面积	铁轭 l_2/mm	旁轭 面积	旁轭 l_1/mm
1	S_m	3000	S_2	2100	S_1	3000
2	$4S_m$	3000	S_2	2550	S_1	3000
3	$\frac{1}{4}S_m$	3000	S_2	1875	S_1	3000
4	S_m	3600	$4S_2$	2100	S_1	3600
5	S_m	2700	$\frac{1}{4}S_2$	2100	S_1	2700
6	S_m	3000	S_2	2400	$4S_1$	3000
7	S_m	3000	S_2	1950	$\frac{1}{4}S_1$	3000

由式(3-45)、式(3-46)、式(3-47)、式(3-48)得模型 1 时,铁芯柱、旁轭和铁轭的磁感应强度为:

$$
\begin{cases}
B_{1m} = \dfrac{\Phi_1}{S_m} = \dfrac{F}{R_m S_m \left(1 + \dfrac{l_1 S_m}{2 S_1 l_m} + \dfrac{l_2 S_m}{2 S_2 l_m}\right)} = \dfrac{F}{R_m S_m \left(1 + \dfrac{2l_1}{l_m} + \dfrac{2l_2}{l_m}\right)} = \dfrac{7}{41}\dfrac{F}{R_m S_m} \\[4mm]
B_{11} = \dfrac{\Phi_2}{S_1} = \dfrac{4 \times \frac{1}{2}\Phi_1}{S_m} = \dfrac{14}{41}\dfrac{F}{R_m S_m} \\[4mm]
B_{12} = \dfrac{\Phi_2}{S_2} = \dfrac{4 \times \frac{1}{2}\Phi_1}{S_m} = \dfrac{14}{41}\dfrac{F}{R_m S_m}
\end{cases}
$$

$$(3-49)$$

同理可得模型 2～7 的铁芯柱、旁轭和铁轭的磁感应强度,计算结果见表3-12。

表 3-12   几种组式变压器模型下铁芯的磁感应强度

模型 B/T	铁芯柱 B_m	旁轭 B_1	铁轭 B_2
1	$0.17\dfrac{F}{R_m S_m}$	$0.34\dfrac{F}{R_m S_m}$	$0.34\dfrac{F}{R_m S_m}$
2	$0.016\dfrac{F}{R_m S_m}$	$0.127\dfrac{F}{R_m S_m}$	$0.127\dfrac{F}{R_m S_m}$
3	$2.207\dfrac{F}{R_m S_m}$	$1.103\dfrac{F}{R_m S_m}$	$1.103\dfrac{F}{R_m S_m}$
4	$0.304\dfrac{F}{R_m S_m}$	$0.608\dfrac{F}{R_m S_m}$	$0.152\dfrac{F}{R_m S_m}$

模 型 \ 影响系数	铁芯柱 k_m	旁轭 k_1	铁轭 k_2
5	$0.108\dfrac{F}{R_m S_m}$	$0.217\dfrac{F}{R_m S_m}$	$0.867\dfrac{F}{R_m S_m}$
6	$0.323\dfrac{F}{R_m S_m}$	$0.161\dfrac{F}{R_m S_m}$	$0.645\dfrac{F}{R_m S_m}$
7	$0.097\dfrac{F}{R_m S_m}$	$0.777\dfrac{F}{R_m S_m}$	$0.194\dfrac{F}{R_m S_m}$

设铁芯尺寸变化的影响系数为 k，并以模型 1 的铁芯柱、旁轭和铁轭的磁感应强度为基准值，则铁芯尺寸变化的影响系数为：

$$k_i = \frac{B_i}{B_1} \ (i = 2,3,4,5,6,7) \tag{3-50}$$

由式(3-50)得，模型 2～7 的铁芯尺寸变化的影响系数如表 3-13 所示。

表 3 - 13 几种组式变压器模型下铁芯尺寸变化的影响系数

模 型 \ 影响系数	铁芯柱 k_m	旁轭 k_1	铁轭 k_2
2	0.094	0.374	0.374
3	12.982	3.244	3.244
4	1.788	1.788	0.477
5	0.635	0.638	2.55
6	1.9	0.474	1.897
7	0.57	2.285	0.57

由表 3-13 可得到如下结论：

(1)组式变压器铁芯柱的直径增大为原来的 2 倍时，能够同时减小铁芯柱、旁轭和铁轭中的磁感应强度；组式变压器铁芯柱的直径减小为原来的 1/4 倍时，铁芯柱、旁轭和铁轭中的磁感应强度增幅较大，铁芯柱中的磁感应强度增幅约为原来的 13 倍。

(2)组式变压器铁轭的直径增大为原来的 2 倍时，铁轭中的磁感应强度减小为原来的 0.477 倍，但铁芯柱和旁轭中的磁感应强度约增加为原来的 1.788 倍；组式变压器铁轭的直径减小为原来的 1/2 倍时，铁轭中的磁感应强度增加为原来的 2.55倍，铁芯柱和旁轭中的磁感应强度减小为原来的 0.635 倍。

(3)组式变压器旁轭的直径增大为原来的 2 倍时，旁轭中的磁感应强度减小为原来的 0.474 倍,但铁芯柱和铁轭中的磁感应强度约增加为原来的 1.9 倍;组式变压器旁轭的直径减小为原来的 1/2 倍时,旁轭中的磁感应强度增加为原来的 2.285 倍,铁芯柱和铁轭中的磁感应强度减小为原来的 0.57 倍。

(4)增减铁芯柱直径可以使铁芯柱、旁轭和铁轭中的磁感应强度同时增加或者同时减小,增加铁芯柱直径对铁芯柱中的磁感应强度影响不大,但减小铁芯柱直径对铁芯柱中的磁感应强度却有较大的影响;增减旁轭和铁直径不能使铁芯柱、旁轭和铁轭中的磁感应强度同时增加或者同时减小。

因此,适当的增加组式变压器铁芯柱的直径能改善铁芯中的磁通分布,提高承受直流偏磁的能力,减小铁芯柱的直径时在铁芯柱内的磁感应强度有较大的增加;增减铁轭或旁轭的直径并不能有效的改善铁芯的磁通分布,因为不能同时使铁芯内部的磁感应强度减小,总会出现局部增大的情况。铁芯直径的选择应考虑多方面的因素,但从提高组式变压器承受直流偏磁能力这个角度,建议在设计时适当的增加组式变压器铁芯柱的直径。

3.5　变压器油箱与直流偏磁的关系

变压器在运行时,除了在铁芯中的主磁通外,在铁芯外还始终存在着漏磁通,特别是大型的电力变压器,它们的油箱壁距离线圈较近,从而使通过箱壁的漏磁较大。变压器直流偏磁时,铁芯半磁饱和,导致漏磁增大,当漏磁通穿过油箱壁时,就在其中产生涡流损耗,这将导致油箱的温度升高,并在涡流损耗集中的区域形成局部过热。油箱温度升高,不利于将绕组中产生的热量有效的散热、降温,使直流偏磁问题产生的局部过热问题更加严重。

油箱处于变化的磁场中,在油箱内部会感应出涡流,由于集肤效应磁场和电场都集中在油箱的表面,电流密度、磁场强度等电磁量的振幅沿导体的纵深按指数规律 $e^{-\alpha x}$ 衰减。通常用透入深度 d 表示场量在导体中的集肤程度。

$$d = \sqrt{\frac{2}{\mu \sigma \omega}}$$

式中,μ 为油箱材料的磁导率;σ 为油箱材料的电导率。

油箱的损耗和变压器的尺寸、短路阻抗、铁芯的磁通量等因素有关,油箱功率损耗公式为:

$$P = \frac{k f h^3 (\Delta U_x)^2 \Phi_m^2 \times 10^4}{50 L [h + 2(r_1 + r_2)]} \tag{3-51}$$

式中,k 为系数,当油箱外表面为平面时:$\Delta U_x \leqslant 10.5\%$ 时,$k=2.19$;$\Delta U_x > 10.5\%$ 时 $k=1.47$;Φ_m 为铁芯中的磁通量;r_1 和 r_2 分别为主漏磁路及油箱的平均半径;ΔU_x 为短路电压的无功分量百分数。

式(3-51)表明,油箱的功率损耗与铁芯中的磁通量的平方成正比,即在变压器直流偏磁状态下,铁芯中的磁通量的增加会导致油箱的功率损耗相应的增加,且增加值是磁通量增加值的几何倍数。

仿真采用 ODFPSZ-250000/500 型三相组式变压器,额定电压为 $525/\sqrt{3}/230/\sqrt{3}\pm8\times1.25\%/36$ kV,额定电流为 824.8/1882.7/1666.7A,短路电压(%)高中/高低/中低分布为 16.02/48.31/29.06。所建模型参数如下:变压器铁芯直径 900 mm,高 2400 mm,铁轭高 600 mm,绕组直径 250 mm,绕组高 2000 mm,油箱长 5200 mm,高 4000 mm。所建模型如图 3-53。

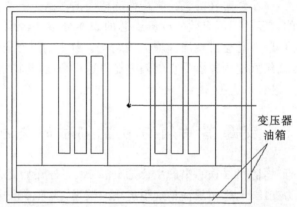

图 3-53　有油箱的三相组式变压器仿真模型

为分析直流偏磁状态下变压器油箱中的磁场特性,按图 3-54 所示划分油箱的典型观测位置,即 $M-M'$、$N-N'$。

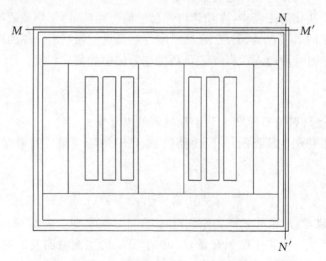

图 3-54　加油箱的组式变压器典型位置划分

当励磁电流 $i_{DC}=10$ A 时，$M-M'$、$N-N'$ 处的磁感应强度如图 3-55 所示。

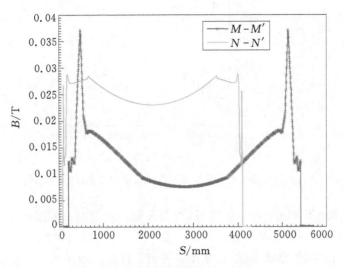

图 3-55　组式变压器油箱的磁感应强度分布（$i_{DC}=10$ A）

由图 3-55 可知，当有 10 A 的直流量流入绕组时，在变压器油箱上壁转角处磁感应强度较大，达 37 mT，涡流损耗也比其他位置严重，局部温度较高。表3-14给出了一系列直流量下，变压器油箱 $M-M'$、$N-N'$ 位置的磁感应强度的计算结果。

表 3-14　组式变压器油箱在不同直流偏磁下的磁感应强度幅值　　　单位:T

I_{dc}/A B/T	0	2	4	10	25	50	100	200
$M-M'$	0.0082	0.0164	0.0168	0.037	0.028	0.044	0.108	0.23
$N-N'$	0.0106	0.0165	0.021	0.0285	0.0342	0.134	0.095	0.22

根据表 3-10 的计算结果，可得到组式变压器油箱的磁感应强度随直流量的变化规律，见图 3-56。

由图 3-56 可知：组式变压器油箱侧壁和上壁在直流偏磁状态下的磁感应强度比较接近，且随直流量的增加呈近似线性的增加，这是因为铁芯的漏磁会随直流量的增加而增加，受铁芯磁饱和的影响很小。

为了降低变压器直流偏磁时由增加的漏磁通在油箱上引起的损耗，应在特定的面积上（如套管安装部位）采用不导磁钢板来代替普通钢板，如采用无磁钢板或不锈板。对于大面积的油箱内壁一般都采用安装屏蔽板的措施，该措施是让漏磁通尽可能地通过导磁性能较好的屏蔽装置来改变漏磁通的通过线路，使漏磁通

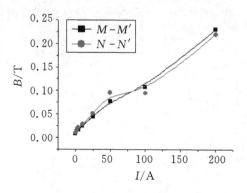

图 3 - 56　组式变压器油箱的磁感应强度与直流量的关系

穿过该导磁体而不穿入油箱壁的钢板,避免漏磁通在穿过油箱壁时产生更大的涡流损耗,引起油箱局部过热。在特定部位安装不导磁钢板和在油箱内部安装屏蔽板的措施能有效缓解直流偏磁时,变压器油箱局部过热的问题。

3.6　本章小结

　　本章研究了变压器直流偏磁的作用机理;仿真分析了组式变压器、三相三柱变压器和三相五柱变压器在直流偏磁下的磁感应强度、磁通量、磁场强度等内部特性;针对组式变压器对直流偏磁承受能力较弱的特点,分析了不同铁芯直径对组式变压器直流偏磁的影响,以此探讨从改变变压器内部结构的方式来削弱直流偏磁的影响;并对变压器油箱与直流偏磁的关系展开了研究。具体归纳如下。

　　(1)变压器直流偏磁时铁芯半周饱和,励磁电流畸变,畸变的励磁电流会使铁芯磁致伸缩加剧,变压器直流偏磁状态下磁场大于铁芯的自发磁化强度,中性点直流会导致铁芯体积发生周期性的膨胀和收缩,是引起振动加剧、噪声增大的重要因素。

　　(2)基于有限元法分析表明,变压器在直流偏磁状态下工作时,某些时间范围内,铁芯会出现饱和,磁场强度远远超出其正常工作范围。不同区域的饱和状况并不相同,磁场的分布会随着外加电压的周期改变呈现出变化,中间铁芯柱离绕组槽空气隙近的地方更容易出现饱和。变压器铁芯内部出现饱时,一部分磁通会跑出铁芯之外,经过变压器油、油箱、外部空气或者其他铁质连接片、夹件形成回路,导致了杂散磁通的产生,并会引起铁耗相应增加。铁芯内部出现电流密度分布,距离绕组槽空气隙近的地方尤其明显,并且伴随着热量的产生。最终会导致变压器温度升高,并影响其正常工作。

　　(3)在相同的直流量的直流偏磁状态下,三相三柱变压器承受直流偏磁的能力最强;三相组式变压器对直流偏磁最为敏感,承受直流偏磁的能力较弱;三相五柱变压器承受直流偏磁的能力比三相三柱变压器要弱,比组式变压器承受直流偏磁的能力要强。建议将 10 A 直流量作为变压器承受直流偏磁的限度,若超过此限度应采取相应的抑制措施。

(4)组式变压器铁芯柱的直径对其承受直流偏磁的能力影响较大,适当的增加其直径能提高承受直流偏磁的能力,减小铁芯柱的直径时在铁芯柱、铁轭和旁轭内的磁感应强度均有较大的增加;增减铁轭或旁轭的直径并不能有效的改善铁芯的磁通分布。建议在设计时将提高变压器承受直流偏磁能力作为铁芯直径选择的因素之一。

(5)组式变压器油箱侧壁和上壁在直流偏磁状态下的磁感应强度随直流量的增加呈近似线性的增加,且比较接近。为了降低变压器直流偏磁时漏磁通在油箱上引起的损耗,应该在特定的面积上采用不导磁钢板来代替普通钢板,对于大面积的油箱内壁建议安装屏蔽板。

第4章 变压器直流偏磁治理措施

我国直流输电的运行经验表明,多个电网公司的变压器均出现了不同程度变压器直流偏磁现象,随着特高压直流输电应用的推广,变压器直流偏磁问题会越来越突出。目前,变压器直流偏磁治理措施主要有:电阻限流法、电容隔直法、直流电流反向注入法和电位补偿法。本章将详细介绍上述几种变压器直流偏磁抑制方法和装置的原理及优缺点,并从隔直效率、可靠性、对变压器的影响、运行维护、装置成本等方面进行对比分析。

4.1 电阻限流法

4.1.1 电阻限流装置介绍

电阻型限流装置串联接入变压器中性点,利用电阻限制中性点流过的直流电流,在中性点和地网之间串入一个电阻,可以使得中性点流入的直流电流明显减小,达到工程上可以接受的程度。其原理如图4-1所示。

由于特高压和超高压输电系统的直流电阻很小,所以仅需一个很小的电阻(一般为2~3 Ω)就能达到良好的抑制效果。从理论上而言,小电阻只要机械和电气参数满足要求,就能够长期使用不需任何保护,但是从经济、占地等各方面权衡,可以考虑在小电阻两端并联保护球隙,从而能够减少瞬时电流对小电阻的冲击。

电阻型限流装置的参数比较重要,如果电阻值过大,会造成中性点的过电压较高,对保护也有较大影响,且影响制造成本;而选择的阻值较小,则会影响直流抑制效果。电阻的阻值应该综合考虑变电站直流偏磁影响程度、变压器直流偏磁耐受能力、对周边站影响以及经济性等多个因素而确定。其装置结构如图4-2所示。

4.1.2 电阻限流装置的优点

电阻限流装置具有以下优点。

(1)装置结构简单,元件数量少;

(2)装置无须电源、无控制保护回路、可靠性高;

(3)安装工程量小,运维工作量小;

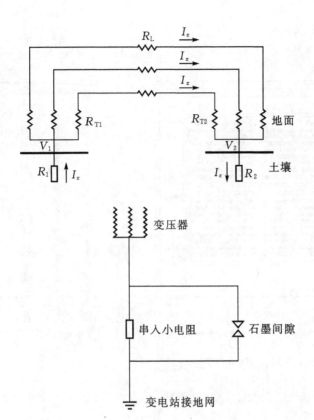

图 4-1　电阻限流装置原理图

(4)制造和加工技术成熟,成本较低,便于批量化生产;

(5)安装后对周边变电站直流偏磁水平增加影响较小。

4.1.3　电阻限流装置的不足

电阻限流装置存在以下不足:

(1)随着电网网架结构变化,固定阻值的电阻限流装置限流效果可能会受到影响,在规划和设计时要考虑,需要安装阻值可调的电阻限流装置来解决;

(2)合适的电阻值需要通过计算选取,前期工作量较大;

(3)大阻值电阻对继电保护可能产生一定影响,需要重新计算整定值;

(4)大阻值电阻的设备制造存在一定困难。

4.1.4　应用实例

2006 年 11 月,三沪直流工程系统调试期间,对上海地区接地极附近变电站主变中性点直流偏磁电流进行的测试结果表明:500 kV 和 220 kV 的变压器中性点

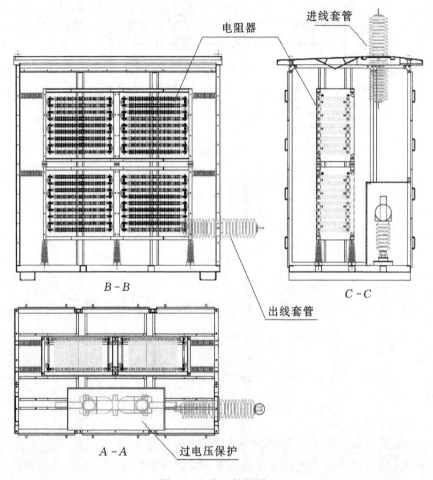

电阻器

进线套管

B - B

C - C

出线套管

A - A

过电压保护

图 4-2 装置结构图

直流电流都有超过 10 A 的情况。500 kV 泗泾站虽然离接地极 32 km,但中性点直流达到 13 A,噪声达 93 dB,220 kV 干练站,离接地极 9.4 km,中性点直流达到约 12 A,噪声达 86 dB。

2010 年 6 月,向上特高压直流工程系统调试期间,当向上直流单极大地回线额定负荷运行时,直流电流为 4000 A,测得 500 kV 亭卫变电站两台主变的中性点直流电流均达到 20 A,220 kV 合兴变电站主变中性点直流电流达到 15 A。

上海电力公司主要采取主变中性点加装电阻限流装置来限制直流偏磁影响。2010 年,上海地区主要 500 kV 变电站在各直流单极大地满负荷运行情况下的直流偏磁评估情况如下表(计算评估结果),已安装的变电站有 1000 kV 练塘变、500 kV 亭卫变、练塘变、新余变和 220 kV 合兴变。

表 4-1 500 kV 变压器中性点直流偏磁电流　　　　　　　　单位:A

	复奉 4000 A	宜华 3000 A	葛南 1200 A	锦苏 4500 A
练塘(未投运)	15.17	58.46	4.46	7.30
南桥	2.19	3.67	3.20	2.13
杨高	3.53	2.56	0.35	1.50
顾路	5.32	3.80	1.52	2.25
外高桥	3.59	2.58	1.22	1.51
杨行	2.67	1.49	1.40	0.56
徐行	6.02	4.23	1.82	1.35
黄渡	3.05	1.32	0.82	0.12
泗泾	1.76	3.04	0.19	1.28
亭卫	18.59	7.89	4.52	2.50
远东	4.72	4.26	3.43	2.37
静安	3.78	0.71	3.00	0.31

表 4-2 实测变压器直流偏磁影响情况

设备名称	复奉输送电流/A	主变中性点直流电流/A	噪声平均值/dB	最大振动值/m·s^{-2}	振动增大倍数
亭卫 1 号主变		20.4	91.1	11.69	9.79
亭卫 3 号主变	4000	20.6	90.8	10.42	5.95
合兴 1 号主变		15.2	89.4	2.32	17.85
亭卫 1 号主变		4.75	90		
亭卫 3 号主变	800	4.65	90		

注:测试日期分别为 2010 年 3 月 2 日和 5 月 4 日

表 4-3 仿真计算和实测值比较

特高压直流电流/A	南桥变		亭卫变	
	计算值	实测平均值	计算值	实测平均值
2750	2.10	1.72	13.0	14.0
4000	3.01	2.50	18.8	20.3

4.2 电容隔直法

4.2.1 电容隔直装置介绍

电容隔直装置利用电容来阻隔直流电流流入系统。按串联电容器的位置,可分为在输电线路接电容器和在变压器中性点接电容器两种方式,考虑到经济性和绝缘水平的要求,通常将电容隔直装置安装在变压器的中性点处。目前,电容隔直装置的内部一次系统如图4-3所示。

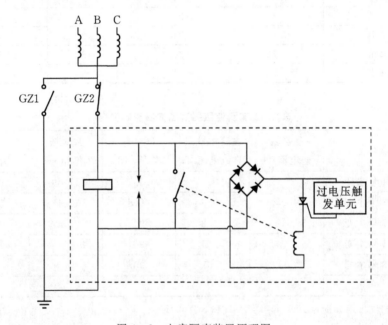

图4-3 电容隔直装置原理图

电容隔直装置接入变压器的中性点处,具有直接接地和电容接地两种运行状态,利用与电容器并联的旁路开关实现隔直装置两种运行状态的转换。

当变压器中性点检测到越限的直流电流时,将旁路开关断开,变压器中性点通过电容器接地,从而将直流通路隔离;当检测到电容器两端电压低于设定值时,延时将旁路开关闭合,变压器中性点直接接地。

此外,装置还判断交流电网是否发生不对称短路故障,由快速旁路回路动作保证变压器中性点可靠接地。当系统单相短路时,如果电容器两端电压超过一定限值,过电压触发单元动作,降低电容器两端的暂态过电压,并且为零序电流提供通路,这样才能尽量减小电容的容量,节约成本,同时还能减小电容器的体积,便于安装。

除隔直电容外装置还包括闸刀、晶闸管、整流二极管、电感等辅助设备和二次控制单元,见图4-3。

4.2.2　电容隔直装置的优点

在变压器中性点处安装的电容隔直装置主要具有以下优点:

(1)隔绝直流电流的效果彻底,不受电网结构影响;

(2)不影响交流电流流过中性点;

(3)隔直电容容抗小于1Ω,对继电保护的影响较小。

4.2.3　电容隔直装置的不足

(1)结构复杂,包括多种控制模式和状态,对组部件的可靠性要求较高;

(2)需外部电源驱动,对外部电源的可靠性要求较高;

(3)旁路、控制回路复杂,装置的运维工作量大;

(4)装置成本较高。

4.3　直流电流反向注入法

4.3.1　直流电流反向注入法介绍

反向注入电流法是在变压器中性点并入一个可控直流电压源,通过在变电站接地网与辅助接地极之间注入直流电流而改变变压器中性点电位,其实质是改变中性点电位以达到限制变压器中性点直流电流的流入,如下图4-4所示。

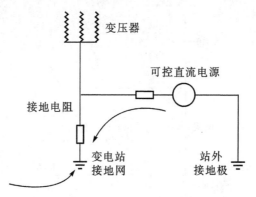

图4-4　直流电流反向注入法原理图

4.3.2 直流电流反向注入法的优点

(1)不需变压器中性点与地网之间串入其他设备,能保证变压器中性点可靠接地而无过电压问题;

(2)对系统现有保护配置不产生影响;

(3)可以针对不同的中性点流入的直流电流值注入不同的反向电流,具有灵活性。

4.3.3 直流电流反向注入法的不足

(1)工程量较大及工程造价较高。必须在变电站外建造独立接地极;

(2)必须为注入装置提供较大的专用交流电源;

(3)含有有源设备,可靠性较无源设备低;

(4)不能完全抵消直流偏磁的影响;

(5)对变电站地网及地下管道有腐蚀影响;

(6)辅助接地极的运行、维护不方便。

4.4 电位补偿法

4.4.1 电位补偿法介绍

电位补偿法是在变压器中性线中间串一个 0.5~2.0 Ω 小电阻,通过一外部方向可控电流源在该电阻上形成一直流电位,以此调节变压器中性点的直流电位来达到减小流入变压器绕组直流电流的目的。同时,该方法同样需要保护旁路。原理图如下图 4-5 所示。

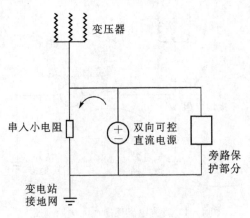

图 4-5 电位补偿法原理示意图

4.4.2　电位补偿法的优点

(1)所采用的小电阻阻值比小电阻限流法的小,其对继电保护的可能影响以及雷击时变压器中性点电位的变化也比小电阻限流法小;

(2)在保持变压器中性点低阻接地的同时,稳态时能完全消除变压器中性点直流电流;

(3)与中性点注入反向电流限制法相比,无需另建辅助接地极(网),因而不存在辅助接地极入地电流对周边环境的影响,其电源容量要远小于直流电流注入法。

4.4.3　电位补偿法的不足

(1)串入变压器中性线的小电阻需承受交流系统短路故障暂态电流的冲击,同时电阻工作时需要流过较大直流电流,其热容量指标要求很高,其造价会相对较高,否则需要选取较可靠的旁路保护系统;

(2)若取 2Ω 的电阻,仍然会对系统的零序参数产生影响,对继电保护的影响需要进行评估,同时需要评估其对过电压的影响;

(3)需要配置直流电流源,属有源装置,可靠性较无源设备低;

(4)总体造价比直流电流注入法低,但比小电阻法及电容隔直装置造价高。

4.5　直流偏磁治理措施对比

以下对变压器直流偏磁的治理措施:电容隔直法、电阻限流法、直流电流反向注入法和电位补偿法进行对比分析。

表 4-4　抑制方案对比

比较项目	电阻限流法	电容隔直法1	电容隔直法2	电位补偿法	直流电流注入法
典型方案	2~5Ω无感电阻放电间隙	1.2Ω容抗固态开关旁路机械开关旁路远程监控	0.1Ω容抗固态开关旁路机械开关旁路远程监控	0.2~2Ω无感电阻直流电源放电间隙	电力电子开关电源
简单、无源式设计装置运行可靠性;	无源装置运行可靠性高	无源装置运行可靠性高	无源装置运行可靠性高	有源设计运行可靠性中	有源设计运行可靠性中

比较项目	电阻限流法	电容隔直法 1	电容隔直法 2	电位补偿法	直流电流注入法
旁路系统可靠性	动作特性分散可靠性低	双旁路系统可靠性高	双旁路系统可靠性高	动作特性分散可靠性低	无旁路系统可靠性高
现场监测＋操控	无	有	有	有	有
远方监测系统	无	有	有	有	有
隔直效率	可控制在一定范围	高	高	不能完全消除	不能完全消除
对继电保护影响	有影响严重时需要重新整定	$1\,\Omega$ 容抗,影响较小,无需调整定值	$0.1\,\Omega$ 容抗无需评估	最多 2 欧电阻影响小无需调整定值	无影响
对变压器的影响	变压器中性点不能有效接地放电间隙保护过电压需仿真校验	中性点小阻抗接地双旁路保护系统控制较为复杂中性点无过电压问题	中性点可靠接地双旁路保护系统控制较为复杂中性点无过电压问题	中性点小电阻接地放电间隙保护	中性点可靠接地无过电压问题
不应给系统其他装置带来明显的额外影响	无额外影响	二次回路复杂,装置投入不可靠	二次回路复杂,装置投入不可靠	需建立辅助接地网	腐蚀地网腐蚀地下管道
标准设计	非标设计每个站点需重新设计选择电阻值	标准设计	标准设计	非标设计直流电源容量需重新设计	非标设计辅助接地极位置选取、直流电源容量需重新设计
安装	站内	站内	站内	站内	变电站外建造独立接地极,工程量较大

比较项目	电阻限流法	电容隔直法 1	电容隔直法 2	电位补偿法	直流电流注入法
运行维护	站内,方便	站内,二次装置运维复杂	站内,二次装置运维复杂	站内,需配额外电源,运维复杂	辅助接地极的维护不方便
前后期工作	前期仿真选择电阻值(抑制效果、过电压、继保影响评估)电阻值需定期评估	无需	无需	前期直流电源容量选择后期容量校核	前期直流电源容量选择后期容量校核
装置造价＋前期工作(以小电阻法为基准)	1	2～3	2～3	1.3～1.8	2～3

4.6　本章小结

随着多条特高压直流输电线路的投运,多个电网公司的变压器均出现了不同程度变压器直流偏磁现象,变压器直流偏磁问题日益突出,亟待找到一种可靠性高、经济性好、易于推广的直流偏磁治理措施。本章列举了目前变压器直流偏磁治理措施,包括电阻限流法、电容隔直法、直流电流反向注入法和电位补偿法,对比分析了上述方法的优缺点。其中电阻限流装置具有装置结构简单,元件数量少;装置无须电源、无控制保护回路、可靠性高;安装工程量小,运维工作量小;制造和加工技术成熟,成本较低,便于批量化生产;安装后对周边变电站直流偏磁水平增加影响较小等优点,经济性和可靠性较为突出。

第5章 变压器接电阻治理直流偏磁

目前变压器直流偏磁的主要抑制措施有:电容器隔直法、中性点直流量的反向补偿法、电阻限流法等,其中,变压器中性点串接小电阻法简单实用、经济性好、便于推广应用。本章将介绍中性点串接电阻法抑制直流偏磁的原理;分析了接地系统电阻对直流偏磁电流的影响;以及接入电阻后对系统过电压的影响分析;提出一种变压器中性点接阻抗装置的多用途直流偏磁防护方法,该方法可以兼顾提高变压器中性点绝缘保护的可靠性、抑制直流偏磁电流和提高变压器的抗短路能力。

5.1 中性点接电阻抑制变压器直流偏磁的原理

中性点串接电阻抑制变压器直流偏磁的原理如图5-1所示,用集总参数表示输电线路、变压器以及两变电站土壤间的直流电阻。当两变电站中性点存在电势差时,直流量会经并联的地面支路和地下支路流向远方,变压器中性点串接电阻器后,增大了地上支路的电阻,流经地下支路的电流就会更多,这样就减少了进入变压器的直流量,达到了抑制直流偏磁的目的。

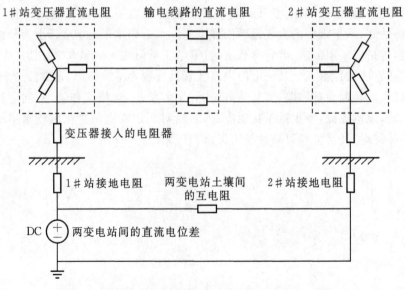

图5-1 中性点接电阻抑制变压器直流偏磁原理图

以 SFPSZB-120 MVA/220 kV 变压器为例,分析变压器中性点串接电阻后抑制中性点直流量的效果。

按照图 5-1 所示串接电阻的限流图建立仿真模型,取两个 220 kV 变电站间的线路长度为 30 km,直流接地极附近 1 号变压器与 2 号变压器地表电位差为 50 V,基于 PSCAD 软件计算变压器中性点分别接入 0 Ω 和 10 Ω 电阻时,流入变压器的直流量和经大地散流的直流量,计算结果如图 5-2(a)、(b)。

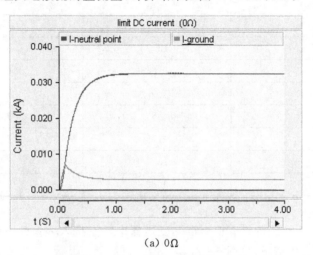

(a) 0Ω

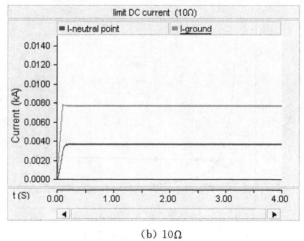

(b) 10Ω

图 5-2 不接与接 10 Ω 电阻后流入变压器中性点的直流量

当变压器中性点不接入电阻时,流入变压器的直流量为 32.5 A,经大地散流的直流量为 2.95 A;当变压器中性点接入 10 Ω 电阻时,流入变压器的直流量为 3.75 A,经大地散流的直流量为 7.67 A。

为了更好分析接入电阻阻值与限流效果的关系,再分别计算接入 2 Ω、4 Ω、6 Ω、8 Ω、20 Ω、50 Ω 时,流入变压器的直流量和经大地散流的直流量,仿真结果及变化趋势见表 5-1。

表 5-1　变压器中性点接入不同电阻后的直流量

直流量/A　电阻阻值/Ω	I_n	I_g
0	32.5	2.95
2	12.7	6.22
4	7.84	6.99
6	5.8	7.41
8	4.52	7.59
10	3.75	7.67
20	1.96	8.01
50	0.82	8.18

根据表 5-1 得到的计算值可得到变压器中性点接入一系列电阻时的流入变压器直流量的变化情况,见图 5-3。

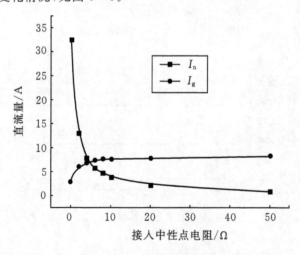

图 5-3　变压器中性点接入不同电阻的限流效果

由仿真结果可知:当电阻阻值小于 10 Ω 时,限流效果很好;当电阻阻值大于 10 Ω 后,限流效果不明显。尽管变压器中性点接入的电阻阻值越大,限制流入中性点直流量的效果越好,但是接入电阻阻值需要考虑多方面的因素,如:接入电阻后对中性点过电压的影响、变压器是否有效接地、对继电保护的影响等。另外，并非在直流偏磁严重的变压器中性点接入阻值越大的电阻就越好，因为若接入电阻过大，可能会使附近原来直流量不超标的变压器发生直流偏磁，因此，接入电阻应以整个目标电网变压器直流量不超标为目的，找到一组满足条件优化阻值，该问题会在以后章节详细论述。

5.2 变压器接小电阻的过电压分析

变压器中性点串接小电阻后，会对变压器中性点的过电压造成怎样的影响？接入电阻后的变压器的雷电过电压、短路过电压是否仍在承受限度之内？部分接地方式的变压器串接电阻后的过电压又是怎样呢？本节将针对以上问题展开研究。

5.2.1 变压器中性点的绝缘水平

电力系统中性点接地方式按接地系数 K 是否大于3，分为有效接地系统和非有效接地系统。接地系数的表达式为：

$$K = X_0/X_1$$

式中，X_0 为零序阻抗，X_1 为正序阻抗。

我国 110～1000 kV 系统均采用有效接地方式。有效接地系统的工频过电压水平较低，故可降低系统设备绝缘水平，从而减少了设备的造价，特别是高压、超高压和特高压系统，经济效益显著。

110 kV 以下变压器，由于电压等级低，绝缘要求容易达到，并且在变压器的成本中，绝缘投资所占比例也不大，故 110 kV 以下变压器采用全绝缘（即中性点处的绝缘水平和相线端绝缘水平相等）。110 kV 及以上变压器，绝缘投资占变压器成本的比例很大，且电压等级越高，绝缘投资越大。因此，考虑安全性的同时兼顾经济性，我国 110 kV 及以上等级变压器采用分级绝缘（即中性点处的绝缘水平低于相线端绝缘水平）。

330 kV、500 kV 和 750 kV 变压器中性点均采用直接接地方式，也有采用经小电抗器接地的方式，主要解决中性点直接接地单相接地故障电流太大的问题。

根据国标 GB1094 规定，凡是中性点直接接地的变压器，中性点的绝缘水平均为 35 kV，500 kV 变压器经电抗器接地绝缘水平为 63 kV。

5.2.2 部分接地方式变压器接小电阻后的影响

我国 110 kV、220 kV 系统由于继电保护、系统稳定和限制短路电流等方面的要求，通常采取部分中性点接地的方式（见图 5-4），即变电站并联运行的多组变压器,通常采用一半变压器接地、其余均不接地的运行方式。这样才能使本站对外等效零序阻抗不因变压器运行台数而改变,从而实现简单可靠的零序保护,断路器遮断容量不受单相接地电流的限制,同时对通讯干扰小。

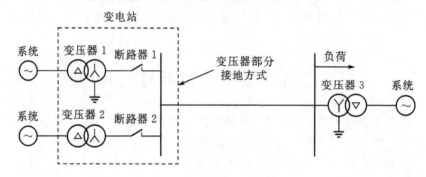

图 5-4 并联变压器部分接地方式

5.2.2.1 接小电阻对雷电过电压的影响

研究表明:在平均高度为 8 m 的输电线路中,每 100 km 线路年平均受雷击次数约为 4.8 次。又根据运行经验,电力系统中的停电事故有近 50% 是由雷击线路造成的。线路落雷后,沿输电线路侵入变电站的雷电侵入波是造成变压器事故的主要因素之一。因此,有必要进行雷电过电压对变压器接入小电阻后的影响的研究。

对中性点接地星形接线的变压器,三相变压器的高压绕组为星形接线且中性点接地时,相间的相互影响不大,可以看作三个相互独立的末端接地的绕组。无论是单相、两相或三相进波,其波过程差别不大。

图 5-5 为 $t = 0$、t_1、t_2、t_3、t_4 和 $t = \infty$ 等不同时刻的绕组电位分布曲线,表明绕组各点的电位由起始分布,经过振荡达到稳态分布的过程。由图 5-5 可知,绕组各点的电位并非同时达到最大值。绕组末端接地时,最高电位出现在绕组首端附近,其值可达 $1.4U_0$;末端不接地时,最高电位出现在绕组末端,其值可达 $1.9U_0$,比末端接地时高。

三相变压器高压绕组星形接线中性点不接地时,单相、两相、三相的波过程各不相同。当雷电波从 A 相单相侵入变压器时,如图 5-6(a)所示,变压器绕组对冲击波的阻抗远大于线路的波阻抗,故在雷电波作用下,其他两相绕组与线路连接处的电位接近于零;绕组的起始电位分布和稳态电位分布如图 5-6(b)中的曲线 1 和 2 所示。起始电位分布受 B、C 两相绕组并联的影响不大,其中性点的电位接近于零;而稳态电位则按绕组电阻大小分布,由于受 B、C 两相绕组并联的影响,成为一条折线。设进波为幅值等于 U_0 的无穷长直角波,且三相绕组的参数完全相同,则中性点的稳态电位为 $U_0/3$,其起始电位与稳态电位之差约为 $U_0/3$,故在振荡过

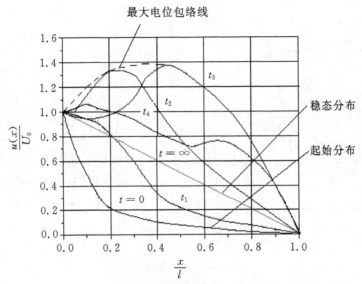

(a)绕组末端接地时绕组电位分布

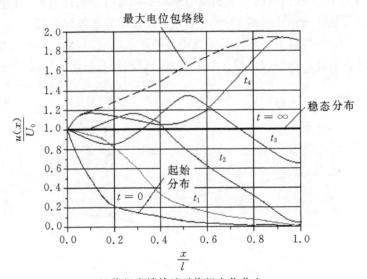

(b)绕组末端接地时绕组电位分布

图 5-5　绕组不同时刻电位分布

程中,中性点的最大对地电位将不超过 $2U_0/3$。

当雷电波沿两相侵入时,可用叠加法来估计绕组各点的对地电位。例如 A、B 两相分别单独进波时。中性点最高电位为 $2U_0/3$,则 A、B 两相同时进波时,中性点的最高电位不超过 $4U_0/3$,其值超过了首端电位。

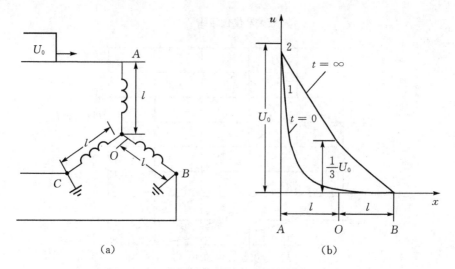

(a)　　　　　　　　　(b)

图 5-6　Y 接线变压器单相进波时的电位分布

　　当三相同时进波时,情况与单相绕组末端不接地时的波过程基本相同,中性点的最高电位可达首端电位的两倍,但其起始电位比单相进波时略高。

　　如图 5-7 所示,雷电侵入波从变压器传播到小电阻时,会在发生折反射,进入小电阻的是折射波。折射波与侵入波的关系与变压器和电阻器的暂态阻抗比值紧

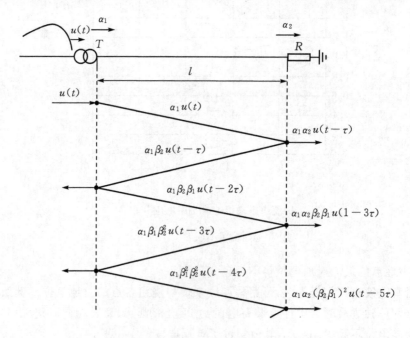

图 5-7　雷电波侵入变压器中性点的电压行波网格图

密相关。由于变压器暂态阻抗通常可达前者的几百、甚至上千欧，而接入电阻的暂态阻抗很小只有几欧姆，因此实际上折射波很小，中性点电位不会因为接入小电阻而提高很多。

以 220 kV 系统为例，建立部分接地方式变压器接小电阻后雷电过电压分析的仿真模型，输电线路距离取 20 km，导线型号为 $2 \times LGJ-400/35$，接入电阻阻值为 10 Ω。

目前最广泛应用的是双指数函数模型，故本书采用了双指数函数模型，雷电流按规程取波头/波尾为 2.6/50 μs，雷电流的表达式为：

$$I = 1.05 I_m (e^{-0.016t} - e^{-1.2t}) \tag{5-1}$$

由于三相来波的概率很小，只有 10%，据统计约 15 年才有一次；大多数侵入波来自线路较远处，陡度较小。故仿真时为雷电单相来波，取雷电流波形的峰值为 90 kA，雷电流仿真模型及波形分别如图 5-8、图 5-9 所示。

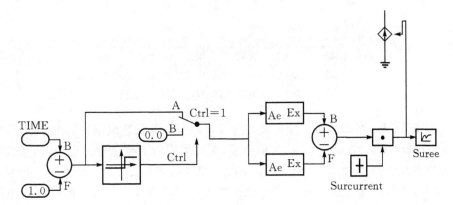

图 5-8　雷电流仿真模型

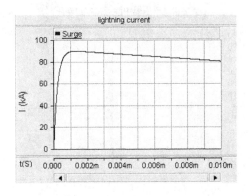

图 5-9　雷电流波形

如图 5-10 所示,当部分接地变压站的不接地变压器在直流偏磁电流作用下,会有几伏至几十伏的电压,而如果同时遭受雷电过电压,则在不接地变压器中性点最大雷电过电压与直流偏磁过电压之和约为 70 kV(峰值),220 kV 变压器中性点雷电全波冲击耐受电压为 400 kV,因此,接入小电阻后,部分接地 220 kV 变电站中不接地变压器中性点绝缘在雷电过电压下是安全的。

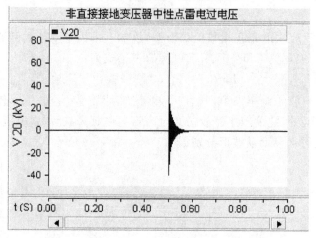

图 5-10   不接地变压器中性点雷电过电压

如图 5-11,当部分接地变压站的直接接地变压器在直流偏磁电流作用下,串接 10 Ω 的电阻后,在会有约 60 V 的电压,而如果同时遭受雷电过电压,则在直接接地变压器中性点最大雷电过电压与直流偏磁过电压之和约为 500 V(峰值),220 kV 直接接地变压器中性点雷电全波冲击耐受电压为 185 kV,故接入小电阻后,部分接地 220 kV 变电站中直接接地变压器中性点绝缘能承受雷电过电压,且有足够的裕度。

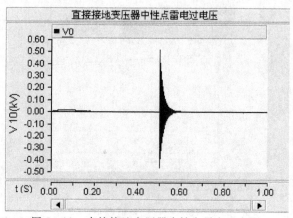

图 5-11   直接接地变压器中性点雷电过电压

部分接地变电站中只有直接接地变压器在直流偏磁电流时,才有中性点直流量。串接 10 Ω 的电阻后,中性点直流约为 6 A,此时若线路遭受雷击,则在直接接地变压器中性点最大雷电流与直流偏磁电流之和约为 50 A(峰值),如图 5-12 所示。

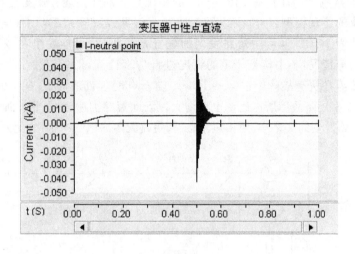

图 5-12 直接接地变压器中性点电流

5.2.2.2 接小电阻对短路故障的影响

接入小电阻后可以抑制直流偏磁电流,但无可避免地也会提高中性点短路过电压,提高的过电压是否会危及变压器中性点绝缘?本书将做具体分析。同时,本书也将对小电阻限制接地短路时出现的零序电流的效果展开研究。

变压器绕组应该具备足够的动稳定性和热稳定性,根据 IEC-76-5 和 GB-1094.5-85 的规定,变压器应该具备的承受短路能力按下式计算其短路电流:

$$I_T = \frac{U}{\sqrt{3}(Z_t + Z_s)} \tag{5-2}$$

式中,I_T 为变压器承受的短路电流;U 为变压器绕组的额定电压;Z_t 为变压器的短路阻抗;Z_s 为系统阻抗。

承受最大短路电流的幅值为:

$$i_p = I_T K_{ch} \sqrt{2} \tag{5-3}$$

式中,K_{ch} 为冲击系数,取值为 1.8。

系统阻抗 Z_s 由下式确定:

$$Z_s = \frac{U_s^2}{S} \tag{5-4}$$

式中，U_s 为系统的额定电压；S 为系统短路表观容量（220 kV 系统 $S=15000$ MVA），对于 220 kV 系统的系统阻抗 Z_s 为：

$$Z_s = \frac{220^2}{15000} = 3.227(\Omega)$$

以 220 kV 系统为例，基于图 5-13 的系统建立部分接地方式变压器接小电阻后短路电流的仿真模型，输电线路距离取 30 km，导线型号为 $2\times$LGJ-400/35，接入电阻阻值为 10 Ω。实际中短路发生的位置是随机的，可能发生在线路的近端、中端和远端等情况，本书按最严重的情况进行仿真计算，即短路发生在近端线路。单相短路故障在所有故障中占 65～70%。随着电网容量的增加，架空输电线间距离的增大，单相短路故障所占比率也将增大。因此短路类型为：单相接地短路，由于两相接地短路发生的几率小，两相短路、三相短路无零序电流产生，故此处不予分析。

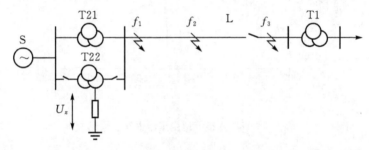

图 5-13　接小电阻后短路过电压的仿真模型

假设短路故障在 1 s 时发生，持续时间为 0.5 s，仿真分析在直流偏磁状态和短路故障联合作用下，接地变压器的零序电流、中性点处过电压，以及不接地变压器中性点过电压。分析变压器中性点承受工频过电压的情况。

仿真分析得出不接电阻时变压器中性点的电流和工频过电压，如图 5-14 所示。

图 5-14(a)为变压器中性点接 0 Ω 电阻时的零序电流，此时的零序电流是短路零序电流和直流偏磁电流之和，其暂态峰值为 5.62 kA，稳态负值为 −2.986 kA，稳态正峰值为 3.048 kA，稳态时出现正负峰值不相等的情况正是因为存在直流偏磁电流的结果。单相接地短路时，不接地变压器中性点也会出现过电压（见图 5-14(b)），最大暂态值为负值，与单相短路发生的起始时间有关，暂态负峰值为 −89.6 kV，稳态负峰值为 −85.06 kV，稳态正峰值为 84.13 kV，部分接地方式下不接地变压器中性点绝缘的工频耐压是 200 kV，因此，不接电阻时，不接地变压器承受的工频过电压在耐压限度之内。接地变压器暂态负峰值为 −2.67 kV，稳态负峰值为 −1.387 kV，稳态正峰值为 1.429 kV（见图 5-14(c)），远没达到接地变压器中性点绝缘的工频耐压 85 kV。

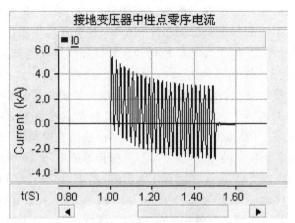

(a)接地变压器中性点电流

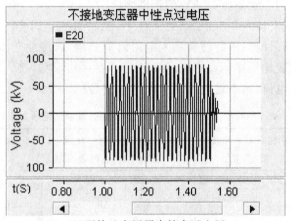

(b)不接地变压器中性点过电压

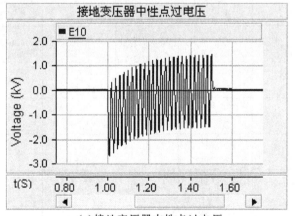

(c)接地变压器中性点过电压

图 5-14 不接电阻时变压器中性点的电流和工频过电压

接 10 Ω 电阻时变压器中性点的电流和工频过电压如图 5-15 所示。变压器中性点接 10 Ω 电阻时的零序电流如图 5-15(a)，尽管此时电阻已经将直流偏磁电流限制在可以接受的水平，但会在单相接地短路时使零序电流产生一定的偏移，由计算可知：零序电流的暂态峰值为 5.62 kA，稳态负峰值为 -2.986 kA，稳态正峰值为 3.048 kA。接地变压器接入电阻后，单相接地短路时，不接地变压器中性点也会出现过电压增加并不大(见图 5-15(b))，其暂态负峰值为 -93.3 kV，比不接电阻时增加不到 5 kV；稳态负峰值为 -88.68 kV，稳态正峰值为 86.38 kV，而其暂态值和稳态值相差也不大，仅为不到 7 kV，部分接地方式下，不接地变压器中性点绝缘的工频耐压是 200 kV，所以接 10 Ω 电阻时，不接地变压器仍有足够承受工频过电压的裕度。接地变压器暂态负峰值为 -40.4 kV，稳态负峰值为 -29.679 kV，稳态正峰值为 29.816 kV(见图 5-15(c))，因此，接地变压器接 10 Ω 电阻后，仍在中性点绝缘的工频耐压 85 kV 的范围之内。

另外，再分别对接入 2 Ω、4 Ω、6 Ω、8 Ω、15 Ω、30 Ω 电阻时变压器中性点的电流和工频过电压进行计算，研究随着接入电阻阻值的增大，接地变压器的零序电流、中性点过电压的变化规律。直流偏磁状态下(i_{DC} = 10 A 时)，接入不同电阻时变压器中性点的零序电流、暂态过电压和工频过电压见表 5-2。

表 5-2 接入不同电阻时变压器中性点的电流、暂态过电压和工频过电压

接入阻值/Ω	中性点零序电流，峰值/kA		接地变压器中性点工频过电压，峰值/kV		不接地变压器中性点工频过电压，峰值/kV	
	暂态值	稳态值	暂态值	稳态值	暂态值	稳态值
0	5.62	-2.986, 3.048	-2.67	-1.387, 1.429	-89.6	-85.06, 84.13
2	5.07	-2.946, 2.951	-12.61	-7.220, 7.339	-86.7	-85.12, 84.22
4	4.75	-2.902, 2.913	-21.13	-12.889, 13.134	-88.4	-85.33, 84.58
6	4.46	-2.857, 2.865	-28.97	-18.531, 18.603	-90.1	-85.96, 85.82
8	4.23	-2.826, 2.833	-35.79	-24.354, 24.382	-91.2	-87.03, 86.13
10	4.03	-2.816, 2.822	-40.4	-29.679, 29.816	-93.3	-88.68, 86.38
15	3.58	-2.747, 2.753	-55.4	-42.471, 42.517	-96.6	-93.37, 88
30	2.63	-2.349, 2.360	-80.3	-71.792, 72.554	-104.9	-101.59, 94.84

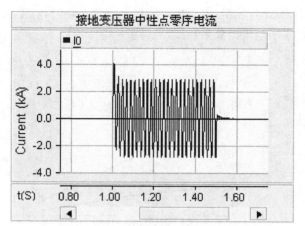

(a)接地变压器中性点电流

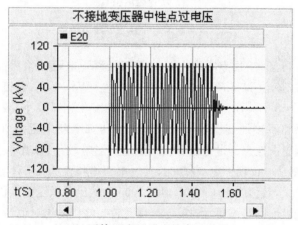

(b)不接地变压器中性点过电压

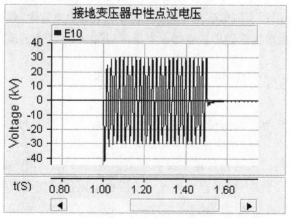

(c)接地变压器中性点过电压

图 5-15　接 10 Ω 电阻时变压器中性点的电流和工频过电压

根据表 5-2 的计算数据,取中性点零序电流暂态峰值,和稳态正峰值,绘制电阻阻值与中性点零序电流的关系曲线(见图 5-16)。

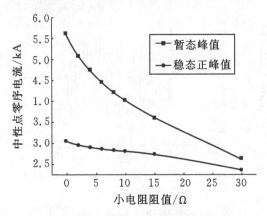

图 5-16　电阻阻值与中性点零序电流的关系

由图 5-16 可知:中性点零序电流的暂态电流随电阻的增大而受到的影响更大,不接电阻时,该值为 5.62 kA,接入 30Ω 电阻后,零序电流暂态值减小到 2.63 kA,减小了 53.2%;而稳态正峰值随电阻的变化相对较小,减小了 22.6%。

接地变压器和不接地变压器中性点的过电压都会随电阻阻值的增大而升高。其中不接地变压器中性点的过电压受接入阻值的影响较小,以其稳态峰值的变化趋势为例,接入电阻从 0 Ω 增加到 30 Ω 时,其过电压增幅仅为 11%,接入 30 Ω 时暂态峰值的绝对值最大,其值为 104.9 kV,但离 200 kV 的绝缘承受限度仍有足够范围;接地变压器受接入阻值的影响更大,接入 30 Ω 时暂态峰值的绝对值为 80.3 kV,其过电压比 0Ω 时增加很多,且离 85 kV 的绝缘承受限度仅 4.7 kV,已经到了绝缘破坏的危险区域。因此,从限制直流偏磁电流的角度,接入电阻阻值越大,效果越好,但是必须兼顾接入电阻后接地变压器中性点的过电压,将其控制在合适的范围内。

5.3　交直流系统接地电阻对直流偏磁电流的影响

直流输电系统与交流输电系统的接地电阻,以及它们之间的互阻都会影响直流偏磁电流的大小,这三个阻值的变化到底对直流偏磁电流有怎样的影响规律呢?如何设计这三个阻值来达到最佳了抑制直流偏磁效果呢?本节通过分析接地电阻对直流偏磁电流的影响,得出直流偏磁电流随各电阻值的变化规律。

5.3.1　直流偏磁电流的等效电路

图 5-17 中 1、2 为交流接地系统,3、4 为直流接地系统。本书旨在研究稳态

下的直流偏磁电流与电阻的关系，故对图 5-18 分析过程做合理的简化。由于直流稳态电路中电感相当于短路，电容相当于开路，整个电路由纯电阻组成，此时变电站的进线电路和换流站 2 的交流部分电路对本电路不发生作用，本文分析中忽略这两部分。因此，可以得到图 5-18 所示的等效电路图，交流输电线路和设备对应端口 1 的外电路，直流输电线路与设备对应端口 2 的外电路。将交流电源置零后，端口 1 的外电路为一纯电阻，端口 2 可以等效为一恒流源，其大小由直流系统所决定，可以忽略接地电阻的影响。内部电路通过以下方式确定，以无穷远处大地为零电位，1、4 接地系统以及它们与 2、3 接地系统的位置相隔较远，通常是几百公里到上千公里，因此忽略它们之间的互电阻，接地系统 2 与 3 相隔距离较近，所以认为它们除了各自与零电位相联之外，还通过电阻互联。

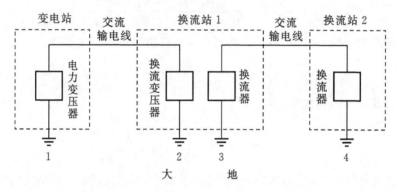

图 5-17　交直流输电系统结构图

图 5-18 中，I_D 为直流输电系统的接地电流，I_d 为交流系统中变压器的直流偏磁电流，R_{L1} 为交流输电线路以及设备的电阻，R_{E1}、R_{E2} 为交流系统的接地电阻，R_{E3} 是直流系统的接地电阻，R_{23} 是交流接地系统 2 与直流接地系统 3 之间的互阻。

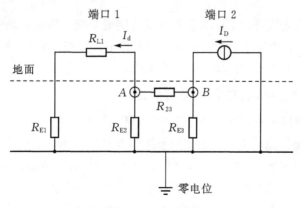

图 5-18　直流偏磁等效电路图

5.3.2　直流偏磁电流的计算

根据图 5-18 列出 A、B 两点的节点电压方程组：

$$\begin{cases} (\dfrac{1}{R_{L1}+R_{E1}}+\dfrac{1}{R_{E2}}+\dfrac{1}{R_{23}})U_A - \dfrac{1}{R_{23}}U_B = 0 \\ -\dfrac{1}{R_{23}}U_A + (\dfrac{1}{R_{E3}}+\dfrac{1}{R_{23}})U_B = I_D \end{cases} \qquad (5-5)$$

通过式(5-5)，可以求得 U_A 与 U_B 的表达式：

$$\begin{cases} U_A = \dfrac{I_D R_{E3}}{1+(R_{E3}+R_{23})(1/(R_{L1}+R_{E1})+1/R_{E2})} \\ U_B = \dfrac{I_D R_{E3}(R_{23}+R_{E3})}{R_{E3}+R_{23}+(R_{E3}+R_{23})^2(1/(R_{L1}+R_{E1})+1/R_{E2})} \end{cases} \qquad (5-6)$$

根据欧姆定律，通过端口 1 的直流偏磁电流值可以用下式求得：

$$I_d = \dfrac{U_A}{R_{L1}+R_{E1}} \qquad (5-7)$$

结合式(5-6)和式(5-7)，可得：

$$I_d = \dfrac{I_D}{\dfrac{R_{L1}+R_{E1}}{R_{E3}}+(1+\dfrac{R_{23}}{R_{E3}})(1+\dfrac{R_{L1}+R_{E1}}{R_{E2}})} \qquad (5-8)$$

由式(5-8)可知：I_D 增大时，上式的分子增大，所以 I_d 随 I_D 的增大而增大；当 $R_{L1}+R_{E1}$ 或 R_{23} 增大时，式中的分母也随之增大，因此 I_d 随着 $R_{L1}+R_{E1}$ 或 R_{23} 的增大而减少；当 R_{E2} 或 R_{E3} 增大时，式中的分母将减少，因此 I_d 随着 R_{E2} 或 R_{E3} 的增大而增大。

5.3.3　各电阻对直流偏磁电流的影响

上文的理论分析得出了直流偏磁电流随接地系统电阻变化的基本规律，为了更加直观地了解各电阻值发生变化时直流偏磁电流的变化趋势，本节将结合实例，仿真分析各电阻对直流偏磁电流的影响规律。

5.3.3.1　R_{E2} 与 R_{E3} 对 I_d 的影响分析

仿真分析得出 I_d 随 R_{E2} 与 R_{E3} 的变化规律，见图 5-19。

R_{E2} 与 R_{E3} 是换流站 1 内交流接地系统和直流接地系统的接地电阻，为了研究它们对直流偏磁电流 I_d 的影响，假设 $R_{E1}=0.5\ \Omega$、$R_{23}=6\ \Omega$、$R_{L1}=2.5\ \Omega$、$I_D=1500\ A$。得到直流偏磁电流 I_d 分别随 R_{E2} 与 R_{E3} 变化的情况如图 5-20 所示。当 R_{E2} 不变时，I_d 随着 R_{E3} 的增大而增大；当 R_{E3} 不变时，I_d 随着 R_{E2} 的增大而增大。

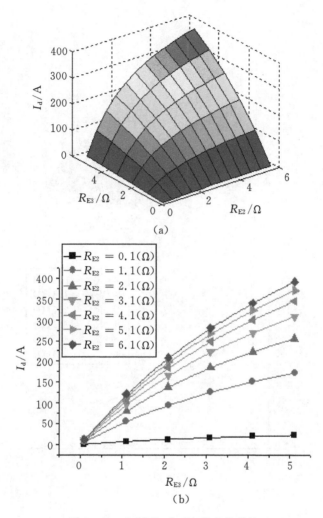

(a)

(b)

图 5-19 I_d 随 R_{E2} 与 R_{E3} 的变化规律

  表 5-3 为 I_d 随着 R_{E2} 与 R_{E3} 变化的一些数据,当 R_{E2} 为 0.1 Ω 时,将 R_{E3} 从 0.1 Ω 增大到 5.1 Ω,I_d 将从 0.8 A 增大到 22 A。同样,当 R_{E3} 为 0.1 Ω,R_{E2} 从 0.1 Ω 增大到 5.1 Ω 时,I_d 从 0.8 A 增大到 12.4 A,所以 R_{E3} 对直流偏磁电流的影响要比 R_{E2} 更大。当 R_{E2} 从 0.1 Ω 增大到 1.1 Ω 时,将 R_{E3} 从 0.1 Ω 增大到 5.1 Ω,I_d 从 5.8 A 增大到 172.4 A。如果 R_{E3} 从 0.1 Ω 增大到 1.1 Ω,将 R_{E2} 从 0.1 Ω 增大到 5.1 Ω,此时 I_d 从 7.4 A 增大到 121.4 A。如果 R_{E2} 与 R_{E3} 的接地电阻都增大到 5.1 Ω,I_d 将增大到 371 A。因此,R_{E2} 与 R_{E3} 对直流偏磁电流影响非常大,要抑制直流偏磁电流,必须将 R_{E2} 与 R_{E3} 限制在较小的水平,一般情况下二者不要大于 0.1 Ω。

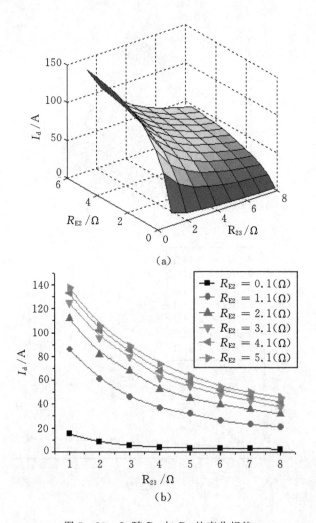

（a）

（b）

图 5-20 I_d 随 R_{E2} 与 R_{23} 的变化规律

表 5-3 I_d 随 R_{E2} 与 R_{E3} 的变化规律

R_{E2} / R_{E3}	0.1 Ω	1.1 Ω	2.1 Ω	3.1 Ω	4.1 Ω	5.1 Ω	6.1 Ω
0.1 Ω	0.8 A	5.8 A	8.4 A	10 A	11.1 A	11.8 A	12.4 A
1.1 Ω	7.4 A	56 A	81.5 A	97.2 A	107.9 A	115.6 A	121.4 A
2.1 Ω	12.4 A	94.9 A	138.9 A	166.3 A	185 A	198.6 A	208.9 A
3.1 Ω	16.3 A	125.9 A	185.3 A	222.4 A	247.9 A	266.4 A	280.5 A
4.1 Ω	19.5 A	151.3 A	223.4 A	268.9 A	300.1 A	323 A	340.4 A
5.1 Ω	22 A	172.4 A	255.4 A	307.9 A	344.3 A	371 A	391.1 A

5.3.3.2 R_{E2}、R_{E3} 与 R_{23} 对 I_d 影响分析

上文分析了 R_{E2} 与 R_{E3} 对 I_d 的影响。现在首先研究 R_{E2} 与 R_{23} 变化对 I_d 的影响。假设 $R_{E1}=0.5\ \Omega$、$R_{L1}=2.5\ \Omega$、$I_D=1500\ A$、$R_{E3}=0.5\ \Omega$ 时，得出 R_{E2} 与 R_{23} 对直流偏磁电流 I_d 的影响规律如图 5-21 所示。I_d 依然随着 R_{E2} 的增大而增大，但是 I_d 随着 R_{23} 的增大而减少，当 R_{23} 的电阻大于 $4\ \Omega$ 时，I_d 随 R_{23} 变化的速度较为缓慢，当 R_{23} 小于 $4\ \Omega$ 时，I_d 随 R_{23} 的减少而迅速增大。

同样，假设 $R_{E1}=0.5\ \Omega$、$R_{L1}=2.5\ \Omega$、$I_D=1500\ A$、$R_{E2}=0.5\ \Omega$ 时，得出 R_{E3} 与 R_{23} 对 I_d 的影响规律如图 5-21 所示。

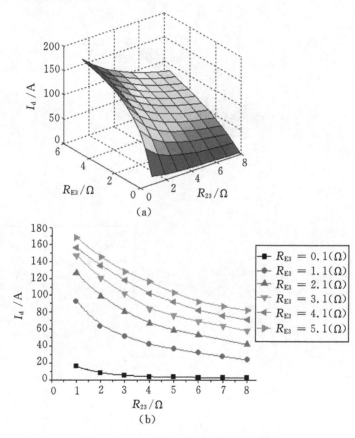

图 5-21　I_d 随 R_{E3} 与 R_{23} 的变化规律

比较图 5-20 与图 5-21 可以发现，直流偏磁电流 I_d 随着 R_{E3} 与 R_{23} 的变化规律和随着 R_{E2} 与 R_{23} 的变化规律非常相似，I_d 随着 R_{E3} 的增大而增大，随着 R_{23} 的增大而减少，因此，可以得出 I_d 随着 R_{23} 的增大而减少的结论。同样，当 R_{23} 大于 $4\ \Omega$ 之后，进一步增大 R_{23} 时 I_d 下降的速度减慢，所以通过增大 R_{23}（如增大交流接地极

与直流接地极之间的距离)可以达到抑制直流偏磁电流的目的,但当 R_{23} 增大到一定程度(如 4 Ω)之后,其抑制效果将下降。

5.3.3.3 R_{E2} 与 $R_{L1}+R_{E1}$ 对直流偏磁电流的影响

除了上述因素之外,交流输变电设备与线路的电阻 R_{L1} 以及远端变电站接地系统的接地电阻 R_{E1} 也将对直流偏磁电流 I_d 造成影响。由于 R_{E2} 与 $R_{L1}+R_{E1}$ 为并联分流关系,此处重点研究 R_{E2} 与 $R_{L1}+R_{E1}$ 对 I_d 的影响,假设 $R_{E3}=0.5$ Ω、$R_{23}=6$ Ω、$I_D=1500$ A。I_d 随 R_{E2} 与 $R_{L1}+R_{E1}$ 变化的情况如图 5-22 所示。

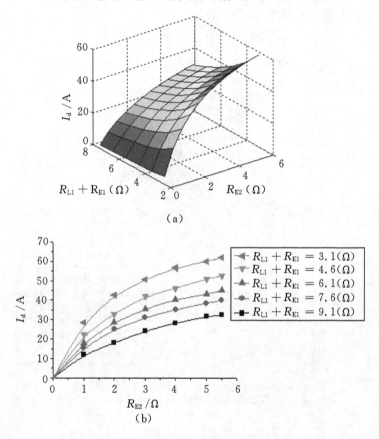

（a）

（b）

图 5-22　I_d 随 R_{E2} 与 $R_{L1}+R_{E1}$ 的变化规律

从图 5-22 中可以看出,直流偏磁电流 I_d 依然服从随 R_{E2} 的增大而增大的规律,但其随着 $R_{L1}+R_{E1}$ 的增大而减少。如图 5-22(b)所示,当 R_{E2} 为 1 Ω,$R_{L1}+R_{E1}$ 为3.1 Ω时,I_d 为 28.5 A;$R_{L1}+R_{E1}$ 增大到 9.1 Ω 之后,I_d 将下降到 12 A。要使 I_d 的值小于 10 A,$R_{L1}+R_{E1}$ 的值必须增大到 9.13 Ω。如果 R_{E2} 为 3 Ω,$R_{L1}+R_{E1}$ 为3.1 Ω时,I_d 为 42.5 A;将 $R_{L1}+R_{E1}$ 增大到 9.1 Ω 之后,I_d 将下降到 18 A,此时要使

I_d 的值小于 10 A，$R_{L1} + R_{E1}$ 的值必须增大到 21.63 Ω。R_{E2} 为 5.5 Ω，$R_{L1} + R_{E1}$ 为 3.1 Ω 时，I_d 为 61.8 A；$R_{L1} + R_{E1}$ 增大到 9.1 Ω 时，直流偏磁电流下降到 32.5 A，此时要使 I_d 的值小于 10 A，$R_{L1} + R_{E1}$ 必须增大到 31.4 Ω。因此将减少 R_{E2} 和增大 $R_{L1} + R_{E1}$ 的措施相结合可以有效地达到抑制直流偏磁电流的目的。

直流输电系统与交流输电系统的接地电阻是影响直流偏磁电流的重要因素，减少它们将有助于抑制直流偏磁电流。直流接地系统与交流接地系统之间的互阻对直流偏磁电流也有较大的影响，增大互阻可以抑制直流偏磁电流。增大交流线路的阻抗同样可以抑制直流偏磁电流，交流输电系统可以采取在变压器的中性点串入电阻的方式来抑制直流偏磁电流，当这种措施与减少交流接地系统电阻的措施共同使用时可以有效地抑制直流偏磁电流。

5.4 变压器中性点接阻抗装置的多用途直流偏磁防护方法

直流输电工程能够缓解我国负荷中心和能源中心分布不均衡的问题，但直流输电单极大地回路运行时，直流接地极电流会导致近区交流变压器出现振动加剧、噪声增大、局部过热等直流偏磁现象，引发变压器内部加紧件松动、绕组断线、绝缘材料受到破坏、铁片松动弯曲等问题，持续时间过长还将导致变压器损坏。变压器直流偏磁还会引起交流电网电压总畸变率增大，谐波大幅升高，对其他电气设备产生较大影响，并可能引起继电保护误动，这些影响最终将会危及到电网的安全运行。

目前，110 kV 和 220 kV 变电站采用部分接地方式，当运行中操作中性点不接地的变压器，如果断路器发生非全相故障，继电保护误动作，使中性点接地的那组变压器先跳闸，将形成了局部不接地的系统，从而造成设备损坏；当中性点接地侧发生接地短路而切开变压器，则不接地变压器"失地"，在双端供电的情况下，由于相位的不同最大可造成不接地变压器中性点电压达到两倍的系统相电压。中性点不接地变压器中性点绝缘采用"间隙+避雷器"的保护方式，由于间隙动作的分散性，仍有损坏避雷器或变压器中性点绝缘的事故发生。

根据历年来变压器事故的统计资料，35 kV 及以上等级的电力变压器因短路故障而损坏占事故总数的 50%。该事故造成了绝大部分变压器绕组不同程度的变形和绝缘破坏。随着绕组轻微变形和绝缘老化不断加剧，一旦发生严重的外部短路，会引起绕组匝间短路，严重损坏变压器，甚至可能造成变压器损坏和停运，导致大面积停电。随着电网容量日益扩大，系统短路容量也随之增大，因短路故障造成变压器损坏的数量逐年上升。每一台变压器在厂家的设计过程中，一旦结构参数确定,其理论抗短路能力已确定,即投运变压器自身的抗短路能力在出厂设计时已经确定,但是随着系统短路容量的逐渐增大,变压器抗短路能力的问题日益突出,通过外部措施提高变压器抗短路冲击的能力具有重要的意义。

因此,本书提出一种变压器中性点接阻抗装置的多用途直流偏磁防护方法。该方法为将变电站主变中性点都经过阻抗装置接地,取消变压器中性点绝缘的"间隙+避雷器"保护方式,可以有效抑制直流偏磁电流,提高变压器抗短路能力,避免失地过电压对变压器中性点绝缘的破坏。

5.4.1 阻抗装置的结构

由下图 5-23 可知,阻抗装置(Z_1、Z_2)能够抑制交直流电流,即阻抗装置的电阻部分用于抑制直流偏磁电流,电抗部分用于削弱短路电流,能减小电阻部分对热容量的要求。安装时改变变电站传统的部分接地方式(如有两台主变,一台主变中性点直接接地,另一台主变中性点不接地),将变电站的所有主变都经阻抗装置接地。阻抗装置并联旁路开关(K_1、K_2),便于检修。阻抗装置并联避雷器(A_1、A_2)用于变压器中性点绝缘过电压保护。

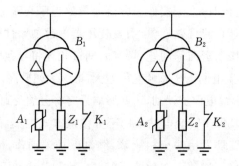

图 5-23   变压器阻抗装置安装示意图

阻抗装置电阻值和电抗值的选取应满足直流偏磁电流抑制、变压器中性点过电压和提高变压器抗短路能力的要求。

5.4.2 装置的工作原理

5.4.2.1 抑制直流偏磁电流的工作原理

中性点串接阻抗装置抑制变压器直流偏磁的原理详见本书 5.1 节。阻抗装置的电阻分量用于抑制变压器中性点流入(出)的直流量,电抗分量对直流量而言相当于短路。用集总参数表示输电线路、变压器以及两变电站土壤间的直流电阻。当两变电站中性点存在电势差时,直流量会经并联的地面支路和地下支路流向远方,变压器中性点串接阻抗装置后,增大了地上支路的电阻,流经地下支路的电流就会更多,这样就减少了进入变压器的直流量,达到了抑制直流偏磁的目的。

5.4.2.2　变压器部分接地方式的缺点及经阻抗装置接地的工作原理

110/220 kV 系统变压器中性点普遍使用氧化锌避雷器加放电间隙作为过电压保护。这种保护方式对保护变压器安全运行发挥了重要作用,但有时仍有间隙不正确动作的情况。随着电网电压等级的提高,110 kV 电网基本呈辐射状结构,部分 220 kV 电网也有向辐射状结构变化的趋势。运行中时有发生的问题是辐射状结构电网采用部分变压器中性点接地方式时,系统发生接地故障期间,不接地变压器放电间隙误击穿导致中性点间隙零序电流保护误动作,跳开无故障变压器,导致停电范围扩大。出现这种现象的原因与中性点间隙保护冲击放电电压易受气候因素影响发生变化以及间隙冲击放电电压与避雷器雷电保护水平难以实现足够裕度的配合关系有关。

110 kV 变压器中性点经小电抗接地可以大大降低系统接地故障期间变压器中性点过电压,有效限制流过变电站的接地故障电流,从而取消变压器中性点放电间隙,避免因间隙误击穿而误切变压器。这种接地方式可以为 110/220 kV 电网提供可靠接地,避免局部电网失地情况发生,有助于提高雷暴天气下直接接地变压器跳开后电网运行性能,是一种值得研究的电网接地方式。

在 110 kV 接地系统,电站避雷器是保护电站设备免受雷电冲击电压伤害的主要手段。110 kV 电站用避雷器参数见表 5-4。根据 GB11032—2000 的规定,交流无间隙金属氧化物避雷器的"额定电压 U_r"定义为:"施加到避雷器端子间的最大允许工频电压有效值,按照此电压设计的避雷器,能在所规定的动作负载试验中确定的暂时过电压下正确地工作。"根据定义,金属氧化物避雷器额定电压是保证避雷器经受放电过程后仍能保持热稳定性的上限电压,变压器中性点放电间隙的放电电压需与电站避雷器额定电压参数实现配合。当不能实现可靠配合时,电站避雷器可能承受超出允许能力的热过程,并可能因此造成损坏。

在变压器中性点经避雷器+放电间隙接地方式中,避雷器应承但变压器中性点的雷电过电压保护,而放电间隙则需保证失地系统存在接地故障时保证电站避雷器运行安全。据此,变压器中性点放电间隙动作条件可以描述为:

(1)接地变压器跳开前,在系统最高运行电压下发生接地故障时,间隙不误击穿;

(2)接地变压器跳开导致系统失地后,在系统允许的最低运行电压下发生接地故障时,间隙可靠击穿。

(3)当"(1)"的要求得不到满足时,会出现接地故障期间经间隙接地变压器的放电间隙误击穿,可能导致非故障变压器误切除;当"(2)"的要求得不到满足时,可能导致失地系统遭受雷电侵袭时电站避雷器失去热稳定并因此导致避雷器故障。

表5-4　10 kA 等级电站避雷器参数

额定电压	持续运行电压	陡波冲击电流残压	雷电冲击电流残压	操作冲击电流残压	直流 1 mA 参考电压
96	75	280	250	213	140
102	79.6	297	266	226	148
108	84	315	281	239	157

为探讨变压器中性点间隙保护满足上述要求的能力,利用图5-24所示系统仿真不同运行条件下变压器中性点呈现的暂态电压。

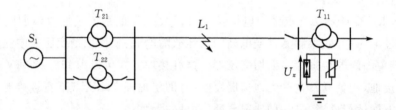

图5-24　不接地变压器中性点过电压仿真接线图

图5-24系统仅 T_{22} 变压器直接接地,T_{11} 经放电间隙接地,线路 L_1 长 50 km。改变系统运行电压、故障位置以及系统侧零序阻抗与正序阻抗之比,考察单相接地故障期间 T_{11} 中性点电压 U_z 变化,仿真结果见表5-5。

表5-5　不同运行电压下发生单相接地故障时,不接地变压器中性点电压

接地状态	X_{s0}/X_{s1}	运行电压	故障点	故障相角	U_{z_w}/kV	U_{z_p}/kV	图号
T_{22}跳开,失地	1	0.9 Un	距 T_{11} 25 km	0°	57.36	81.11	2.2
T_{22}运行	1	1.1 Un	距 T_{11} 15 km	90°	41.20	99.10	2.3
T_{22}运行	3	1.1 Un	距 T_{11} 15 km	90°	42.35	118.97	2.4

表中:U_{z_w}:T_{11} 中性点电压 U_z 稳态有效值;U_{z_p}:T_{11} 中性点电压 U_z 暂态瞬时值的最大值。

当运行中因某原因使 T_{22} 跳开后,系统成为局部失地运行状态。当系统电压为 0.9 Un,线路 L_1 中点发生 A 相接地故障期间,T_{11} 中性点电压 U_z 及线路相电压变化见图5-25。

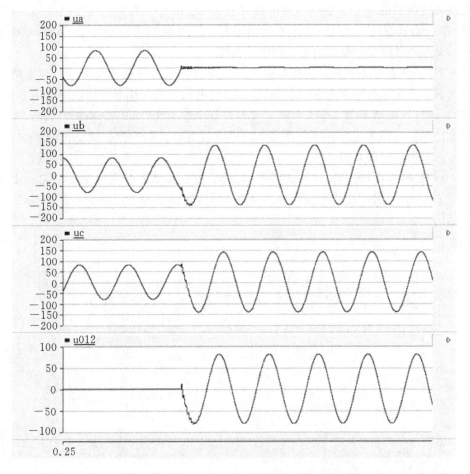

图 5-25　T_{22}跳开，110 kV 系统失地期间发生 A 相接地故障，U_z 电压

　　在这种状态下，由于健全相避雷器承受超出额定电压的常时间高电压作用，如果线路遭受雷击，避雷器可能失去热稳定。系统侧零序阻抗与正序阻抗之比 $X_{s0}/X_{s1}=1$，系统接地变压器正常运行，系统电压为 1.1 Un。线路 L_1 上距 T_{11} 15 km 处发生 A 相接地故障期间，T_{11} 中性点电压 U_z 及线路相电压变化见图 5-26。在故障暂态电压作用下，如果 T_{11} 中性点间隙击穿，可能导致不接地变压器误跳闸。系统侧零序阻抗与正序阻抗之比 $X_{s0}/X_{s1}=3$，系统接地变压器正常运行，系统电压为 1.1 Un。线路 L_1 上距 T_{11} 15 km 处发生 A 相接地故障期间，T_{11} 中性点电压 U_z 及线路相电压变化见图 5-27。在这种条件下 $U_{z.p}$ 瞬时最大值达到 119 kV，若 T_{11} 中性点间隙击穿，可能导致不接地变压器误跳闸。

　　比较表 5-5 仿真结果可见，为实现"接地变压器跳开导致系统失地后，在系统允许的最低运行电压下发生接地故障时，间隙可靠击穿"，T_{11} 中性点间隙工频击穿电压有效值需低于 57.36 kV，对应瞬时值为 81.11 kV；为实现"接地变压器跳开前，在系统最高运行电压下发生接地故障时，间隙不误击穿"，需保证间隙在 99.1 kV（或 119 kV）瞬态电压作用下不击穿。

显然，两者存在矛盾。变压器中性点放电间隙的击穿电压无法同时满足两个矛盾需求。在运行中为避免出现误跳，非故障变压器常采用加大间隙距离的方法。显然，这样做的结果是以损失电站避雷器的安全性为代价的。值得指出的是，在分析上述问题时尚未考虑环境条件及电极形状改变对放电间隙击穿电压的影响，也未考虑必要的可靠系数。

运行中，变压器中性点经"避雷器＋间隙"保护接地时存在的主要问题是由于间隙击穿的分散性，致使在异常气候条件下发生接地故障时间隙误击穿，并导致停电范围扩大。

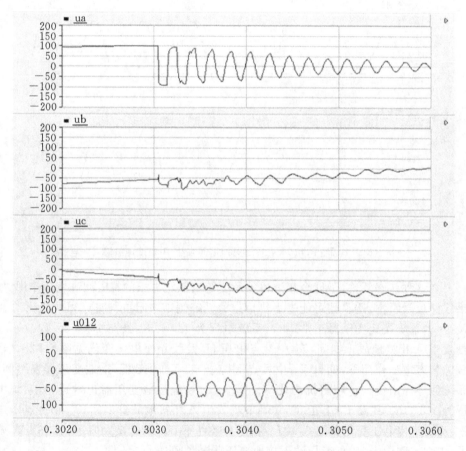

图 5-26　T_{22}运行，$1.1\,U_n$，$X_{s0}/X_{s1}=1$，110 kV 系统发生 A 相接地时 U_z 电压

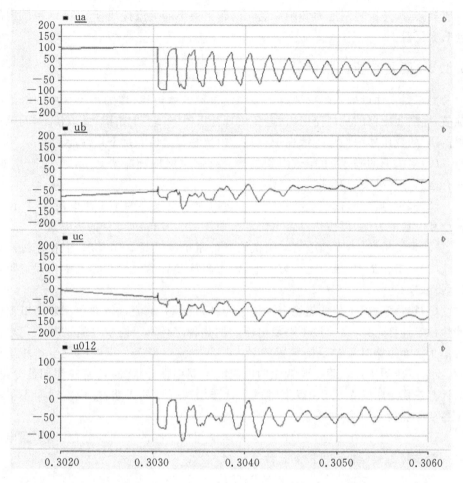

图 5-27 T_{22} 运行,$1.1\,\mathrm{Un}$,$X_{s0}/X_{s1}=3$,$110\,\mathrm{kV}$ 系统发生 A 相接地时 U_z 电压

5.4.2.3   变压器中性点接阻抗装置提高抗短路能力

随着系统短路容量的逐渐增大,老旧变压器的逐渐增多,系统中连续发生多台 $220\,\mathrm{kV}$ 变压器在外部短路的冲击下遭受损坏的事故。每一台变压器在厂家的设计过程中,一旦结构参数确定,其理论抗短路能力即确定,即投运变压器自身的抗短路能力在出厂设计时已经确定,但是针对系统短路容量的逐渐增大,变压器在短路故障中损坏时有发生的情况,通过外部措施提高变压器抗短路冲击的能力具有重要的意义。

通过在变压器中性点串接阻抗装置,在系统发生接地短路故障时,阻抗装置提供的感性电流能够有效的削弱短路故障电流,起到限流电抗器的作用。变压器中性点串接阻抗装置提高变压器抗短路能力实用于运行中的自身抗短路能力不足的变压器,尤其是抗短路能力和绝缘老化问题更突出的直流接地极 100 km 范围内的老旧变压器。

5.4.3　阻抗装置的性能要求

变压器中性点接入阻抗装置能够抑制直流偏磁电流;增加系统零序网络的电抗值,提高变压器的抗短路能力;避免出现变压器"失地"的情况,并取消了"间隙+避雷器"的变压器中性点绝缘保护方式。阻抗装置应该满足下列性能要求:

(1)阻抗值的确定:电阻值由安装地点抑制直流偏磁需要确定,通常 2～5 Ω,如有电阻分接抽头,则每隔 0.5 Ω 一档;

(2)额定电流:阻抗装置在系统正常运行时只有很小的不平衡电流通过,但为设计和制造的方便,可按热稳定电流为长期额定工作电流 25 倍的关系选定。

(3)阻抗特性:不平衡电流对阻抗装置的阻抗特性无具体要求,但在流过短路电流时,要求在最大、最小运行方式下,流过阻抗装置的电流在其范围内保持阻抗为线性;

(4)热稳定:阻抗装置热稳定计算有两种情况,一是流过最大单相短路电流时的热稳定计算;另一是流过不平衡电流时的热稳定计算。阻抗装置的热稳定电流按单相接地短路时流过阻抗装置的最大短路电流值确定。当电网发生单相接地时,流经变压器中性点阻抗装置中的电流除了周期性分量外,还有非周期性分量,当计算热稳定时间在 0.5 s 以上时可不计非周期分量的影响,热稳定时间不得小于主变的热稳定时间,即 2 s。

(5)动稳定:阻抗装置的动稳定应考虑单相接地时的非周期分量,以短路电流第一个波峰值来校验。可按下式计算:

$$i_m = 2.55(3I_0) = 7.65I_0 \qquad (5-9)$$

式中:i_m——阻抗装置动稳定电流峰值,kV;

I_0——变压器最大零序电流有效值,kA。

(6)绝缘水平:阻抗装置的高压端绝缘水平应与变压器中性点的绝缘水平一致。

(7)长期工作电流:由于长期流过中性点阻抗装置的工作电流为三相不平衡电流,只有数安培,在确定阻抗装置额定工作电流可参照变压器热稳定电流为长期额定工作电流的 25 倍,则阻抗装置长期工作电流为:

$$I_c \leqslant \frac{3I_0}{25} = 0.12I_0 \qquad (5-10)$$

(8)噪声水平:在额定电流下噪声水平不大于 80 dB。阻抗装置的振动幅值,在额定电流下最大振动幅值不大于 60 μm;

(9)温升限值:长期通过电流下的温升限值,绕组平均温升为 75 K,最热点温升为 100 K。

(10)绝缘耐热等级:F 级或 H 级。

5.5　本章小结

本章分析了变压器直流偏磁的作用机理;介绍了中性点串接电阻法抑制直流偏磁的原理;研究了接入电阻后对系统过电压的影响,以及交直流系统接地电阻对直流偏磁电流的影响。具体归纳如下:

(1)变压器中性点接入的电阻阻值越大,限制流入中性点直流量的效果越好,但是接入电阻阻值需要考虑多方面的因素,如:接入电阻后对中性点过电压的影响、变压器是否有效接地等。研究表明:当电阻阻值小于 $10\ \Omega$ 时,限流效果很好;当电阻阻值大于 $10\ \Omega$ 后,限流效果不明显。

(2)部分接地方式下的变压器,接入 $10\ \Omega$ 的电阻后,最大雷电过电压与直流偏磁过电压之和约为 500 V(峰值),直接接地变压器中性点绝缘能承受雷电过电压,且有足够的裕度。

(3)中性点零序电流的暂态电流随电阻的增大而受到的影响更大,而稳态正峰值随电阻的变化相对较小。接地变压器和不接地变压器中性点的过电压都会随电阻阻值的增大而升高。其中不接地变压器中性点的过电压受接入阻值的影响较小,接地变压器受接入阻值的影响更大,接入 $30\ \Omega$ 时暂态峰值的绝对值最大,其值为 $80.3\ kV$,离 $85\ kV$ 的绝缘承受限度仅 $4.7\ kV$,已经到了绝缘破坏的危险区域。

(4)直流输电系统与交流输电系统的接地电阻对直流偏磁电流影响较大,抑制直流偏磁电流的应尽量减少这两个接地电阻。直流接地系统与交流接地系统之间的互阻对直流偏磁电流也有较大的影响,增大互阻可以抑制直流偏磁电流。

(5)提出了一种变压器中性点接阻抗装置的多用途直流偏磁防护方法。将变电站主变中性点都经过阻抗装置接地,取消变压器中性点绝缘的"间隙+避雷器"保护方式,可以有效抑制直流偏磁电流,提高变压器抗短路能力,避免失地过电压对变压器中性点绝缘的破坏。

第 6 章　变压器接电阻治理直流偏磁的网络优化配置

变压器中性点接入电容装置可以完全隔离直流电流,接入小电阻可以有效限制流入该变压器的直流量,但均会不同程度地引起直流接地极电流在电网中的分布发生变化,导致附近其他变压器中性点直流电流增大。以电阻限流法为例,当变压器直流偏磁治理时,一方面希望流入变压器的直流量尽可能小,这需要接入较大阻值的电阻,但由于过电压保护、有效接地等方面的原因,又要求接入电阻的阻值尽可能小。因此,要以整个目标电网的变压器的直流量都不超过承受限度为目的,对接入的小电阻进行网络优化配置,同时使电阻阻值尽量小。本章兼顾最小化中性点直流量和最小化变压器接入电阻阻值,基于双目标粒子群算法,对目标电网的变压器接入小电阻进行网络优化配置。

6.1　直流接地极电流分布变化问题

6.1.1　浙江电网直流接地极电流分布变化简介

在变压器直流偏磁治理过程中发现,当电网拓扑结构和运行方式发生改变时,偏磁电流的分布将发生较大变化,部分原来不需要采取治理措施的变电站也可能出现偏磁电流超标的情况。

多次的测试结果表明,当浙江电网变压器安装隔直装置后的偏磁电流扩散效应明显,如图 6-1 所示,东北面向绍兴地区扩散,西北面向杭州地区扩散,东南面向温州地区扩散。比如,绍兴地区 220 kV 牌头变电站在第一阶段、第二阶段偏磁测试时,电流较小约为 0.1 A(500 A 入地电流下),但第二阶段治理后,5000 A 入地电流工况下,偏磁电流达到 20 A。

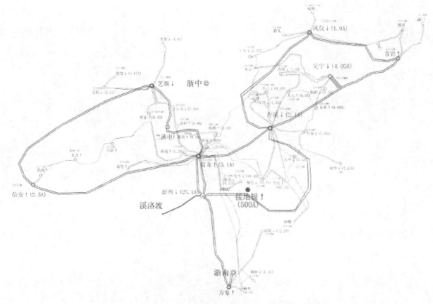

(a)第二阶段直流接地极电流分布测试结果

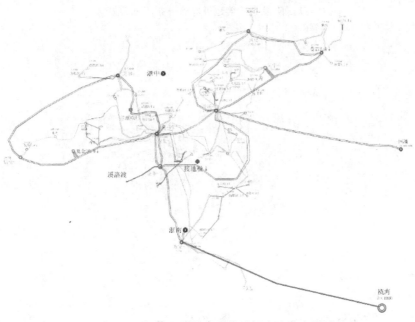

(b)第三阶段直流接地极电流分布测试结果

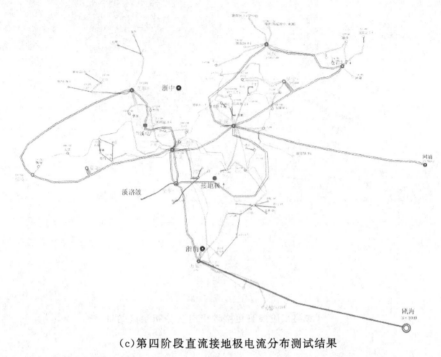

(c)第四阶段直流接地极电流分布测试结果

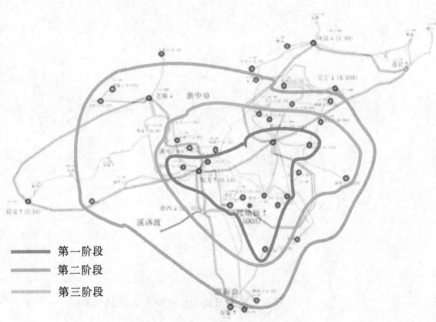

(d)前三阶段直流接地极电流分布测试结果比较

图 6-1　各阶段治理后直流接地极电流分布变化

6.1.2 新疆电网直流接地极电流分布变化简介

在新疆电网针对天中直流出现的直流偏磁现象进行了治理,2013 年 12 月 17 日在 750 kV 烟墩、哈密变电站主变中性点以及哈密电网 220 kV 东疆变、十三间房变安装了电容型隔直装置。采取了隔直措施后,发生直流偏磁的范围发生了偏移,使得在甘肃地区的 750 kV 沙洲变、敦煌变主变出现了直流偏磁现象。在 2014 年 1 月 7 日~8 日测得的试验数据表明,沙洲变主变中性点最大直流电流达到了 25 A,沙洲变♯1 主变、750 kV 敦煌变♯2、♯3 主变各相噪声平均值均超出 80 dB。

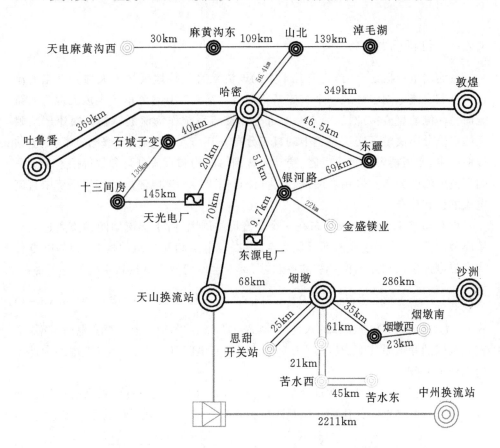

图 6-2 哈密地区 220 kV 及以上电压等级电网网架结构

6.1.3 四川电网直流接地极电流分布变化简介

2014 年 3 月 18 日,宾金直流单极运行前后,四川省电力公司对直流近区方山电厂、500 kV 泸州站、叙府站、宜宾换流变进行了变压器直流偏磁测量。

在入地电流 500～1000 A,接地极近区主变中,220 kV 方山电厂主变中性点直流电流最大 4.2 A。在入地电流为 5000 A 时,在方山电厂主变中性点断开,采用启备变中性点接地后,方山电厂主变中性点直流降为 3.2 A,比 3 月 18 日测试预测值(直流接地极电流 5000 A)20 A 小得多,而邻近的泸州站主变中性点直流由 0.8 A 变为到 10.2 A。说明直流偏磁电流的大小与电网的运行方式和中性点接地接地有效性相关。

6.2　变压器接入小电阻网络配置的数学模型

6.2.1　目标函数

直流输电单极运行时,会有几千安的电流从直流接地极注入大地。直流电流在大地和交流电网中形成一个直流通路网络。绝大部分直流电流会以大地为回路流向另一侧的直流接地极,只有一小部分以交流系统作为流通路径。交流厂站附近的电位分布决定了交流系统中的直流分布,同时,入地电流、土壤电阻率、变电站接地电阻、变压器等效直流电阻、交流系统网络结构和直流电阻参数等因素也会影响直流电流的分布。采用场路耦合的方法可以求得大地电流场和交流系统中直流电流的稳态分布。

设有 m 个直流接地极分布在 n 个交流厂站周围,由于交流站间的距离远大于接地网的尺寸,故将接地网都近似为点。根据自电阻和互电阻的概念,和静电方程式中自电位系数和互电位系数的概念,则 x 变电站的变压器接地点处的电压为:

$$U_s(x) = \sum_{i=1}^{m} R_p(x,i)I_p(i) + \sum_{j=1}^{n} R(j,x)I_0(j) \tag{6-1}$$

式中,$I_p(i)$ 为第 i 个直流极的入地电流(A);$R_p(x,i)$ 为第 x 个交流变电站与第 i 个直流极间的互电阻(Ω);$R(j,x)$ 为交流站间的互电阻(Ω);$I_0(j)$ 为 j 变电站中性点的入地电流(A)。

变压器正常运行时中性点处的电压为 0 V,此时,中性点直流量为变压器接地点处电压与所接电阻的比值。以最小中性点直流量为目标函数,其数学表达式为:

$$\min I_0(x) = \sum_{i=1}^{m} \frac{R_p(x,i)}{R(x)}I_p(i) + \sum_{j=1}^{n} \frac{R(j,x) \cdot U_s(j)}{R(x) \cdot R(j)} \tag{6-2}$$

式中,$R(x)$ 和 $R(j)$ 分别为 x 站和 j 站中性点接入的小电阻(Ω)。

式(5-2)中直流极和交流站之间的互阻抗 $R_p(x,i)$ 和交流站间的互阻抗 $R(j,x)$ 采用复镜像法求解。

110 kV 及其以上变压器通常采用分级绝缘,为保证中性点绝缘的安全,接地变压器要求有效接地,这就要求接入电阻的阻值尽可能的小。以电网最小化电阻阻值为目标函数的表达式如下：

$$\min R(x) = U_s(x)/I_0(x) \qquad (6-3)$$

6.2.2 约束方程

变压器接入小电阻网络配置的约束条件包括：

1. 变压器中性点能承受的直流量

我国《高压直流接地极技术导则》规定：通过变压器绕组中的直流电流应不大于额定电流的 0.7%。直流输电单极运行的时间较长，如果中性点直流量过大，长期处于直流偏磁下的变压器会出现绕组和铁芯发热，以及变压器结构件（如拉板）局部发热等不良情况。理论分析和试验研究表明，通过变压器中性点直流量不应该超过 10 A。因此，中性点直流量的约束为：

$$\begin{cases} \max(\,|\,I_0(i)\,|\,-I_{0\lim}(i)) \leqslant 0 \\ I_{0\lim}(i) = 10\ A \\ i = 1,2,\ldots,n \end{cases} \qquad (6-4)$$

2. 变压器中性点接电阻的阻值

接入电阻的阻值根据限流和中性点过电压两个方面选取，由第 4 章的研究可知，当电阻阻值小于 10 Ω 时，限流效果很好；当电阻阻值大于 10 Ω 后，限流效果不明显。接入 10 Ω 电阻后中性点绝缘能承受雷电过电压和短路过电压。有效接地变压器中性点绝缘水平为 35 kV；同时变压器有耐受短路电流的热稳定性能和动稳定性能的要求。能承受的最大短路电流与中性点直流之和与中性点接入小电阻的乘积应小于绝缘的耐压水平，故小电阻的阻值不能过大，其值的约束设为：

$$0 < R(x) < 10\ \Omega \quad x = 1,2,\ldots,n \qquad (6-5)$$

3. 直流电流的电路约束方程

交流系统网路模型是由厂站的接地电阻、变压器中性点接入的小电阻、变压器的等值直流电阻和线路的电阻构成，将上述各电阻作为一条支路。则对 n 个交流站，p 条线路的系统，等值交流系统网络共有 $3n$ 个节点，$3n + p$ 条支路，应满足的节点电压方程为：

$$I = Y \cdot U \qquad (6-6)$$

式中，I 为流入中性点直流的列向量（$3n \times 1$）；Y 为节点导纳矩阵（$3n \times 3n$）；U 为变压器中性点处的电压列向量（$3n \times 1$）。

6.3 TOPSO 算法的原理

粒子群优化算法由 Kennedy 和 Eberhart 在 1995 年开发的一种演化计算技

术,该算法源于对鸟群觅食过程中的迁徙和群集行为的研究,它的寻优搜索的效率高,鲁棒性好,计算效率高,但以往该算法主要用来对单目标问题进行优化计算,不能直接应用于多目标优化问题。多目标优化问题在现实中较为普遍,国内外的学者做了大量的研究,提出了一些多目标进化算法,如:NSGA-II(非支配排序遗传算法II,Non-dominated Sorting Genetic Algorithm II)、PESA(Pareto 信封基于选择算法,Pareto Envelope based Selection Algorithm)、PAES(Pareto 存档进化策略,Pareto Archived Evolution Strategy)等。以下对这几种多目标进化算法做简要的介绍:

1. NSGA-II

Srinivas 和 Deb 在 1993 年提出了 NSGA,研究表明 NSGA 主要有三个缺点:一是构造 Pareto 最优解集的时间复杂度太高,为 $O(rN^3)$(此处 r 为目标数,N 为进化群体的规模),NSGA 的每一代进化都需要构造非支配集,如果进化群体规模较大,就会导致算法执行的时间很长;二是没有最优个体(elitist)保留机制,而最优个体保留机制可以提高 MOEA 的性能和防止优秀解的丢失,是进化算法的重要因素,三是在共享参数问题方面,主要采用共享参数 σ_{share} 来维持解群体的分布性,但存在共享参数大小不容易确定,参数的动态修改和调整困难的缺点。为了完善该算法,Deb 等于 2000 年提出了 NSGA-II,NSGA-II 有良好的收敛性、分布性和较快的收敛速度,但该算法也存在不足,如采用的模拟二进制交叉算子搜索性能力相对较弱,其精英选择策略影响种群的多样性。

2. PESA

在 2000 年 Corne 等人提出了 PESA,该算法采用 hyper-grid 或 hyper-box 来保持解群体分布性,这是它与 MOEA(multi-objective evolutionary algorithm)的不同之处。为了改进该算法,2001 年 Corne 等人提出了区域选择(region-based selection)的概念,与基于个体选择(individual-based selection)的 MOEA 不同之处在于,PESA 用选择网络代替个体选择,以此来提高精度。

3. PAES

PAES 由三个部分组成:候选解的产生(the candidate generator)、候选解的认可(the candidate acceptance function)和用于保存非支配个体的归档集(the non-dominated solutions archive)。与 PESA 类似,PAES 也是采用 hyper-grid 来保持解群体的分布性,在工作流程方面,PAES 有其特色。Arturo 在 2004 年对 PESA 进行了改进,提出了 IS-PESA,采用缩减搜索空间的策略,从而提高了算法的效率。

6.3.1 双目标优化问题

进化算法(evolutionary algorithm,EA)是一种模拟生物进化和自然选择的随机搜索算法,具有求解高度复杂的非线性问题的优点,并且有较好的通用性,所以进化算法得到了广泛的应用。尽管进化算法在求解单目标的复杂系统优化时具有优势,但是,实际问题中往往需要对两个甚至是两个以上的目标同时进行优化,这些优化目标之间在少数情况下是相辅相成、互相促进的;而对大多数情况,被同时优化的多个目标是相互冲突的,为了使总体目标最优化,往往需要对相互冲突的子目标进行综合考虑,此时应对各子目标进行折中处理。

面临的问题有两个目标函数需要达到总体最优化,因此重点对双目标优化问题展开分析。双目标优化问题可表示如下:

$$\begin{cases} \min y = f(x) = (f_1(x), f_2(x)) \\ s.t. \quad g_i(x) \leqslant 0 \end{cases} \quad (6-7)$$

其中,决策向量 $x \in R^m$,目标向量 $y \in R^n$,$g_i(x) \leqslant 0$ 是系统约束。

单目标优化问题可以得到确定的单个解或一组连续的解。但双目标优化问题各个目标函数间可能相互冲突,不存在唯一的使两个目标函数同时达到最优的全局最优解,而是兼顾各目标函数的均衡解,即 Pareto 最优解。

定义1:若 x' 是搜索空间中的一点,可以认为 x' 为非劣最优解,当且仅当在搜索空间中不存在 i 使得 $f_i(x) \leqslant f_i(x')$ 成立。

定义2:由所有非劣最优解组成的集合称为双目标优化问题的最优解集,即有效解集。

6.3.2 标准 PSO 算法

粒子群优化算法(PSO)是一种进化计算技术,由 R. C. Eberhart 和 J. Kennedy 于 1995 年提出。PSO 源于对鸟群捕食的行为研究,从随机解出发,通过迭代寻找最优解,根据对环境的适应度将群体中的个体移动到好的区域。PSO 初始化为一群随机粒子,然后通过迭代找到最优解。在每一次迭代中,粒子通过跟踪两个"极值"来更新自己。第一个极值就是粒子本身所找到的最优解,即个体极值 p_{best}。另一个极值是整个种群目前找到的最优解,即全局极值 g_{best}。

粒子群算法的数学描述如下:设粒子群体规模为 N,其中每个粒子在 D 维空间中的坐标为 $x_i = (x_{i1}, x_{i2}, \dots x_{id}, \dots, x_{iD})$,粒子 $i (i = 1, 2, \dots, N)$ 的速度定义为每次迭代中粒子移动的距离 $v_i = (v_{i1}, v_{i2}, \dots v_{id}, \dots, v_{iD})$。

每个粒子根据如下的公式来更新自己的速度和位置:

$$v_{id} = w \cdot v_{id} + c_1 \cdot \text{rand}() \cdot (p_{id} - x_{id}) + c_2 \cdot \text{rand}() \cdot (p_{gd} - x_{id}) \quad (6-8)$$

$$x_{id} = x_{id} + v_{id} \quad (6-9)$$

其中,w 为惯性权重,d 表示迭代次数,x_d 表示第 d 次迭代时粒子的空间位置,v_d 表示第 d 次迭代时粒子的速度,c_1、c_2 为学习因子。$\text{rand}()$ 为介于(0,1)间的随机数。

6.3.3 双目标 PSO 算法

6.3.3.1 双目标 PSO 算法分析

基本粒子群算法主要用来对单目标问题进行优化计算,不能直接应用于多目标优化问题。双目标粒子群算法通过两个目标函数共同决定粒子在决策变量空间的运动,使其最终能落入非劣最优解集中。图 6-3 为极小化 $f_1(x)$ 和 $f_2(x)$ 时两个目标函数空间中的情况。如果只有 $f_1(x)$ 或 $f_2(x)$ 时,目标向量 A 将沿着 v_1 或 v_2 的方向飞行,而在双目标粒子群算法中目标函数 $f_1(x)$ 和 $f_2(x)$ 通过决策空间的粒子共同指导 A 的变化,A 沿着 v_1、v_2 间 $f_1(x)$、$f_2(x)$ 不同时增大的方向运动,最终到达非劣化最优目标域。该算法中,首先找到每个粒子对应各个目标函数的全局极值 $g_{Best}[i]$($i=1,2$ 是目标函数个数)和个体极值 $p_{Best}[i,j]$($j=1,2,\cdots,N$ 是粒子数)。然后,更新每个粒子的速度,将每个 $g_{Best}[i]$ 的均值作为全局极值 g_{Best};通过判断 $p_{Best}[i,j]$ 相对于 $g_{Best}[i]$ 的离散程度决定取 $p_{Best}[i,j]$ 的均值,还是在 $p_{Best}[i,j]$ 中随机选取。

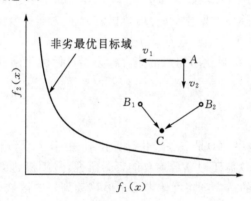

图 6-3 两个目标函数的空间

经过 n 次循环后的 $f_1(x)$、$f_2(x)$ 的决策空间中的情况如图 6-3,粒子群对目标函数 $f_1(x)$ 最好的解为 x_1(即 $g_{Best}[1]$),对 $f_2(x)$ 最好的解为 x_2(即 $g_{Best}[2]$),对应 x_1、x_2 在目标函数空间的目标向量为 B_1、B_2(见图 6-3),根据双目标粒子群算法得到的 g_{Best} 对应的解 x_0 一定在 x_1、x_2 之间,x_0 对应的目标向量 C 比 B_1 和 B_2 更接近非劣最优目标域。

6.3.3.2 参数调整

惯性权重 w 对 PSO 算法的优化性能有很大影响。经证明在算法开始阶段,大的惯性因子可以使算法不易陷入局部最优,在算法后期,小的惯性因子可以使收敛速度加快,使收敛更平稳,不至于出现振荡现象。本书对惯性权重 w 进行线性调整:

$$\omega = K_1 + (K_2 - K_1)t/T \tag{6-10}$$

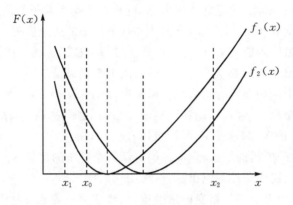

图 6-4　决策空间变量

式中,T 为总的循环次数;t 为当前计算所处的循环次数,K_1、K_2 为常数,最佳参数值为 $K_1=0.9$,$K_2=0.4$。

6.3.3.3　算法流程

两个目标函数优化的粒子群算法流程如下。算法流程如图 6-5 所示。

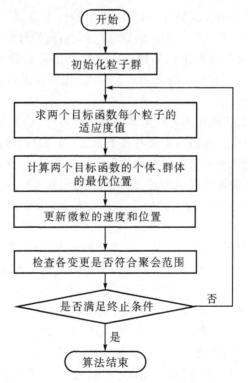

图 6-5　两个目标函数优化的粒子群算法流程

(1)初始化粒子群。给定群体规模 N，随机产生每个粒子的位置 X_i、速度 V_i。

(2)用目标函数 $f_1(x)$、$f_2(x)$ 分别计算每个粒子的适应度值。

(3)对应两目标函数 $f_1(x)$、$f_2(x)$，分别对每个粒子求其个体极值。

(4)分别求出目标函数 $f_1(x)$、$f_2(x)$ 的两个全局极值。

(5)计算两个全局向量的均值 g_{Best} 和距离 dg_{Best}。

(6)计算每个粒子 $p_{Best}[1,i]$ 和距离 $p_{Best}[2,i]$ 之间的距离 $dp_{Best}[i]$。对每个粒子计算更新位置 X_i 和速度 V_i 时用个体极值 $pBest[i]$。

(7)用(5)、(6)所得的 g_{Best} 和 $p_{Best}[i]$ 更新每个粒子的位置 X_i 和速度 V_i。

(8)如果满足终止条件则退出运行，否则返回(2)。

直流接地极附近电网的新变电站投运，会改变原来的地表电位分布，该方法可供变电站设计规划参考，选取合适的站址；同时，变压器的停运检修、新变电站和线路的投入运行后整个电网变压器所接小电阻应重新计算，以确保不会出现流入变压器中性点的直流超标的情况，实现整个电网接入小电阻阻值的合理配置。

6.4 实例分析

世界第三、第四大电站溪洛渡、向家坝是金沙江干流最下游的两个梯级电站，装机总容量 1860 万千瓦。规划中的向家坝(复龙换流站)、溪洛渡左(宜宾换流站) 2 座 ±800 kV 换流站将这两个电站的电能送往受端换流站上海南汇、浙江金华。复龙和宜宾换流站位于宜宾市的宜宾县。复龙、宜宾换流站分别于 2010 年、2015 年建成，并投入运行。

送端换流站直流接地极到泸州电网的最近距离约 90 千米，最远距离约 150 千米，通常直流接地极到换流站的距离有几十公里，如果直流接地极位于靠近泸州电网一侧，则直流接地极电流对泸州电网变压器的影响最大，此处分析这种最严重的工况；当特高压直流输电单极运行时，复龙站从直流接地极注入的额定工作电流为 4 kA，宜宾站从直流接地极注入的额定工作电流为 5 kA，地中直流对邻近的泸州电网变压器的影响不容忽视。因此，应该找到使电网中所有的变压器都不会发生直流偏磁的接入小电阻的优化配置。泸州电网有 500 kV 变电站 1 座；220 kV 变电站 4 座；110 kV 变电站 15 座；电站 3 座。泸州电网结构及直流换流站位置如(图 6-6 中洪沟、白沙、来苏、狐狸坡变电站不属于泸州电网)。

根据上文提出了计算中性点直流和所接小电阻的目标函数，应用双目标函数的粒子群算法，对泸州电网 110 kV、220 kV、500 kV 变电站及辖区内的发电厂中性点接地变压器所接小电阻进行网络分布的优化计算。设 $f_1(x)$ 为中性点直流量的目标函数(见式(6-2))，表示目标电网各变电站主变中性点直流量；$f_2(x)$ 为接入小电阻的目标函数(见式(6-3))，表示目标电网各变电站主变中性点接入的电阻

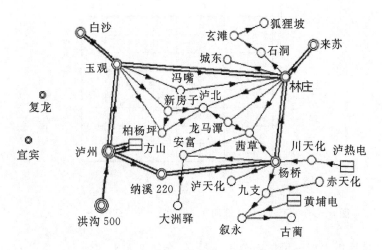

图 6-6　特高压直流换流站及泸州电网

阻值，$f_1(x)$ 和 $f_2(x)$ 中 $x = 1, 2, 3, \ldots \ldots n, n$ 为目标电网中需分析的交流厂站数量。算法采用 25 个粒子迭代 100 次，取 $c_1 = c_2 = 0.5$，惯性权重按式(5-10)进行线性调整。同时，为了验证算法了准确性，将计算结果与用 NSGA-II 算法所得的结果进行对比。

在泸州电网 110 kV 及以上变电站和区内电厂的变压器中性点都接上小电阻后，直流输电单极运行时流入变压器中性点的直流量被限制在 10 A 以下，没有出现超标现象，所接小电阻阻值在整个电网中实现了全局最优布置。计算结果如图 6-7 和图 6-8。

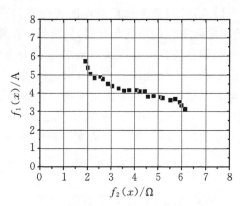

图 6-7　TOPSO 计算的 $f_1(x)$ 和 $f_2(x)$，即 $I_0(x)$ 和 $R_0(x)$

图 6-7 和图 6-8 中离散点对应各目标变电站主变，其纵坐标为流经变压器中性点的直流量，横坐标为变压器中性点接入电阻的阻值。

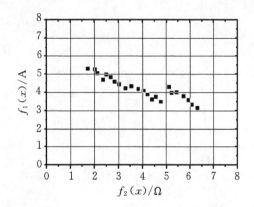

图 6-8　NSGA-II计算的 $f_1(x)$ 和 $f_2(x)$，即 $I_0(x)$ 和 $R_0(x)$

　　直流接地极附近电网的新变电站投运，会改变原来的地表电位分布，该方法可供变电站设计规划参考，选取合适的站址；同时，变压器的停运检修、新变电站和线路的投入运行后整个电网变压器所接小电阻应重新计算，以确保不会出现流入变压器中性点的直流超标的情况，实现整个电网接入小电阻阻值的合理配置。

6.5　本章小结

　　变压器中性点接入电阻的抑制直流偏磁的方法简单有效、经济性好，但可能会导致附近其他变压器中性点直流超标。要使流入变压器的直流量尽可能小，就需要接入较大阻值的电阻，但由于过电压保护、有效接地等方面的原因，又要求接入电阻的阻值尽可能小。因此，要以整个目标电网的变压器的直流量都不超过承受限度为目的，对接入的小电阻进行网络优化配置，同时使电阻阻值尽量小。本章针对直流接地极电流分布会随变压器中性点接电阻装置或电容装置而变化的问题，兼顾最小化中性点直流量和最小化变压器接入电阻阻值，基于双目标粒子群算法，对目标电网的变压器接入小电阻进行网络优化配置。具体归纳如下。

　　(1)建立了变压器接入小电阻网络配置的数学模型，该模型兼顾电网中最小中性点直流量和最小化变压器接入电阻阻值。从变压器中性点能承受的直流量、变压器中性点接入电阻的阻值、直流电流的电路约束方程三个方面，确定了变压器接入小电阻网络配置的约束条件。

　　(2)分析了基本粒子群算法和双目标粒子群算法的特点。即：基本粒子群算法主要用来对单目标问题进行优化计算，不能直接应用于多目标优化问题。双目标粒子群算法通过两个目标函数共同决定粒子在决策变量空间的运动，使其最终能落入非劣最优解集中。

　　(3)将多目标优化问题与粒子群算法相结合，提出了一种用于求解直流偏磁电流和接入电阻阻值的优化算法:双目标函数粒子群算法。两个目标函数相互冲突,不存在唯一的全局最优解使两个函数同时达到最优,应用该法可以找到两个目标函数的非劣最优解。分析了双目标函数粒子群算法的作用原理,并基于双目标函数粒子群算法解决了直流输电单极运行时,使用小电阻来抑制直流接地极电流的网络配置问题,避免了某些变电站接地极电流过大或者接入电阻阻值过大。

(4)在目标电网中实现了中性点所接的小电阻全局优化配置,将流入目标电网所有变压器的直流量限制在允许的范围内。

第7章　变压器直流偏磁电流现场检测及在线监测

　　随着西电东送政策的实施,高压直流输电技术在中国电网的运用愈来愈多,变压器直流偏磁问题也显得更加明显,对其进行检测和在线监测也愈加迫切。本章给出了变压器直流偏磁现场检测实施方法,并介绍了±400 kV拉萨换流站直流接地极电流导致周边变电站变压器直流偏磁的检测情况;开发了一种变压器直流偏磁电流在线监测装置,对变压器直流偏磁电流进行实时监测,提高电网变压器直流偏磁的早期预警能力,便于及时对直流偏磁风险较大的变压器采取有效性的防护措施。

7.1　直流偏磁现场检测

　　本书给出了直流偏磁水平现场检测方法、数据分析经验,并对直流偏磁水平检测管理工作提出了建议。测试规范性引用文件有:

　　DL437—2012　《高压直流接地极技术导则》;

　　DL/T408　《电业安全工作规程(发电厂和变电站电气部分)》;

　　DL/T417　《电力设备局部放电现场测量导则》。

7.1.1　检测条件

7.1.1.1　环境要求

　　(1)检测目标及环境的温度宜在5～40℃;

　　(2)空气相对湿度不宜大于90%,若在室外不应在有雷、雨、雾、雪的环境下进行检测;

　　(3)在设备上无各种外部作业。

7.1.1.2　待测设备要求

　　(1)变压器处于中性点接地运行状态;

　　(2)邻近直流换流站处于单极大地回路运行方式。

7.1.1.3　人员要求

进行变压器直流偏磁水平检测的人员应具备如下条件：

(1)熟悉变压器直流偏磁水平检测基本原理；

(2)了解变压器直流偏磁水平检测仪的工作原理、技术参数和性能；

(3)掌握变压器直流偏磁水平检测仪的操作方法；

(4)了解被测设备的结构特点、工作原理、运行状况；

(5)具有一定的现场工作经验,熟悉并能严格遵守电力生产和工作现场的相关安全管理规定。

7.1.1.4　安全要求

(1)应严格执行《电力安全工作规程(变电部分)》的相关要求；

(2)应在良好的天气下进行,如遇雷、雨、雪、雾不得进行该项工作,风力大于5级时,不宜进行该项工作；

(3)检测时应与设备带电部位保持相应的安全距离；

(4)在进行检测时,要防止误碰误动设备；

(5)保证被测设备绝缘良好,防止低压触电。

7.1.1.5　仪器要求

变压器直流偏磁水平检测系统一般使用霍尔效应钳型表。

1.主要技术指标

检测频率范围:通常选用量程 0 至 2000 A dc 或 1400 ac rms；

自动量程调整功能:40 A / 400 A / 2000 A；

分辨率:10 mA(40 A 量程)。

2.仪器功能要求

(1)可显示信号幅值大小；

(2)检测仪器具备抗外部干扰的功能；

(3)测试数据可存储于本机并可导出；

(4)可用外施高压电源进行同步,并可通过移相的方式,对测量信号进行观察和分析；

(5)能够进行时域与频域的转换；

(6)能够进行电流谐波分析,准确显示直流分量；

(7)能够进行直流电流的实时录波；

(8)按预设程序定时采集和存储数据的功能；

(9)在检测时,须保证仪器使用的电源电压为 220V,频率为 50 Hz。

7.1.1.6　检测准备

(1)检测前,应了解相关设备数量、型号、制造厂家、安装日期等信息以及运行情况,制定相应的技术措施;

(2)配备与检测工作相符的上次检测的记录、被测变压器中性点接地扁铁尺寸;

(3)现场具备安全可靠的独立电源,禁止从运行设备上接取检测用电源;

(4)检查环境、人员、仪器、设备满足检测条件。

7.1.2　检测方法

(1)测试前复核标记时间,将测试表的时间调整至北京时间;

(2)测试直流电流时必须分清正负方向,方向统一为由变压器流向大地为正。表中箭头指向大地;

(3)测试前,该表精度不高,且有零漂现象。目前避免零漂的方法为:在测试前,将表放置在被测导体附近,表的位置和朝向与实际测试状态基本一致;然后开机,钳表启动后将进行自检和归零,在表启动、归零期间,不能将表钳入被测物。待钳表归零稳定后,再钳入被测物测试;

(4)测试中需要详细记录有关测试的主变对象,主变、接地点、主变接地情况、记录时间至少精确到分钟,读取直流值(表明±正负号),并保存读数、波形、谐波分量的截屏;

(5)记录测试结果;

(6)检查检测数据是否准确、完整。恢复设备到检测前状态。

7.1.3　检测数据分析与记录

首先根据测试得到的数据、波形和谐波分量。继续如下分析和处理:

(1)排除外界环境干扰,准确记录数据。测试前,将表放置在被测导体附近,表的位置和朝向与实际测试状态基本一致;然后开机,表启动后将进行自检和归零。在钳表启动、归零期间,不能将表钳入被测物。

(2)目前尚无变压器承受直流偏磁电流水平的明确规定,厂家建议值为单相三柱式变压器能承受12 A的直流电流。

(3)将测试数据与换流站单极大地回路运行的时间、功率、直流接地极电流、输送方向、直流接地极至变电站的距离等信息准确对应记录。

在检测过程中,准确保存直流偏磁水平检测原始数据,测试中需要详细记录有关测试的主变对象,如哪台主变、哪个接地点、主变接地情况等,记录时间至少精确到分钟,读取直流值(用正负号表示直流方向),并保存读数、波形、谐波分量的截屏;测试钳表内存有限,如测试数据量较大,应在存满前将测试数据导入电脑存储,保证钳表的存储空间。

表 7-1 变压器直流偏磁水平检测记录表

1. 基本信息			
变电站名称		主变名称	
检测日期		检测人员	
温度		湿度	
单极大地回路运行的换流站		直流接地极与变电站的距离	

2. 设备铭牌			
设备型号		电压等级	
设备厂家		铁芯结构	
出厂日期		投运日期	

3. 检测数据

序号	测试时间 年 月 日 分	直流接地极电流/A,方向	1♯主变 * kV 侧中性点直流/A	2♯主变 * kV 侧中性点直流/A	备注
1					
2					
3					
—	—	—	—	—	—
测试仪器					

7.2 检测实例

拉萨换流站位于拉萨市林周县,海拔 3800 m,作为青藏直流工程的其中一端换流站,初期作为逆变站运行,220 kV 出线只有 2 回,主要接受青海电网富裕电力,优化西藏电力结构,解决西藏电网季节性缺电、电网孤网运行且缺少外援的局面。以后主要作为整流站运行,可汇集藏中电网富裕电力外送,为青海柴达木循环经济试验区供电,支撑西部地区快速发展。拉萨换流站 220 kV 出线将达到 6~9 回,将成为系统中的一个枢纽站,在西藏电网中的地位和作用十分重要。

2014 年 3 月 31 日至 4 月 2 日±400 kV 拉萨换流站大负荷试验期间,开展了拉萨换流站(N:29°52′33″,E:91°13′23″)、220 kV 曲哥变电站(N:29°37′29″,E:91°13′39″)、220 kV 夺底变电站(N:29°42′51″,E:91°10′08″)、220 kV 乃琼变电站

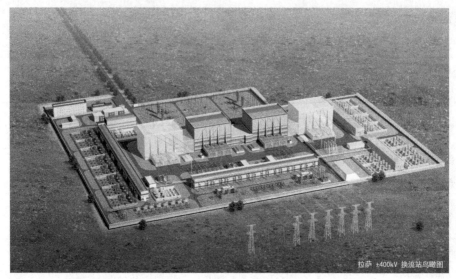

图 7-1 拉萨换流站鸟瞰图

(N:29°39′33″,E:90°16′38″)、110 kV 旁多变电站(N:30°10′02″,E:91°21′10″),共计 1 座换流站和 4 座 220 kV 变电站的直流偏磁测试。

±400 kV 拉萨换流站、220 kV 曲哥变电站、220 kV 夺底变电站、220 kV 乃琼变电站、110 kV 旁多变电站与 ±400 kV 拉萨换流站接地极(E:29°58′45″,N:91°14′54″)的直线距离分别约为 12 km、40 km、30 km、35 km、24 km,西藏电网地理接线图如图 7-2 所示。

变压器的直流偏磁测试分别在"双极运行,极 I 降压 70% 大负荷试验"和"双极运行,极 II 降压 70% 大负荷试验"两种运行状况下进行测试。4 月 1 日 20 时 10 分,±400 kV 拉萨换流站将极 I 控制方式由双极功率控制改为单极功率控制,极 II 保持双极功率控制,将极 I 功率由 120 MW 上升至 210 MW;20 时 20 分,极 I 由全压运行设定为降压 70% 运行;核实极 I 功率和电压已达到设定值运行后,极 II 功率为 30 MW,全压运行,且整个直流系统保持 240 MW 功率水平稳定运行;在直流系统稳定运行期间,开展变压器的直流偏磁测试工作,直至 21 时 40 分极 I 由 70% 降压运行恢复至全压运行。同"双极运行,极 I 降压 70% 大负荷试验"一样,4 月 2 日,±400 kV 拉萨换流站将极 II 控制方式由双极功率控制改为单极功率控制,进行"双极运行,极 II 降压 70% 大负荷试验",并在极 II 功率和电压已达到设定值运行后,开展变压器的直流偏磁测试工作。

测试期间,利用钳形电流表检测所有流过变压器中性点的电流值之和,含中性点接地扁铁和与地连接的中性点接地刀闸金属支架部分流过的电流。其具体测试结果如下:

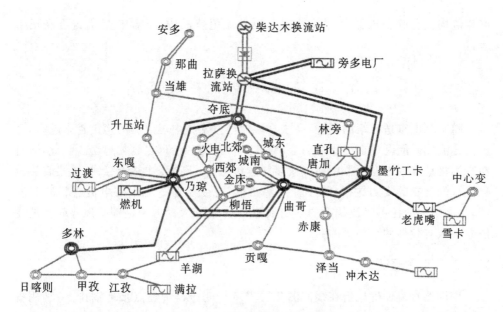

图 7-2 西藏电网地理接线图

表 7-2 拉萨直流接地极电流引起变压器直流偏磁测试结果

测试条件	接地极电流	测试对象	测试结果	
			电压等级	中性点直流电流
双极运行,极Ⅰ降压70%大负荷试验	+675 A	220 kV 曲哥变电站2号主变	220 kV 侧	+3.38 A
			110 kV 侧	−2.79 A
		220 kV 夺底变电站1号主变	220 kV 侧	+1.10 A
			110 kV 侧	−2.29 A
		220 kV 夺底变电站1号 SVC 专用变	110 kV 侧	−0.38 A
双极运行,极Ⅱ降压70%大负荷试验	−675 A	220 kV 乃琼变电站1号主变	220 kV 侧	−3.72 A
			110 kV 侧	+0.81 A
		110 kV 旁多变电站1号主变	110 kV 侧	−0.06A

注:设正直流电流为流出接地极/中性点为正方向,负直流电流为流入接地极/中性点为正方向。

由测试结果可知,±400 kV 拉萨换流站在"双极运行,极Ⅰ和极Ⅱ分别降压70%的大负荷试验"条件下,均有直流电流通过变压器中性点接地刀闸流入或流出变压器中性点。根据《DL/T 437—2012 高压直流接地极技术导则》,测试的直流电流值均在交流变压器允许通过的直流电流值范围内,不影响交流变压器正常运行。

7.3　直流偏磁电流在线监测

随着西电东送政策的实施,高压直流输电技术在中国电网的运用越来越多,变压器直流偏磁问题也显得更加明显,对其进行监测和治理也越加迫切。因此,通过在直流接地极附近变压器中性点安装霍尔传感器,不改变中性点接线,采集直流偏磁电流的分布的实测数据,并设置报警阈值,对变压器直流偏磁电流进行实时监测,提高电网变压器直流偏磁的早期预警能力,便于及时对直流偏磁风险较大的变压器采取有效性的防护措施。

7.3.1　工作原理

变压器直流偏磁电流在线监测装置安装于变压器中性点接地铜排上,利用霍尔传感器实时监测直流偏磁电流,具有不改变变压器中性点接线的优点。将监测到的电流数据和报警信息转换成数字信号,通过无线传输的方式发送至后台计算机和指定的手机,让运维人员在第一时间掌握现场直流偏磁情况,便于更快采取防护措施。监测装置采取北斗定位授时,使直流接地极近区变压器中性点直流偏磁电流监测装置的时钟高度同步,能够更好的监测指定时刻直流偏磁电流在电网中的分布,有利于分析直流偏磁电流的分布规律,为有针对性地采取防护措施提供依据。

变压器直流偏磁电流监测系统如图 7-3 所示,分后台监控和现场采集装置两部分。现场采集装置部分由开环霍尔传感器、北斗同步、采集控制和 GPRS 传输模块等组成;后台监控采用计算机监控。

变压器直流偏磁电流在线监测装置能对直流偏磁电流进行长期和连续的实时监测,具备报警、显示数据及其变化曲线等功能,可保存两个月的全部监测结果,具有 USB 数据接口,并能将数据通过无线网络远程传输至远端计算机,实现打印不同时段的数据和变化曲线等功能。能够通过无线传输方式,在设定的时间将各直流偏磁电流在线监测装置测试的数据以短信形式同时发送到指定的手机上。

装置的主要特点为:

(1)传感器为可拆卸式,直接串接于变压器中性点上,不改变中性点结构;

(2)可对多台变压器中性点进行监测;

(3)提供多种通讯接口,兼容 DL/T 860(IEC61850)规约;

(4)提供标准的 4~20 mA 的输出信号;

(5)可提供继电器报警信号点,如:直流电流越上限等;

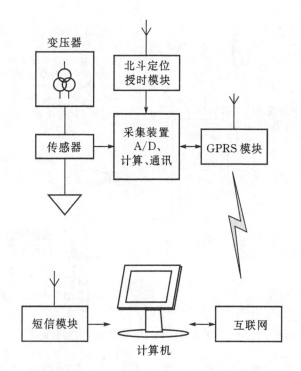

图 7-3　变压器直流偏磁电流在线监测系统

（6）结构紧凑、安装维护方便；

（7）装置拥有完善的后台监控系统。

7.3.2　主要器件

直流电流传感器：采用开环穿心式霍尔电流传感器，并根据变压器中性点引线下的外形，定制霍尔电流传感器的形状，减少了漏磁，提高监测精度。由于变压器中性点直流电流在正常情况下很小，而直流输电单极大地回路运行时，流过中性线的直流电流较大，故霍尔电流传感器的量程较大。采用高线性度霍尔器件，以确保测试信号的线性度，保证较高的测量精度。变压器直流偏磁电流在线监测装置如图 7-4 所示，外形、尺寸如图 7-5 所示。

北斗授时天线：通过北斗授时天线能够准确定位监测装置所在位置，高精度地对目标电网安装的所有直流偏磁电流监测装置进行时间同步，便于分析直流偏磁电流在电网中的分布。

无线传输模块：采用内嵌 GSM/GPRS 核心单元的无线 Modem，具有电源管理系统，及标准的串行数据接口。外观小巧，便于集成在装置的机箱内。它利用 GSM 移动通信网络的短信息和 GPRS 业务为用户搭建了一个超远距离的数据输

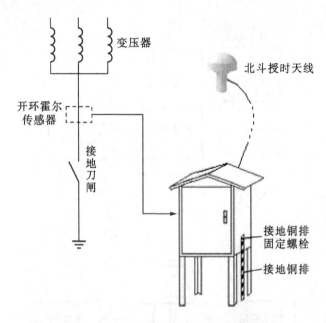

图 7-4 变压器直流偏磁电流在线监测装置

平台。提供 RS232 标准接口,直接与用户设备连接,实现中文短信功能。

箱体:夏季温度较高,箱内可达到 60℃ 以上的高温,电子设备较难在太高的温度下正常工作,故现场采集装置设计时除考虑防水、防小动物外,还考虑了耐热、隔热问题,为装置的正常运行提供保障。为屏蔽外磁场干扰采用喷塑铁皮箱。

数据传输:霍尔传感器安装于变压器的中性点,为防止电网事故时高压信号传入控制室,危及人身和设备的发全,数据传输采用 GPRS 传输,后台软件和指定的手机接收数据。

电子元器件:应选择工业温度范围即−20~85℃ 或更高等级的电子元器件。

后台计算机:后台计算机用于接收数据信息、储存数据等,对各个安装直流偏磁电流监测装置的监测数据进行实时显示,并能进行录波,更好的展示直流偏磁电流在电网中的分布规律和变化趋势。

7.3.3 装置的时间同步及数据传输

通过在多个变电站主变中性点加装直流偏磁监测装置,能够实时监测在不同直流接地极电流时,不同电网结构、不同土壤湿度等情况下的直流接地极电流的分布,还能为直流偏磁时的地表电位和地电流分布的仿真提供比对数据。

1. 北斗定位时钟同步

直流偏磁电流在线监测装置安装在直流接地极周围一百千米范围内,为确保

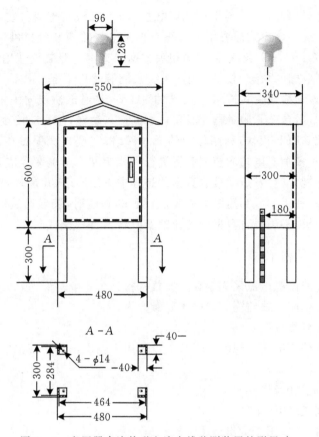

图 7-5　变压器直流偏磁电流在线监测装置外形尺寸

直流偏磁电流的同步性,在线监测装置集成北斗定位模块(如图 7-3 所示),由该模块接收卫星信号对所有监测装置进行时间同步,使所有监测装置时间高度一致,为直流接地极电流在系统中的分布和治理提供实时、同步及高精度的数据。本书"多直流接地极不同运行方式下直流偏磁电流影响站点预测"方法中,具有较高同步性的在线监测数据是预测模型修正的依据。

2. 监测数据的传输

变压器中性点直流电流监测装置与远方后台监控平台通讯可通过两种模式:

一种是网线接入模式。通过记录仪将直流电流信号等数据量转换为适合电网公司 IEC61850 通讯规约,通过网线引入变电站系统从而接入电网内网,后台监控平台通过电网内网读取相关数据。由变电站提供一个网络接口和固定 IP 以便确认该监测装置使用地点。

另一种是 GPRS 模块接入模式。通过记录仪将直流电流信号等数据量转换为适合电网公司 IEC61850 通讯规约,通过 GPRS 无线传输直接将相关数据传输到后台监控系统。该模式需要用户为每个直流电流监测装置提供一个包月/包年数据流量的 2G、3G、4G 卡,以便传输相关数据和确定监测装置使用地点。为实现各变电站监测数据的快速、便捷传输,在线监测装置应具备 GPRS 无线网络接入功能,自动接入到移动无线网络,能够根据 TCP/IP 通讯协议向固定 IP 地址及端口号发送数据,后台监测服务器应具备广域网接入功能,能自动接收外网传输的数据。通过集成 GPRS 模块,利用移动的无线网络,实现直流偏磁在线监测数据提供远程传输,对多个变电站的监测装置进行无线组网。监测装置应具备支持 TCP 网络通讯协议能力,在发送或接收数据的过程中占用网络,其余时间处于离线网络状态,提高网络利用率。当监测数据超过设置的阈值时,装置通过短信,发送至指定接收人的手机,实现对直流偏磁电流的实时监测、快速响应。

7.3.4 设计及封装

变压器直流偏磁电流采集装置主要技术指标为:

直流偏磁电流在线监测装置的主要参数为:

直流电流测量范围: $-50 \sim +50$ A;

零点温度偏移电流($-10 \sim +75$℃,仅适用于输出信号为模拟信号)$\leqslant 0.2$ A;

准确度:$\leqslant \pm 2\%$;

线性度:$\leqslant \pm 0.5\%$;

响应时间$\leqslant 150$ms;

纹波含量(仅适用于输出信号为模拟信号)$\leqslant 3\%$;

防护等级:IP55(室外、防风沙雨雪);

环境温度:$-10 \sim +75$℃;

工作电源:AC 220V$\pm 20\%$,50 Hz。

7.3.4.1 测量电路设计

放大电路设计是整个霍尔传感器的核心,也是决定其性能好坏的关键因素。霍尔传感器测试电路设计图如图 7-6 所示。当系统放大倍数选择过小时,铁芯缺口处的磁场会随着一次侧电流的增大而增大,从而影响了系统的测量精度。当系统的放大倍数足够大时,铁芯缺口处的磁场很小,系统测量精度得到改善。当系统电压放大倍数为 100 时,磁阻芯片感应剩磁产生的电压较大,系统剩磁较大,误差也较大。改变系统电压放大倍数为 1000 时,磁阻芯片感应剩磁产生的电压较小,因而系统剩磁也较小,误差减小。因此,装置在一定范围内适当增大系统的电压放大倍数(600 倍)可使系统的精度提高,改善其性能。

霍尔电流传感器系统误差与采样电阻、电压放大倍数、反馈线圈等效电阻、等效电感以及系统电磁转换灵敏度、磁阻芯片的磁电转换灵敏度有关。其中系统电

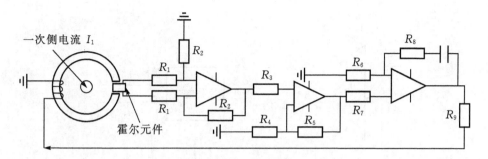

图 7-6　霍尔传感器测试电路设计图

磁转换灵敏度与铁芯大小、材质以及开口形状、位置有关。磁阻芯片的磁电转换灵敏度与磁阻芯片性能有关,在磁阻芯片的选型上,选取线性度好、灵敏度高的磁阻芯片。对于反馈线圈选择匝数多、电感较小的线圈,因为匝数影响测量精度与量程,电感量影响测量电流的相位与系统响应速度。放大倍数的选取应合理分配且足够大。采样电阻应合理选择,太大了影响系统功耗,太小了采样电压信号也较小,容易采样不准确。

此外,电子元器件的性能,电子线路的设计对系统的响应速度、频带宽度、测量范围以及准确性、稳定性都有重要的影响。电路板的布局、铁芯开口位置以及开口大小的选取、磁阻芯片的位置等都会引起系统的测量准确性。

7.3.4.2　数据转换设计

用霍尔传感器现场测量的数据是模拟信号,而终端 PC 处理的是数字信号,需要把模拟信号转换成数字信号。对于 A/D 转换器,其寄存器位数越多,则可与输入量 VIN 之间的误差 $1/2N+1$. VREF 越小,也就越精准。现在测量精度要求已逐渐由过去的 8 位转换到 12 位甚至更高。

在模数转换过程中,模数转换器是数据采集系统的重要环节,直接关系到测量的精确度、分辨力和转换速度。装置采用逐次逼近 A/D 转换,保证数据转换的精度,其原理见图 7-7。

选用 ADS8505 A/D 转换器,该转换器的采样输出为 16 位,采用 CMOS 结构工艺,具有转换速度快、功耗低(70 mW)的特点,采用逐次逼近式原理工作,为单通道输入,模拟输入电压范围为 ± 10 V,采样速率达 250 kHz,单一 +5 V 电源供电,工作温度范围 $-40 \sim 85$ ℃。芯片内含有采样保持/电路及三态输入驱动电路,内部的基准和时钟可与单片机良好接入。ADS8505 采用 28 引脚 SOIC 和 28 引脚 SSOP 封装。

ADS8505 芯片共有 28 只引脚,其引脚图如图 7-8 所示。

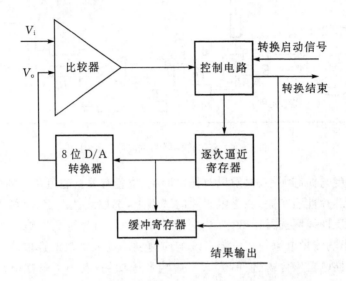

图 7-7 逐次逼近 A/D 转换原理图

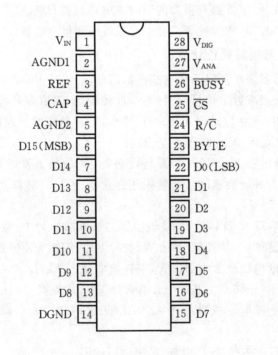

图 7-8 ADS8505 引脚图

引脚功能简要说明如下：

VIN:模拟电压输入端,输入的电压范围±10 V;

AGND1、AGND2:模拟地;

CAP:基准电压缓冲电容;

REF:参考输入输出脚;

BYTE:输入,用于选择 A/D 转换结果的高字节和低字节;

R/$\overline{\text{C}}$:输入,当$\overline{\text{CS}}$脚为低,$\overline{\text{BUSY}}$脚为高时,R/$\overline{\text{C}}$脚上的下跳沿启动一次新的 A/D 转换;

$\overline{\text{CS}}$:输入,当 R/$\overline{\text{C}}$脚为低时,$\overline{\text{CS}}$脚上的下跳沿将启动一次新的 A/D 转换。当 R/$\overline{\text{C}}$为高时,$\overline{\text{CS}}$的下跳沿使三态门打开,输出转换结果;

$\overline{\text{BUSY}}$:输出,其指示一次 A/D 转换是否正在进行之时,当转换正在进行之时,$\overline{\text{BUSY}}$为低,否则为高;

VANA:模拟电源输入,接+5V 电源;

VDIG:数字电源输入;

D15～D8:输出转换结果的一个字节,当 BYTE=0 时,输出高字节;BYTE=1 时,输出低字节;

D7~D0:输出转换结果的一个字节,当 BYTE=0 时,输出低字节;BYTE=1 时,输出高字节。

芯片的$\overline{\text{CS}}$和 R/$\overline{\text{C}}$引脚共同用于启动 A/D 转换,在下述两种情况下将开始一次 A/D 转换过程。

用$\overline{\text{CS}}$引脚的负脉冲下跳沿区启动。当 R/$\overline{\text{C}}$脚为低电平时,$\overline{\text{CS}}$的下降沿将启动一次 A/D 转换,该负跳变脉冲至少应持续 40ns。

用 R/$\overline{\text{C}}$引脚的负脉冲下跳沿区启动。当$\overline{\text{CS}}$脚为低电平时,R/$\overline{\text{C}}$的下降沿将启动一次 A/D 转换,该负跳变脉冲至少应持续 40ns。

在一次 A/D 转换过程启动后,$\overline{\text{BUSY}}$脚将变成低电平并保持直至本次转换完成。当$\overline{\text{BUSY}}$为低时,新的转换命令将不起作用。在$\overline{\text{BUSY}}$变高之前,R/$\overline{\text{C}}$和$\overline{\text{CS}}$必须变为高,否则将启动一次无效的转换过程。

从 A/D 转换器出来的数据是以二进制补码的形式并行输出。转换结果可按 16 位读出,也可按字节 8 位分两次读出,在一次转换结束后,转换结果即送入输出寄存器锁存,当且仅当 R/$\overline{\text{C}}$为高电平而$\overline{\text{CS}}$为低电平时,转换结果才能被输出予以读取。

由于 BYTE 引脚功能可以选择读取转换结果的低八位和高八位,所以常常节省引脚与单片机的接线,只使输出的低八位数据线 D7～D0 与单片机相连,通过设置 BYTE=0,输出低八位字节,之后设置 BYTE=1,在同一引脚上输出高八位字节。基本操作图见图 7-9。

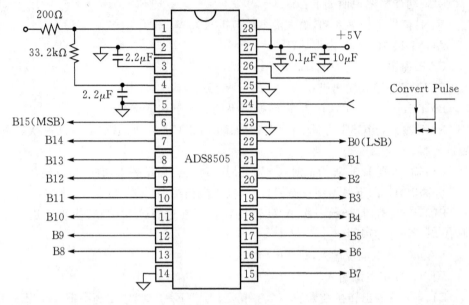

图 7-9　基本操作图

　　从霍尔传感器出来的数据是模拟信号,需要进行模数转换传给单片机和 PC 机处理,在实际芯片连接中,还需要考虑芯片间电压匹配,即实际从霍尔传感器测出来的数据可能与 AD 转换器的输入电压不相匹配,当测出数据超出 AD 转换器的输入限值时,导致测量不到,影响测试效果;当测量数据偏低时,不能充分利用最大值和最小值,会影响转换器的测量精度。所以选择适当的放大器去匹配二者,使测量精度达到更高。

　　传感器与转换器之间的放大器能够进行信号间的转换,电流信号和电压信号间的转换,还能进行信号间的匹配,充分利用芯片间配合,提高精度,如图 7-10 所示。

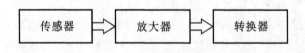

图 7-10　传感器和 AD 匹配的框图

　　霍尔传感器和 ADS8505 的实际电路接线如图 7-11 所示,通过放大器 AD620AN 连接二者,并进行二者间的电压匹配,通过引脚 R/$\overline{\text{C}}$、$\overline{\text{CS}}$、$\overline{\text{BUSY}}$ 之间的配合把测的模拟数据向二进制数据转换。

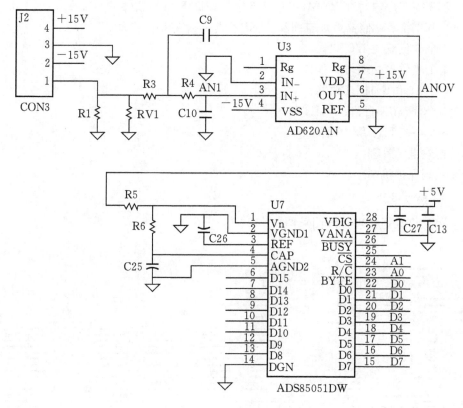

图 7-11　模数转换接线图

7.3.4.3　单片机设计

单片机是整个测量系统的处理系统,完成数据读取、处理及逻辑控制、数据传输等一系列任务,单片机设计包括单片机芯片的选择和单片机接线设计。

1. 单片机芯片选择

装置选用 W78E58B,该芯片具有带 ISP 功能的 Flash EPROM 的低功耗 8 位微控制器;能用于固件升级。

W78E58B 包含 32 K 字节的主 ROM、4K 字节的辅助 ROM。512 字节片内 RAM;4 个 8 位双向、可位寻址的 I/O 口;一个附加的 4 位 I/O 口 P4;3 个 16 位定时/计数器及一个串行口,都由有 8 个中断源和 2 级中断能力中断系统支持。

基本特性:

全静态设计的 CMOS 8 位微处理器最高达 40 MHz;

32 K 字节并带 ISP 功能的 Flash EPROM,用来存储应用程序(APROM);

4 K 字节的辅助 ROM,用来存储装载程序(LDROM);

512 字节片内暂存 RAM(包括 256 字节辅助 RAM,软件可选);

64KB 程序存储器地址空间和 64KB 数据存储器地址空间;

4 个 8 位双向 I/O 口;

1 个 4 位多功能可编程口;

3 个 16 位定时/计数器;

1 个全双工串行口(UART);

8 个中断源,2 级中断能力;

内建电源管理;

代码保护机制。

2. 接线设计

单片机数据处理接线图见图 7-12。

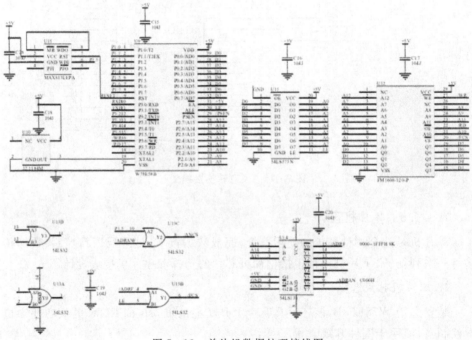

图 7-12　单片机数据处理接线图

单片机可以接收从 AD 转换出来的二进制数据,通过引脚间的接线和软件的配合可以对数据进行存储、传输。单片机芯片 W78E58B 与 ADS8505 转换器之间的具体接线图如图 7-13 所示。

ADS8505 的低八位数据线 D0~D7 与单片机的 P0 口相连,AD 的 $\overline{CS}$ 引脚与 P1.5 和译码器或门相连,借助于译码器来选择性的控制从单片机读取数据和向外存数其中写入数据,之后通过光隔离把数据串口传输给 PC 机。

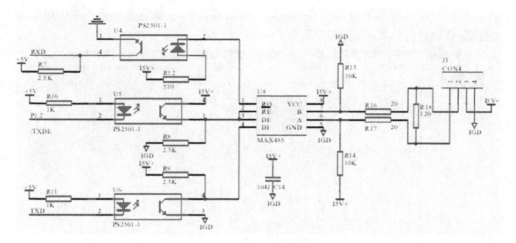

图 7-13　单片机-PC 通讯图

　　整个直流偏磁在线监测装置,从现场的霍尔传感器进行的数据测量,到 16 位模数转换器 ADS8505 的模数转换,并把数据以二进制的形式传送给 W78E58B 单片机,经过单片机硬件和编程的配合对数据的处理、存储、控制之后,传送后台主机,进行波形的显示。整个电路接线设计,配合有运算放大器、地址锁存器、译码器等芯片,电路设计功能框图见图 7-14。

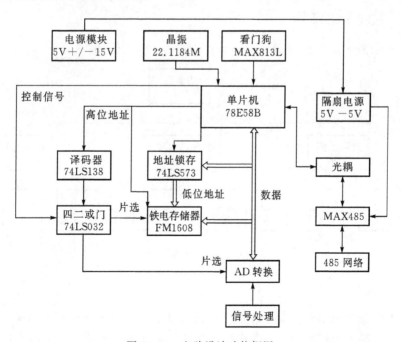

图 7-14　电路设计功能框图

完成封装后的变压器直流偏磁电流在线监测装置,测试直流电源产生的电流,能够有效地进行监测,监测结果见图7-15。

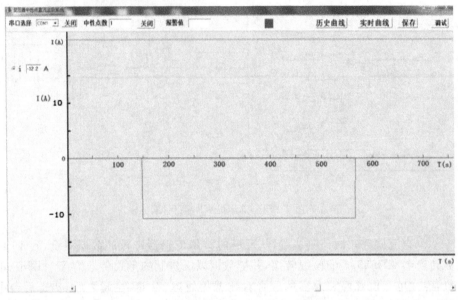

图7-15 变压器直流偏磁电流在线监测装置测试结果

7.3.5 监测系统结构

监测系统分站端、地区监测中心和省监测中心三层结构。

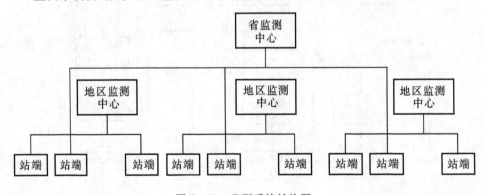

图7-16 监测系统结构图

1. 站端

指安装在变电站内主变中性点的直流测量装置。为便于运行人员监视,在变电站控制室画面上可显示变压器中性点直流电流实时监测数据,并具有越限报警功能。

2. 地区监测中心

指地区供电公司对所辖站端上传变压器中性点直流电流监测数据进行监视、存储、统计和分析的平台。

3. 省监测中心

指省公司对所辖站端上传变压器中性点直流电流监测数据进行监视、存储、统计和分析的平台。

7.3.6 后台监测主要功能

后台监控系统应满足以下要求：

(1)站端控制室监控画面上应能显示变压器中性点直流电流实时监测数据，数据刷新时间不大于 10 秒。变压器中性点直流电流监测数据超过限值时，具有报警功能，且限值可设置。对于无人值守变电站，上述功能在相应的集控中心站实现。

(2)省/地区监控中心后台能显示所辖站端变压器中性点直流电流实时监测数据，数据刷新时间不大于 10 秒。

(3)省/地区监控中心后台能对所辖站端变压器中性点直流电流监测数据进行存储，数据存储间隔不大于 1 分钟，数据存储时间不低于 2 年。

(4)省/地区监控中心后台具有依据监测数据自动绘制数据曲线的功能，并具有根据指定时间区间查询历史曲线记录的功能。

(5)省/地区监控中心后台具有对指定时间区间内变压器中性点直流电流越限持续时间及越限次数进行统计的功能。

(6)所辖站端变压器中性点直流电流监测数据超过限值时，省/地区监控中心后台具有报警功能，且限值可设置。

后台监控系统依据直流电流监测装置监控管理的应用需求，结合信息通讯技术，为区域直流电流监测装置监控管理而定制。该后台监控系统系统适用于省、市级区域范围内的直流电流监测装置的集中监控，以及直流电流监测装置的日常运营管理，以下为基本功能介绍。

(1)直流电流监测管理。在该功能模块下，用户可以通过规则人员及以上权限对直流电流监测装置进行管理：用于配置直流电流监测装置信息，实现监测装置的添加、删除、卡号及地址更改等。

(2)在线监控。在线监控包括：监控设置、直流电流监测装置概要运行参数、单个直流监测装置详细运行参数、历史监控数据等子模块，对系统所登记的各种直流监测装置的运行状况进行实时监控、故障报告。

监控设置：主要是将各个分散的直流电流监测装置按地区（市级区域）或电压

等级(110 kV、220 kV、500 kV)进行分类归纳,以便后台监控人员方便整体查看。

直流电流监测装置概要运行参数:按地区或电压等级显示当前所安装的直流电流监测装置实时监控数据,以便后台监控人员对该地区或电压等级直流情况有整体的了解。

单个直流监测装置详细运行参数:可以实时显示当前监控装置所监测的变电站直流电流情况,以便后台监控人员对需要重点监控地点进行实时监控。

历史监控数据:将各个装置实时监控数据储存,以便后台监控人员对相关数据的查询和分析。

7.3.6.1 后台计算机

后台计算机选用性能稳定的计算机,能够长时间运行。

后台通讯:数据收发采用互联网固定 IP 连接,短信报警和短信查看数据用短信模块。

计算机处理:后台处理采用计算机作为主设备,易于实现较复杂的处理功能和很好的显示效果。软件部分编制的程序,用以控制对数据的采集、处理和数据的保存、显示等。

7.3.6.2 软件主要功能

直流偏磁电流在线监测装置的主要功能为:

(1)装置具有北斗定位授时功能,各个变电站的直流偏磁电流在线监测装置具有很好的时间同步性。

(2)对变压器中性点直流进行实时、长期和连续的监测。

(3)在后台显示变压器中性点直流电流的数据和变化曲线,具有录波功能。

(4)当直流偏磁电流超过限值时,装置报警,将报警信息通过短信发送到指定人员手机。

(5)计算机内保存有两个月的全部监测结果,可随时调出在屏上观看,也可以通过网络、软盘等将保存的数据拷贝出来,远程或在其他计算机上进行观看和分析,并可打印不同时段的数据和变化曲线等。

监测装置软件功能框图如图 7-17 所示。

软件设计采用模块设计思想,软件结构清晰,便于维护。采用 VC++编制的程序,用以控制对数据的采集、处理和数据的保存、显示等。软件由报警、通讯、实时列表、实时曲线、历史数据保存、历史数据列表显示、历史数据曲线显示等 7 个模块组成。

报警模块:当测试电流超过限制(可设置如:12 A)时,认为变压器受到较大的偏磁干扰,不正常运行,进行亮灯显示报警信号,并发出报警信号。

通讯模块:定时接收采集装置数据,将中性点直流偏磁电流数据记录到数据

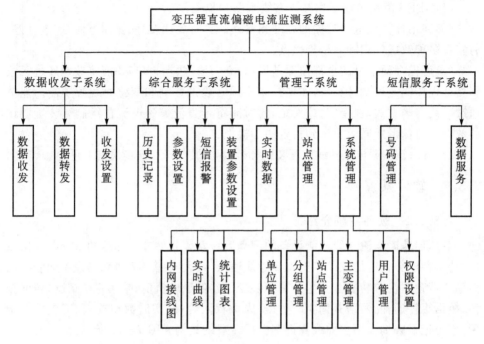

图 7-17　监测装置软件功能框图

库中。

　　实时列表:可以将每一路信号值以列表的形式显示如来,显示的内容包括:时间、信号值及信号单位。

　　实时曲线:可以将每一路装置的所有信号值以实时曲线的形式显示出来。

　　历史数据保存:将所有信号值按一定格式保存到计算机硬盘内,数据要求保存1年。

　　历史数据列表显示:提供查询每天某个时段的历史数据,数据显示的要求有最大值、最小值、平均值及单位。

　　历史数据曲线显示:提供以曲线的形式查看每天某个时段的历史数据。

7.3.6.3　监测系统的主要特点

　　(1)装置的硬件和软件均采用模块化的方法设计,不仅维护方便,而且通道数和功能容易扩展,软件操作方便。

　　(2)装置的主体部分采用计算机,其不仅有工作可靠、抗干扰能力强、对工作环境适应性强等优点,而且编程容易、软件兼容性好、内存容量大,适合大量的数据处理。

　　(3)采用北斗模块作为采样同步,能更好的分析各变电站变压器直流偏磁电流的关联性。

(4)GPRS 模块传输数据减少布线难度和投资。

(5)利用计算机进行数据的处理和管理。具有界面友好、操作方便、扩展性好、易实现多种数据处理和分析等优点。

(6)可保存两个月的全部监测结果,具有 USB 数据接口,并能将数据通过无线网络远程传输至远端计算机,实现打印不同时段的数据和变化曲线等功能。能够通过无线传输方式,在指定(或设定)的时间将各直流偏磁电流在线监测装置测试的数据以短信形式同时发送到指定的手机上。

(7)各直流偏磁电流在线监测装置具有较高的同步性,同步误差不超过 0.01 秒。

7.3.7 软件系统

7.3.7.1 软件系统介绍

变压器偏磁电流在线监测设备的配套后台系统软件支持标准的 Modbus 协议(支持多种电力行业协议的扩充),多总线通讯,最大支持 147 台采集设备无线布网传输。后台系统的功能主要包括显示各变压器偏磁电流值、采集定位情况、声光报警、短信报警通知、短信查询实时数据、人员权限管理、实时数据查询、历史数据记录、历史记录查询及历史曲线查询等。后台系统结构如图 7-18 所示。

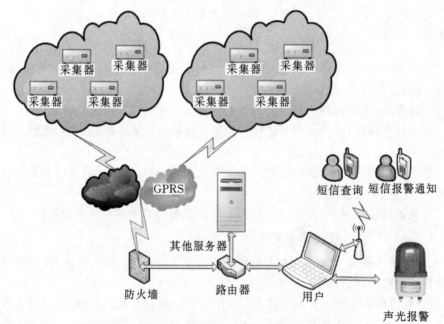

图 7-18　系统结构图(监控软件在远程监控 PC 机上运行)

7.3.7.2 软件系统的使用

整个系统运行界面友好,结构布局合理,左上角是皮肤和样式选择,右上角是帮助,下面一行是常用操作共分 3 个部分,"基本操作"、"权限管理"、"提示面板",整体布局符合 Office 办公软件操作习惯。系统启动时会自动检测有没有从站配置,如果有从站配置会使用配置信息初始化从站,否则进入配置界面,如图 7 - 19 所示。

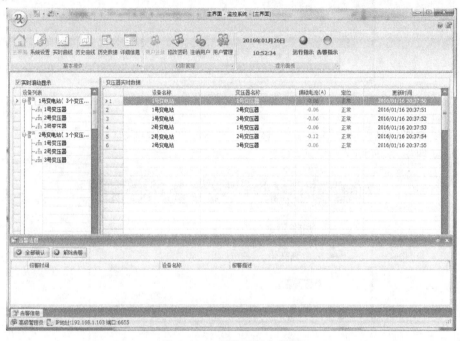

图 7 - 19 系统运行主界面

1. 权限管理

用户只有登录成功后取得相应权限,才能进行系统操作,否则只能进行浏览不能进行其他任何操作,如图 7 - 20 所示。

图 7 - 20 权限管理

从用户名列表中进行用户名选择，然后输入密码，验证正确后可以取得相应的操作权限，如图 7-21 所示。

图 7-21 用户登录

登录成功后可以进行修改密码操作，输入原始密码，然后输入两次新密码，确定后立即生效，如图 7-22 所示。

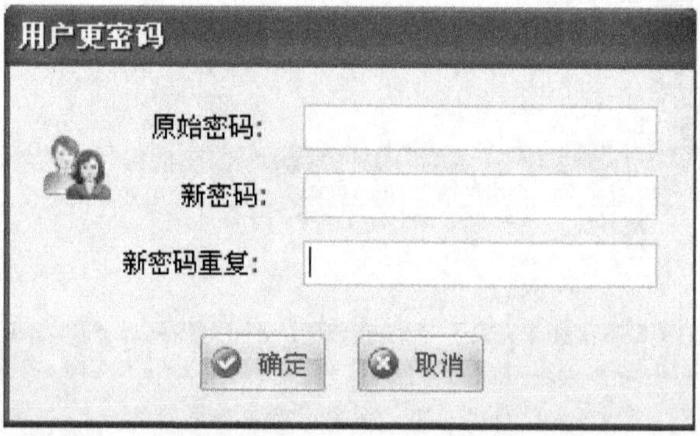

图 7-22 用户修改密码

只有"高级管理员"用户登录成功后才可以进行用户管理操作，可以添加、删除、修改用户；用户信息共有四部分组成，用户名、权限 ID、密码和手机号码。用户名为人名，权限 ID 进行选择，密码和手机号码进行输入；权限 ID 共有三类，高级管理员、管理员和操作员，高级管理员可以进行任何操作，管理员比操作员多修改系统配置权限，其他权限一样保存后立即生效，如图 7-23 所示。

2. 基本操作

基本操作包括"主界面"、"系统设置"、"实时曲线"、"历史曲线"和"历史数据"5个界面的切换，当前显示的哪个界面则对应按钮为变灰色状态；"详细信息"只有管理权限的人员才能查看各个采集器的工作状态。

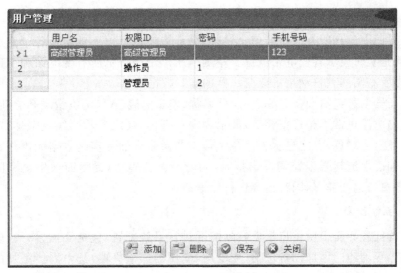

图 7 - 23　用户管理

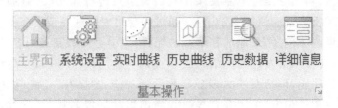

图 7 - 24　基本操作

3. 提示面板

提示面板主要是系统的提示信息包括当前时间、系统运行指示和系统告警状态提示。系统正常运行指示为绿色指示灯闪烁,否则为红色指示灯闪烁;告警指示显示系统是否有告警,如果有告警会红色指示灯闪烁,无告警不闪烁,双击可以打开告警信息窗口。

系统不停查询采集器运行信息,如果查询过程中没有收到采集器应答,判断采集器通讯异常,用红色闪烁显示当前有通讯异常的采集器。当全部采集器通讯正常时,在界面中间以绿色显示"系统运行正常",如图 7 - 25 所示。

图 7 - 25　运行提示和告警提示面板

4. 监控显示

主界面上包含所有变压器信息,可以循环切换也可以手动切换各个变压器信息,默认是实时显示各变电站数据。左侧是树形结构表示所有变电站和变压器信息,点击后右侧列表自动指示该变压器的实时数据信息。

变压器信息包括设备名称、变压器名称、偏磁电流(A),定位情况和更新时间;如果偏磁电流正常不超过报警值,显示为绿色字体,反之显示为红色字体;定位如果正常显示为绿色,反之显示为红色字体。如果变压器的实时数据无论是定位异常还是偏磁电流越限报警均发出报警,同时有声音提示,提示面板中也有闪烁提示,报警窗口也会弹出,同时也会进行短信通知。

5. 系统配置

系统配置界面提供用户根据实际情况进行系统配置,包括添加、修改、删除和添加向导等功能。添加设备包括(变电站,变压器和采集器)选中需要添加的类型的父节点,然后点击"添加"进行设备添加同时填写设备名称,采集器同时要填写采集器地址;修改和删除是选中需要操作的设备节点进行操作。"添加向导"针对多个变电站和设备进行快速配置的选项,通过向导可以快速完成设备的配置。

参数设置选项包括 IP 地址和端口的配置,短信号码和高级配置功能,"短信号码"主要配置告警短信发送的电话列表和查询功能的授权号码。"高级配置"针对调试员使用的功能,包括系统的多个参数设置功能。"保存"功能就是参数修改后保存到数据库中;"确定"关闭配置界面并使用当前配置参数进行初始化系统;"取消"关闭配置界面并使用原来的设置参数,如图 7-26 所示。

图 7-26 系统配置

短信号码参数设置包括电话号码和姓名,同时选择报警是否通知,是否有查询信息权限,如图 7-27 所示。

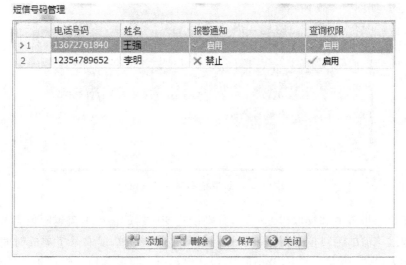

图 7 - 27　短信号码参数配置

采集器的参数设置和读取,包括采集系数和偏磁电流归零值;可以单个的采集设置(包括读取和修改参数),也可以一次全部读取所有已连接上采集器的采集系数和偏磁电流归零值,高级配置界面如图 7 - 28 所示。

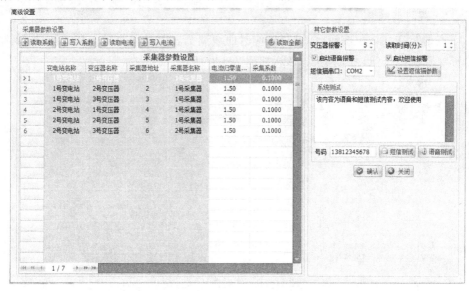

图 7 - 28　高级配置界面

读取全部参数过程等待提示窗口,进度条提示搜索完成的百分比,提示框提示读取总个数和已经完成的个数。取消按钮可以取消正在进行的任务,进入到正常运行状态,如图 7-29 所示。

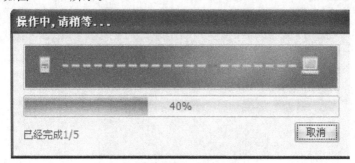

图 7-29 读取全部参数进度窗口

变压器报警值和读取时间(分),分别设置变压器的偏磁电流越限报警值(偏磁电流超过该值的绝对值进行报警);读取时间是设置主站读取采集器的时间周期,以分钟为单位(最大值是 5,最小值是 1)。启动语音报警和启动短信报警功能的主要是报警产生时的提示功能是否使用;短信猫的设置只需要选择连接的端口号,默认的波特率是 9600,"设置短信猫参数"是设置短信猫的接收信息模式要一起上送接收的手机号码。"系统测试"中包括语音和短信的测试功能,调试系统是否能正常使用该功能。

6. 实时曲线

点击"实时曲线"按钮,即可打开实时曲线浏览界面。在曲线工具添加、删除和全部删除功能按钮,配置实时曲线,如图 7-30 所示。

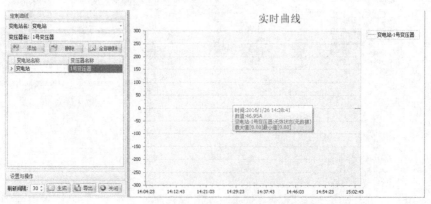

图 7-30 实时曲线浏览

选择变电站和变压器后,点击添加按钮,完成添加,点击确定即可。刷新时间可以调节更新数据的间隔单位是秒,最小 30 秒。

曲线信息包括当前鼠标位置的时间刻度、当前值、在该时刻的状态、最大值、最小值和平均值等信息,如上图中提示,不需要另外显示浏览更加直观。导出按钮提供历史曲线的导出为"实时曲线.png"的图片,方便查阅。

7. 历史曲线

点击"历史曲线"按钮,即可打开历史曲线浏览界面。在曲线工具添加、删除和全部删除功能按钮,配置历史曲线,如图7-31所示。

选择变电站和变压器后,点击添加按钮,完成添加,设置好时间范围,点击确定即可。

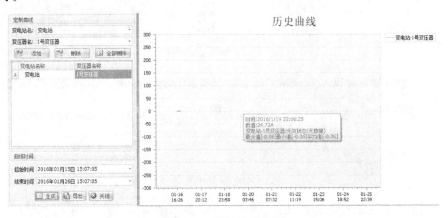

图7-31 历史曲线浏览

曲线信息包括当前鼠标位置的时间刻度、当前值、在该时刻的状态、最大值、最小值和平均值等信息,如上图中提示,不需要另外显示浏览更加直观。导出按钮提供历史曲线的导出为"历史曲线.png"的图片,方便查阅。

8. 历史数据

点击"历史数据"按钮,即进入历史数据查询界面。查询的起始和结束时间没有限制,但是查询的范围越大用时将越长,建议一次查询30天的历史数据。可以查询指定设备的变压器名称,偏磁电流值,定位状态和更新时间,如图7-32所示。

先在左边的树形列表中选择查询的变压器名称,再设定查询的起始和结束时间,点击查询按钮,查询出来的结果则列在右边的列表中。列表顶端显示本次查询的设备及内容。支持将查询到的数据导出到Excel表中。

9. 系统报警

当某台变压器收到的数据中,定位异常或者偏磁电流值超过所设置的限值时,即引起报警。报警时PC机的语音播报报警信息,自动弹出"告警信息窗"对话框如图7-33所示。非报警状态用户也可以点击"告警信息窗"按钮查询历史报警记录。

图 7-32　历史数据查询

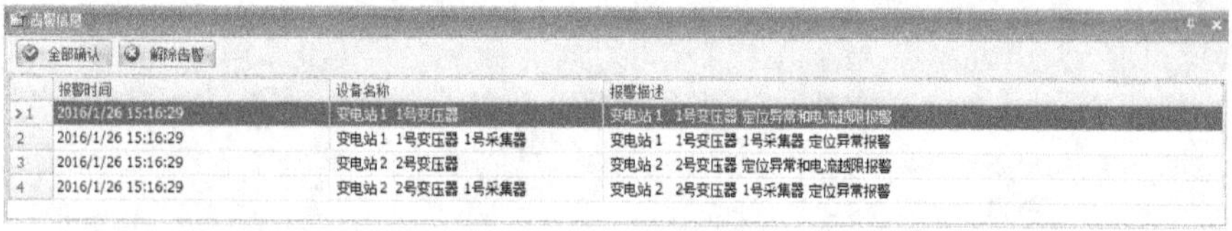

图 7-33　告警信息窗口

报警窗列出本次系统启动后的最新 1000 条报警记录,程序退出时不保存。点击"全部确认"按钮,则确认本次所有报警变压器报警输出。点击"解除报警"按钮则只是解除本次对应变压器报警输出。

7.4　本章小结

随着特高压直流输电工程的不断投运,变压器直流偏磁现象屡见不鲜,为规范变压器直流偏磁电流的检测,本章给出了变压器直流偏磁现场检测及数据分析方法,引入检测实例,介绍了±400 kV 拉萨换流站直流接地极电流导致周边变电站变压器直流偏磁的检测情况;开发了一种变压器直流偏磁电流在线监测装置,该装置采用霍尔传感器、无线传输模块、北斗授时天线、电子元器件、后台计算机等主要器件,能对直流偏磁电流进行长期和连续的实时监测。变压器偏磁电流在线监测设备的后台系统软件支持标准协议,采用多总线通讯,能够建立多台采集设备无线布网传输的监控体系。监测装置功能主要包括显示各变压器中性点直流电流值、采集定位情况、声光报警、短信报警通知、短信查询实时数据、人员权限管理、实时数据查询、历史数据记录、历史记录查询及历史曲线查询等。通过对变压器直流偏磁电流进行实时监测,能够提高电网变压器直流偏磁的早期预警能力,有利于及时对直流偏磁风险较大的变压器采取有效性的防护措施。

第8章 四川电网变压器直流偏磁现状及治理建议

目前四川电网已有 1 座 ± 500 kV 换流站,3 座 ± 800 kV 换流站,换流站建设初期会采用单极大地回路运行方式,建成后每年均要进行一次年度检修,可能会对单极进行检修,或者平时由于其他原因需要采取单极大地回路运行方式,四川电网部分变压器不得不多次承受直流偏磁电流的影响。尽管单次直流偏磁对变压器并无较大实质危害,然而多次反复处于该环境下很可能导致变压器局部过热、绕组松动、垫块脱落和结构变形等,尤其是长时间大功率直流单极大地回路运行情况下,变压器同时带大负荷运行甚至超负荷运行时,对变压器的损坏更加明显。本章将介绍四川电网变压器直流偏磁现状,并给出相应的治理建议。

8.1 四川电网变压器直流偏磁现状

8.1.1 直流接地极电流对四川变压器影响简介

截止 2016 年 6 月,四川境内现有 4 座直流换流站、3 个直流接地极。4 座换流站分别为 ± 800 kV 复龙换流站、± 800 kV 锦屏换流站、± 800 kV 宜宾换流站、± 500 kV 德阳换流站,三座直流接地极分别为绵阳安县接地极、凉山昭觉接地极、宜宾共乐接地极,其中宜宾共乐接地极为 ± 800 kV 复奉和 ± 800 kV 宾金直流线路的共用接地极。

± 500 kV 德阳换流站是四川境内第一座直流换流站,2009 年投运,换流容量为 3000 MVA,其单极大地回线运行方式接地极电流可达 3000 A。
± 800 kV 复龙换流站 2010 年投运,换流容量为 6400 MVA,其单极大地回线运行方式接地极电流可达 4000 A。

± 800 kV 锦屏换流站 2013 年投运,换流容量为 7200 MVA,其单极大地回线运行方式接地极电流可达 4500 A。

± 800 kV 宜宾换流站 2014 年投运,换流容量为 8000 MVA,其单极大地回线运行方式接地极电流可达 5000 A。

从 ± 500 kV 德阳换流站投运以后至 ± 800 kV 宜宾换流站调试投运,四川省电力公司在直流线路单极大地回线运行方式下进行了多次变压器直流偏磁的测试,从整体情况看,四川电网范围内接地极近区变电站直流偏磁情况不严重。具体情况如下:

(1)±500 kV 德宝直流接地极近区部分 220 kV、500 kV 变电站如 500 kV 谭家湾站、220 kV 孟家站、桑枣站等主变受到直流偏磁影响,但中性点直流均小于 5 A;

(2)±800 kV 复奉直流接地极近区部分 220 kV、500 kV 变电站,如 500 kV 泸州站、220 kV 龙头站、纳溪站、高石站等主变受到直流偏磁影响,但中性点直流电流均小于 12 A。但泸州地区 220 kV 方山电厂主变受直流偏磁影响相对较严重,中性点直流电流超过 20 A;

(3)±800 kV 锦屏直流接地极近区变电站较少,未发现受到直流偏磁影响的情况;

(4)±800 kV 宾金直流在 2014 年进入调试后,多次开展直流单极大地回线方式时变压器直流偏磁的测试。其具体情况如下:

1)2014 年 3 月 11 日及 18 日,宾金直流进行了直流单极低端带小负荷大地回线运行,直流负荷分别为 200 MW、300 MW、400 MW。四川电网公司分别对直流近区方山电厂、500 kV 泸州站、叙府站进行中性点直流测量,并重点对方山电厂和泸州主变进行噪声、振动测量。宜宾、泸州电网区内的 220 kV 变电站进行中性点直流量、噪声等主变运行情况测试,结果如下:

①本次直流单极大地回线运行方式下,地电流 500~1000 A,接地极近区主变中,220 kV 方山电厂主变中性点直流变化量相对最大,最大 4.2 A,泸州 500 kV 1♯、2♯主变直流电流 0.8A,其余 220 kV、500 kV 等 16 座变电站中性点直流较小;

②由于除方山电厂主变外,其余主变直流量小于 1 A,主变振动、噪声均无明显变化。直流 400 MW 时,方山电厂主变噪声较正常方式增加约 3~5 dB;

③直流功率 200 MW、300 MW、400 MW 时,方山电厂主变中性点直流分别为 1.9 A、3.1 A、4.2 A,和直流功率基本呈线性。由于大地、电网结构在不计及温湿度变化时直流电阻不变,即主变中性点直流和入地电流源成线性,测量结果符合基本原理。

2)2014 年 6 月 5 日,宾金直流进行了直流单极大地回线运行,直流入地电流从 0~5 kA。直流单极运行前后,四川电网公司分别对直流近区方山电厂、500 kV 泸州站、叙府站等进行中性点直流测量,并重点对方山电厂和泸州主变进行噪声、振动测量,直流测试由于共乐接地极烧毁在 4000 A 时终止。

此次测试中,方山电厂升压变在前期分析和测试过程中出现较大直流分量,预计 5 kA 直流大地回线运行时,方山电厂主变直流电流可达到 20 A,可能影响主变安全运行。经过和省调协商,试验期间方山电厂两台升压变均不接地,方山电厂220 kV系统通过220 kV起备变接地。其结果如下:

①本次直流单极大地回线运行方式下,接地极近区主变中,220 kV方山电厂改变接线方式后主变中性点直流明显变小,直流大地电流4 kA时,方山电厂启备变中性点直流2 A,变压器运行无明显异常。

②改变方山电厂接地方式后,原通过方山电厂注入泸州主变电流降低,导致泸州主变中性点直流明显变大,泸州500 kV主变成为本次试验中直流电流最大站点,1♯、2♯主变中性点直流达到6.2~6.6 A,噪声较正常运行增大约10 dB。

③主变噪声出现较为明显增大的站点包括:220 kV龙头站、王渡站、高石站。

3)2014年6月18日,在共乐接地极恢复运行后,宾金直流进行了第四阶段测试工况为直流单极大地回线运行,直流入地电流从0 A逐步升至5 kA。直流单极运行期间,四川电网分别对直流近区方山电厂、500 kV泸州站、500 kV叙府站和220 kV纳溪站、杨桥站、玉观站、林庄站、高石站、龙头站、江南站、城南站等变电站变压器中性点的直流电流做了检测,同时对泸州主变进行噪声、振动检测。方山电厂仍然采用起备变接地方式,结果如下:

①在本次直流单极大地回线运行电流5000 A条件下,500 kV泸州变电站单台主变中性点直流最大约为10.2 A,500 kV叙府变电站单台主变中性点直流最大约为6.6 A,两站主变噪声较正常方式下增大13 dB,振动有明显增加。试验期间两站主变运行正常,偏磁电流和振动情况仍在正常范围内。

②在本次直流单极大地回线运行电流5000 A条件下,220 kV龙头变电站、220 kV纳溪变电站、220 kV高石变电站中性点直流相比其他站点较大,分别达到4.79 A、4.01 A、2.7 A,主变噪声、振动较正常方式明显加强,但是均未超过变压器厂家提供的主变抗偏磁电流能力。其余220 kV测量站点中性点直流均未超过1 A,噪声、振动不明显。

③在本次直流单极大地回线运行电流5000 A条件下,泸州、叙府、方山、纳溪、杨桥、玉观、高石、龙头、双龙、复龙站主变中性点直流方向与接地极电流方向相反,林庄、江南、城南站主变电流方向与接地极电流方向相同。实验结果表明:距离接地极较近所有站点主变中性点直流方向与接地极电流相反,远距离站点存在与接地极电流方向相同的现象,但反向电流远大于同向电流。

④宾金直流入地电流1100 A时,通过依次闭合玉观、高石、龙头、纳溪4个220 kV变电站两台主变中性点开关。操作前后,玉观、高石、龙头、纳溪4个站点主变中性点进行分流,振动、噪声明显减小;4站均为双变接地条件下,泸州、方山单台主变中性点直流变化率约为1%,叙府单台主变中性点直流基本无变化;其余220 kV变电站主变中性点直流分布小幅变化,最大电流变动幅值不超过0.5 A。因此可以得出,同时闭合220 kV变电站两台主变中性点开关,可以缓解本站变压

器偏磁电流的影响,但是对于减小 500 kV 变电站主变中性点直流效果不明显。

8.1.2　直流偏磁对 220 kV 幸福站主变的影响

8.1.2.1　情况介绍

变压器的噪声源来自铁芯硅钢片磁滞伸缩振动,散热器风扇转动,线圈导线或线圈电磁力对变压器壳体及磁性材料的作用等。变压器噪声增大可能由于变压器内部故障引起,或者由于非正常运行工况引起,如:谐波、直流偏磁、负荷异常增加等。

2013 年 10 月 10 日 07 时 30 分,幸福站 2♯ 主变(见图 8-1)响声比平常声音大而均匀,变压器本体振动加剧,油温、负荷以及主变本体无其他异常情况。该站两台主变并联运行,变压器中性点采用部分接地方式,其中 1♯ 主变中性点不接地,2♯ 主变中性点接地。该站两台主变均为同一变压器制造厂的产品,为三相铁芯独立、油路相通的组式变压器(见图 1),其主要参数为:

型　　　号:SFSZ10-H-180000/220

额定容量:180000/180000/90000 kVA

额定电压:(230±8×1.25%)/115/38.5 kV

连接组标号:YNyn0D11

图 8-1　幸福站 2♯ 主变

8.1.2.2　噪声增大变压器运行工况

2013 年 10 月 10 日 7 时 30 分,幸福站 2♯ 主变出现噪声、振动异常,7 时 40 分该站 I 母、II 母三相电压正常(见图 8-2)。

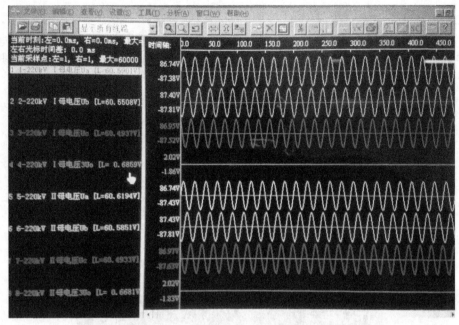

图 8-2　2013 年 10 月 10 日 7 时 40 分时 2♯主变录波图

为了分析潮流和负荷是否是引起该站中性点接地变压器噪声增大的原因,以下分别列出了噪声增大前(7 时 00 分)、噪声增大后(8 时 00 分)、10 月 10 日和 10 月 11 日 2♯主变最大负荷及最大电流。

(1)7 时 00 分 2♯主变运行工况

潮流及负荷

220 kV Ⅱ母:Uab:230.18 kV,Ua:133.07 kV,Ub:132.86 kV,Uc:132.79 kV

110 kV Ⅱ母:Uab:111.36 kV,Ua:64.352 kV,Ub:64.346 kV,Uc:64.368 kV

主变电流及有功

高压侧 Ia:185.820 A,P:−75.724 MW

中压侧 Ia:390.791 A,P:−75.756 MW

(2)8 时 00 分 2♯主变运行工况

潮流及负荷

220 kV Ⅱ母:Uab:230.69 kV,Ua:133.2 kV,Ub:133.1 kV,Uc:133.098 kV

110 kV Ⅱ母:Uab:111.405 kV,Ua:64.365 kV,Ub:64.297 kV,Uc:64.273 kV

主变电流及有功

高压侧 Ia:170.176A,P:−69.250 MW

中压侧 Ia:358.945 A,P:−69.684 MW

2♯主变噪声增大前后潮流、负荷、电流和有功均未出现异常情况。

8.1.2.3 红外及油温测试

10月10日幸福站2#主变出现噪声增大的现象,10月11日该变压器噪声仍未减小,运行人员对2#主变进行了红外测温和油温测试。以下为10月12日该主变红外测温图如图8-3所示(本体及A、B、C相)。

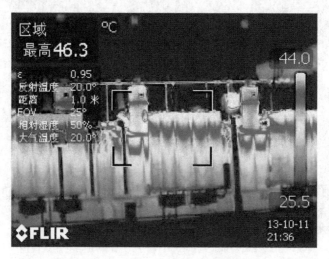

图 8-3 2#主变红外测温图

2#主变油温测试结果见表8-1。

表 8-1 2#主变油温测试结果　　　　　　　　　　单位:℃

	A相	B相	C相	绕组	环境
温度	50.1	49.6	51.3	52.6	21.3

2013年10月11日测得的2#主变红外最高温度为46.3℃,以及10月12日测得的变压器油温和绕组温度均在正常范围内。

8.1.2.4 噪声振动测试及分析

2013年10月12日,技术人员对220kV幸福站两台主变噪声和振动进行了测试。

1. 噪声测试及分析

为分析变压器中性点接地方式是否与其噪声异常相关,主变噪声测试按照2#主变接地、1#主变不接地和1#主变接地、2#主变不接地两种方式进行。

主变噪声测试时,噪声测试仪器位于油池边缘竖直高度1.2m处,每台变压器各测11个点,见图8-4。

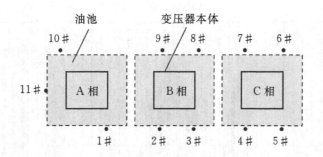

图 8 - 4 2#变压器噪声测点位置

测试结果见表 8 - 2。

表 8 - 2 幸福站主变噪声测试结果 等效声级 dB(A)

主变	序号	1	2	3	4	5	6	7	8	9	10	11
1#	中性点接地	70.5	69.5	68	69	61.8	64.6	66.3	67	69.5	72.3	70.6
	中性点未接地	57.9	64.1	63.9	62.9	61.1	57.1	59.9	58.8	59.9	65.1	57.1
	差值	12.6	5.4	4.1	6.1	0.7	7.5	6.4	8.2	9.6	7.2	13.5
2#	中性点接地	71.4	76.6	72.9	70.7	70	71.1	73.7	73.9	76.8	72.1	70.5
	中性点未接地	64.1	66.2	64.4	67.9	67.3	67	68.9	68	65.7	63.7	56.8
	差值	7.3	10.4	8.5	2.8	2.7	4.1	4.8	5.9	11.1	8.4	13.7

注:A 为网络计权的一种。

从表中数据可以看出,变压器中性点接地时比不接地时等效声级最大达 13.7 dB。

从图 8 - 5 可知,变压器中性点接地时 200～800 Hz 声级数值比变压器中性点未接地时显著增大。2# 主变接地、1# 主变不接地方式时,2# 主变最高噪声比1# 主变高约 10 dB;改变两台主变的接地方式,即 2# 主变不接地、1# 主变接地后, 2# 主变噪声随即下降至正常值,1# 主变噪声增大约 10 dB。

由此可知:排除幸福站两台主变内部故障引起噪声增大;变压器接地方式是引起噪声增大的原因(中性点接地的变压器会噪声增大,而中性点不接地的变压器不受影响)。

2. 振动测试及分析

主变振动测试是在变压器噪声增大时测试本体油箱壁,下图 8 - 6 为变压器中性点未接地和接地时的测试结果。

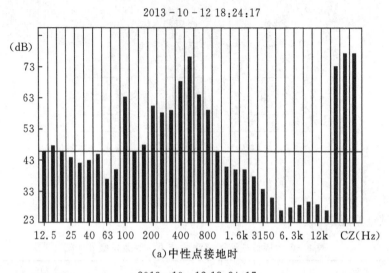

(a)中性点接地时

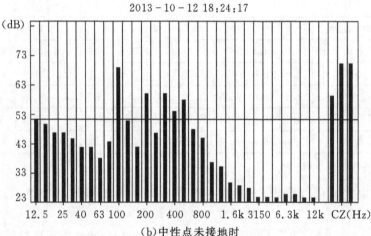

(b)中性点未接地时

图8-5 变压器中性点噪声频谱分布图

由图8-6可知,变压器中性点未接地时,振动加速度主要以100 Hz为主,200～500 Hz有少量分布;变压器中性点接地时振动加速度增大,主要频率以500 Hz为主,同时250～700 Hz加速度均明显增大。

8.1.2.5 变压器中性点直流测试及分析

为分析中性点直流对变压器噪声增大的影响,分别按以下两种运行工况测试了幸福站主变中性点直流。

(1)1♯主变中性点接地,2♯主变中性点不接地。

测试1♯主变中性点直流,测试结果见表8-3。

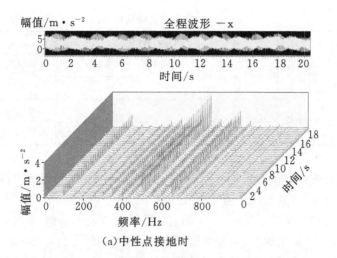

（a）中性点接地时

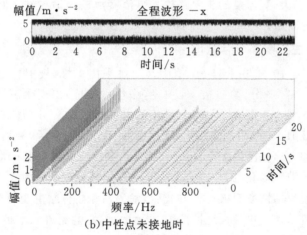

（b）中性点未接地时

图 8-6 变压器中性点振动瀑布图

表 8-3 中性点直流测试结果

单位:A

中性点电流	220 kV 侧	110 kV 侧
DC	0.9	0.5
AC	6.6	6.2

　（2）1♯主变 220 kV 侧中性点接地,110 kV 中性点不接地,2♯主变 110 kV 侧中性点接地,220 kV 中性点不接地。

　该方式可判断直流量的主要路径,测得变压器中性点直流见表 8-4。

表 8 - 4　中性点直流测试结果　　　　　　单位:A

		110 kV 侧	220 kV 侧	噪声
1# 主变	DC	/	0.8	噪声
	AC	/	6.6	较大
2# 主变	DC	0.3	/	比正常
	AC	5.9	/	时略大

测得的变压器中性点交流电流是由于三相不平衡引起,数值未超过变压器零序电流保护整定值,其最大值为 6.6 A。

变压器噪声增大时,有约 0.9 A 的直流量流入变压器绕组,会导致变压器励磁电流畸变,铁芯半周磁饱和,引起变压器噪声增大、振动加剧。220 kV 侧流入的直流量比 110 kV 侧大,直流量的主要路径是直流接地极与幸福站之间的 220 kV 线路和大地形成的回路。

8.1.2.6　主变噪声异常原因

2013 年 10 月 10 日 6 时 54 分,德阳换流站采用单极(极 II)大地回路方式运行,10 月 10 日 7 时 30 分,德阳站 2# 主变(中性点接地)出现噪声增大现象,10 月 15 日 18 时 52 分,恢复双极运行方式后,德阳站主变噪声减小。10 月 16 日 7 时 11 分,当德阳换流站极 II 停运,采用单极(极 I)大地回路方式运行后,幸福站中性点接地主变噪声随即增大。相距约 100 km 的 220 kV 榆林站主变也出现类似现象,且中性点接地变压器噪声变化与德阳换流站运行方式转换时间一致。10 月 21 日 17 时 30 分,德阳换流站恢复双极运行方式后,幸福站和榆林站主变噪声恢复正常。

当德阳换流站采用单极大地回路方式运行时,地电流流入幸福站中性点接地主变绕组,导致变压器发生直流偏磁,引起噪声增大、振动加剧。

8.1.3　直流偏磁对 220 kV 榆林站主变的影响

8.1.3.1　情况介绍

在德阳换流站 2014 年检修期间,采用单极大地回路运行方式时,开展 220 kV 榆林站主变的中性点直流量测试,220 kV 榆林站位于甘孜州康定市以南,联接小天都电厂和 220 kV 西地站。

榆林站两台主变并联运行,变压器中性点采用部分接地方式,其中 1# 主变中性点不接地,2# 主变中性点接地。该站两台主变均为统一变压器厂的产品,为三相铁芯独立、油路相通的组式变压器,铁芯结构为单相三柱式,其主要参数为:

型　　号:SFSZ10－H－180000/220

额定容量:180000/180000/90000 kVA

额定电压:(230±8×1.25%)/115/38.5 kV

连接组标号:YNyn0D11

8.1.3.2　测试时间及工况

2014 年 5 月 18 日 07 时 00 分 00 秒,±500 kV 德宝直流功率方向为宝鸡换流站送德阳换流站,德阳换流站极 Ⅰ 从 171.848 MW 降功率,极 Ⅱ 从 178.152 MW 升功率;07 点 03 分 00 秒,极 Ⅰ 功率降至 147.799 MW,极 Ⅱ 功率升至 202.201 MW;07 点 06 分 20 秒,极 Ⅰ 功率降至 0 MW,极 Ⅱ 功率升至 350 MW,直流接地极电流为 712.436 A;07 点 30 分 17 秒,采用极 Ⅱ 金属回线运行方式,极 Ⅱ 功率为 350 MW,直流接地极电流为 9.766 A。

表 8-5　德阳换流站直流接地极电流

时间	直流接地极电流/A	时间	直流接地极电流/A
06:45:00	19.799	07:55:00	10.625
06:50:00	19.356	08:00:00	10.828
06:55:00	19.273	08:05:00	11.369
07:00:00	19.134	08:10:00	9.725
07:05:00	115.662	08:15:00	10.060
07:10:00	712.436	08:20:00	10.072
07:15:00	713.507	08:25:00	9.299
07:20:00	714.965	08:30:00	8.967
07:25:00	713.348	08:35:00	9.809
07:30:00	713.618	08:40:00	10.073
07:35:00	9.766	08:45:00	10.008
07:40:00	10.806	08:50:00	9.967
07:45:00	10.044	08:55:00	10.473
07:50:00	10.811		

注:此次测试时间为:2014 年 5 月 18 日 07 时至 08 时 30 分。

8.1.3.3　测试结果

当德阳换流站极 Ⅱ 单极大地回路运行时,测得 2♯ 主变中性点直流电流的平均值约为 0.3 A。当德阳换流站运行方式切换期间,2♯ 主变中性点直流量变化趋势如图 8-7、8-8 所示。

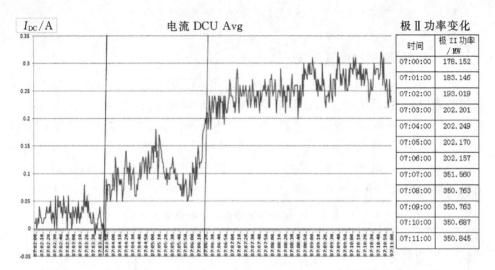

图 8-7 从双极运行到极 Ⅱ 单极大地运行期间榆林站主变中性点直流量变化

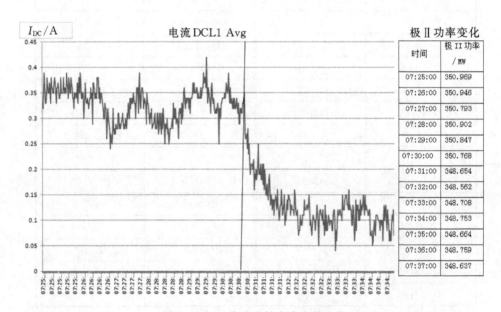

图 8-8 2#主变中性点直流量变化

由图 8-7 可知:当 07 点 03 分 00 秒德阳换流站极 Ⅰ 功率从 171.848 MW 降至 147.799 MW,极 Ⅱ 功率从 178.152 MW 升至 202.201 MW 时榆林站主变中性点直流有一定增加,约 0.1 A。当 07 点 07 分 00 秒德阳换流站极 Ⅰ 功率降至 0 MW,极 Ⅱ 功率升至 351.560 MW,此时榆林站主变中性点直流有明显增加,约 0.3 A。

由图 8-8 可知:当 07 点 30 分 00 秒德阳换流站转为极 Ⅱ 金属回路运行方式

时,极 II 功率为 350 MW,直流接地极电流为 9.766 A。此时榆林站主变中性点直流随即下降,趋势明显。

8.1.3.4 分析与结论

由测试结果可知,±500 kV 德阳换流站在极 II 单极大地回路 350 MW 小功率运行方式期间,220 kV 榆林站 2♯ 变压器能够检测出有直流从中性点流入,主变中性点直流电流的变化时间与德阳换流站运行方式和操作时间一致,故榆林站主变中性点直流电流变化、变压器噪声与德阳换流站单极大地运行方式密切相关。

经核实,在多次 220 kV 幸福站、榆林站都反映变压器声音异常增大与德阳换流站单极大地运行在时间上吻合,但此次测试德宝直流输送功率较小,故榆林站主变中性点直流电流值较小,噪声增大不明显,需要进一步研究直流偏磁对变压器电气、振动、噪声的影响和传导机制。

建议尽可能减少直流单极大地回流方式。另外,加强与直流运行单位的联系,换流站单极大地回路运行期间,加强监视和数据收集,为直流接地极电流防护积累数据。根据《DL/T 437—2012 高压直流接地极技术导则》,测试的直流电流值均在交流变压器允许通过的直流电流值范围内,不影响交流变压器正常运行。

8.1.4 宾金特高压直流联调期间偏磁测试

宾金直流起于四川宜宾换流站,止于浙江金华换流站,途经四川、贵州、湖南、江西、浙江 5 省,线路全长 1653 km。该直流是西电东送的重要通道,工程的建设为落实国家西电东送战略,满足四川电力外送的需要,缓解浙江电力供应紧张局面,具有重要意义。该工程设计为 ±800 kV 双极,额定容量 8000 MW,交流 500 kV 规划出线 8 回,分别至溪洛渡左水电站 3 回,至复龙换流站 2 回,至叙府 500 kV 变电站 2 回,备用 1 回。宜宾换流站为直流输送功率配置了 500 kV 交流滤波器分为 4 大组,其中交流滤波器为 10 小组,单组容量为 235 MW,并联电容器为 10 组,单组容量为 285 MW,共计 5380 MW 容性无功,另外还在 35 kV 侧配置了 6 组电抗器,每组容量 60 MW,共计 360 MW 感性无功。直流近区网架图如图 8-9 所示。

宾金直流联调期间宜宾站接地极近区变电站直流偏磁测试工作总共分为四个阶段。由于受到浙江侧直流偏磁治理工作的影响,前两个阶段主要进行小电流入地测试,入地电流小于 2 kA;随着宾金直流双极建设完成,后两个阶段进行 0~5 kA 大电流入地测试。四川境内主要对明显受到偏磁影响的方山电厂、叙府 500 kV 变电站、泸州 500 kV 变电站以及接地极附近的 220 kV 站点进行了主变中性点直流、振动及噪声测量。

通过上述测试,能够较为准确地给出宾金直流、复奉直流单极大地运行方式不同电流大小时,宜宾、泸州两地 500 kV、220 kV 变电站中性点直流大小与方向,以及上述变电站地下电位分布特性,为后续偏磁机理研究和治理工作提供可靠依据。

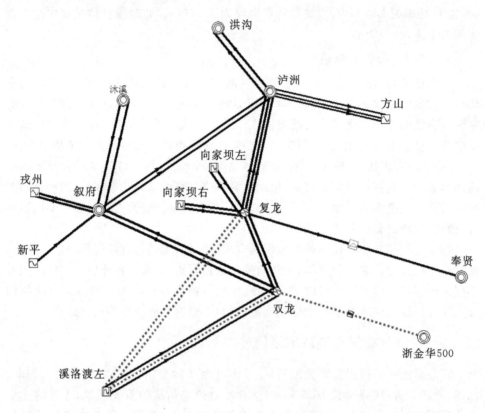

图 8-9 宜宾换流站近区电网接线

8.1.4.1 检测范围

检测工作的变电站主要分为两大类：测试站、观察站。

（1）测试站为前阶段偏磁测试结果较大的变电站以及仿真表明偏磁风险较大的变电站及特高压换流站。主要进行中性点交、直流电流和变压器噪声检测。

测试站点为：500 kV 叙府站、500 kV 泸州站、220 kV 纳溪变、220 kV 杨桥站、220 kV 玉观站、220 kV 林庄站、220 kV 叙府站、220 kV 高石站、220 kV 龙头站、220 kV 江南站、220 kV 城南站、宜宾换流站、复龙换流站、方山电厂。

（2）观察站为存在偏磁风险或第二阶段测试结果存在一定幅值偏磁电流的变电站。对于观察站建议开展变压器的噪声和中性点交、直流电流的测量，无条件时开展现场噪声观察。

观察站点为：500 kV 洪沟站、220 kV 丰收站、220 kV 北荆坝站、220 kV 白沙站、220 kV 屏山站、220 kV 孜岩站、220 kV 震东站、220 kV 幸福站。

8.1.4.2 测量结果

1. 第一阶段测试结果(2014 年 3 月 10 日)

第一阶段测量由于宾金直流单极直流功率只上升到 200 MW,直流注入大地电流仅为 500 A,且持续时间小于 1 h,因此四川境内各变电站及电厂主变中性点直流均小于 1 A。

2. 第二阶段测试结果(2014 年 3 月 18 日)

根据第二阶段测量结果,当直流低端大地回线 2000 MW 运行,入地电流 5000 A,则四川侧方山电厂预计中性点直流电流可达 20 A。

3. 第三阶段测试结果(2014 年 6 月 5 日)

(1)本次直流单极大地回线运行方式下,地电流 1000～3000 A,接地极近区主变中,220 kV 方山电厂改变接线方式后主变中性点直流明显变小,且接地的起备变为三相三柱式,可耐受直流电流能力强。直流大地电流 4 kA 时,方山电厂启备变中性点直流 2 A,变压器运行无明显异常。

(2)本次测试的方山、泸州、叙府中性点直流方向一致,均为主变入地方向,经方山电厂改变接地方式后,泸州、叙府直流电流均有所增大。

(3)根据第一阶段测试结果,若方山电厂仍采用 1 台主变接地方式,预计直流入地电流 3 kA 时,方山主变中性点直流约 12 A。改变接地方式后,原通过方山电厂注入泸州主变电流降低,导致泸州主变中性点直流明显变大,泸州 500 kV 主变成为本次试验中直流电流最大站点,1♯、2♯ 主变电流达到 6.2～6.6 A,噪声较正常运行增大约 10 dB,原方山入地电流基本全部转移至泸州两台主变。

4. 第四阶段测试结果(2014 年 6 月 18 日)

(1)在本次直流单极大地回线运行电流 5000 A 条件下,500 kV 泸州变电站单台主变中性点直流最大约为 10.2 A,500 kV 叙府变电站单台主变中性点直流最大约为 6.6 A,两站主变噪声较正常方式下增大 13 dB,振动有明显增加。试验期间两站主变运行正常,偏磁电流和振动情况仍在正常范围内。基于本次实测结果,只要大负荷实验期间不出现泸州站一台主变故障退出运行的状况,泸州 500 kV 变电站主变不会因为偏磁电流过大而损坏主变。

(2)在本次直流单极大地回线运行电流 5000 A 条件下,220 kV 龙头变电站、纳溪 220 kV 变电站、220 kV 高石变电站中性点直流相比其他站点较大,分别达到 4.79 A、4.01 A、2.7 A,主变噪声、振动较正常方式明显加强,但是均未超过变压器厂家提供的主变抗偏磁电流能力。其余 220 kV 测量站点中性点直流均未超过 1 A,噪声、振动不明显。

(3)在本次直流单极大地回线运行电流 5000 A 条件下,泸州、叙府、方山、纳溪、杨桥、玉观、高石、龙头、宜宾、复龙站主变中性点直流方向与接地极电流方向相反,林庄、江南、城南站主变电流方向与接地极电流方向相同。实验结果表明:距离接地极较近所有站点主变中性点直流方向与接地极电流相反,远距离站点存在与接地极电流方向相同的现象,但反向电流远大于同向电流。

(4)宾金直流入地电流1100 A时,通过依次闭合玉观、高石、龙头、纳溪4个220 kV变电站两台主变中性点开关。操作前后,玉观、高石、龙头、纳溪4个站点主变中性点进行分流,振动、噪声明显减小;4站均为双变接地条件下,泸州、方山单台主变中性点直流变化率约为1‰,叙府单台主变中性点直流基本无变化;其余220 kV变电站主变中性点直流分布小幅变化,最大电流变动幅值不超过0.5 A。因此可以得出,同时闭合220 kV变电站两台主变中性点开关,可以缓解本站变压器偏磁电流的影响,但是对于减小500 kV变电站主变中性点直流效果不明显。

(5)宾金直流入地电流5000 A时,复龙和宜宾换流站单台主变中性点直流约为0.5 A,噪声和振动与正常运行工况相同,无明显变化,换流变运行正常。

8.1.5 方山电厂主变故障分析及直流偏磁情况

8.1.5.1 事故情况

2013年08月16日23点43分,♯2发电机跳闸,♯2汽机跳闸,♯2炉MFT动作、机组负荷到零。

♯2主变的继电保护动作情况如下。

(1)主变差动速断、主变差动保护、发变组差动速断、发变组差动、发电机复压过流保护、主变轻瓦斯、主变重瓦斯、主变压力释放动作、发变组差动、主变差动保护、发电机复压过流启动故障录波。

(2)220 kV方泸一、二、三线♯2保护综重电流启动、距离零序保护启动、纵联保护启动,保护收信灯点亮。I母B相电压突变、II母B相电压突变、I母UL电压突变、II母UL电压突变启动故障录波,故障相别:BN。

(3)220 kV线路及主变高压侧避雷器均未动作。

事故发生时天气条件为雷雨大风天气。未收到目击线路放电报告,线路巡视后也未发现明显放电痕迹。

220 kV系统I、II母并列运行;♯2主变上II母运行,中性点接地;高压起备变上I母运行,中性点接地;220 kV方泸一、二、三线运行。

♯2机组上网负荷550 MW,♯2主变绕组温度76.4℃,油温64.1℃。

♯2主变型号为SFP-720000/220,是户外三相双绕组无载调压强迫油循环风冷铜芯低损耗变压器,其主要参数见下表8-6。

表 8 - 6　♯2 主变主要参数

容 量	720 MVA	接线组别	YNd11
高压侧额定电压	242±2×2.5% kV	高压侧额定电流	1717.74 A
低压侧额定电压	22 kV	低压侧额定电流	18895.1 A
投产日期	2007 年 12 月	—	—

8.1.5.2　受损主变检测及初步分析

1. 变压器排油前检查

（1）♯2 主变压力释放阀动作，有明显的变压器油喷出的痕迹。

（2）♯2 发电机中性点接地变压器一次侧短接片损坏，柜门脱落，柜内电缆、零序 CT 损坏。

（3）对♯2 主变绝缘油进行油色谱分析，乙炔:1771.86 uL/L;氢气:6540.27 uL/L;总烃:3920.84 uL/L,所有指标均严重超标。

（4）测试高、低压绕组绝缘电阻:低压侧 4 kΩ,高压侧 380 kΩ。现场分析认为绝缘电阻过低,故未测试直流电阻。

（5）进行高低压套管电容和介损测试,结果合格。

（6）考虑到原♯2 主变故障情况,决定直接进行主变排油,进入内部检查。

2. 主变排油后现场内部检查

排空♯2 主变绝缘油,检修人员进入主变内部检查。高压侧 B 相线圈引线脱离支架、固定螺栓断裂,外层调压线圈拉裂变形,围板和围带崩裂,周边有大量炭黑及烧损的绝缘纸。其余部件未见明显损伤,如图 8-10、图 8-11 所示。

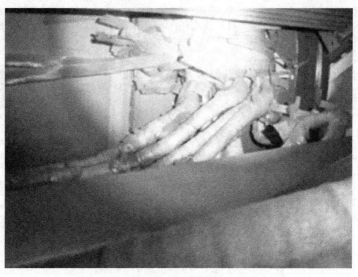

图 8-10　高压侧 B 相线圈引线脱离支架

图 8-11　B 相外层调压线圈爆裂变形

　　根据事故现场状况、保护动作情况及相关资料,对事故原因进行初步分析:

　　(1)主变投运以来,发变组故障录波器记录到的 2013 年夏季(4~8 月)系统故障共计有 11 次,每一次故障时主变电流均不同程度地超过额定值(1718 A),其中较严重故障为 2013 年 4 月 17 日方泸一线两次 B 相接地故障,主变电流达到 5000 A。具体见图 8-12、图 8-13 所示。

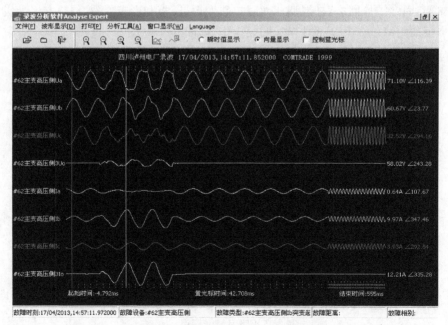

图 8-12　2013 年 4 月 17 日方泸一线第一次 B 相接地故障录波图

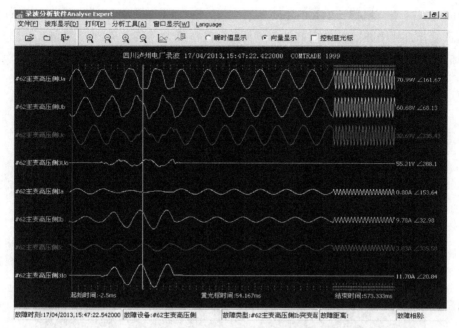

图 8-13　2013 年 4 月 17 日方泸一线第二次 B 相接地故障录波图

（2）方泸一线发生短路时,流经主变 B 相的短路电流已接近 2011 年方泸二线短路时流经主变的电流（5300 A）。2011 年故障时主变由于由于高压侧 BC 相线路近区短路后,短路电流流经主变,从而发展为主变绕组内部故障烧毁主变部分绕组。当时分析流经主变的短路电流远小于制造厂抗区外短路能力保证值（有效值 50 kA,2 s;峰值 125 kA 冲击）,主变不应因过电流而损坏。

（3）故障当时 ♯2 主变运行于雷雨天气之中,故障后检查厂内线路避雷器及主变避雷器均无一动作,与 ♯2 主变并列运行的起备变运行正常,对侧泸州变电站母线和主变出口避雷器无一动作。避雷器的绝缘配合满足相关标准要求,表明故障当时没有破坏主变高压绕组绝缘水平的雷击过电压侵入。

（4）主变高压侧相电流变化过程如图 8-14、图 8-15、图 8-16 所示。故障前,流经主变高压侧的正常负荷电流为 1300 A。故障第一阶段,流经主变高压侧的电流为 11300 A,持续时间 70 ms。故障第二阶段主变高压侧电流进一步增大,电流最大达到 22500 A,持续时间约 75 ms。

具体对应的故障详细分析见主变解体后的分析。

由试验及现场情况可知:变压器在雷雨天气中正常运行,故障发生当时并无影响变压器内部绝缘的外部雷击过电压侵入,根据故障录波波形分析是变压器自身内部首先发生匝间故障,随着匝间故障发展为单相接地短路故障,变压器的高压线圈和调压线圈流过大电流引起变压器线圈承受巨大电动力,从而撑破围屏和纸筒形成爆裂现象。根据♯2主变技术要求,变压器应能承受50 kA,时间2 s。而据故障录波分析整个故障持续时间约160 ms,过程中最大短路电流约为22.5 kA,随后保护装置正常动作切除故障,变压器应能承受该故障电流冲击。

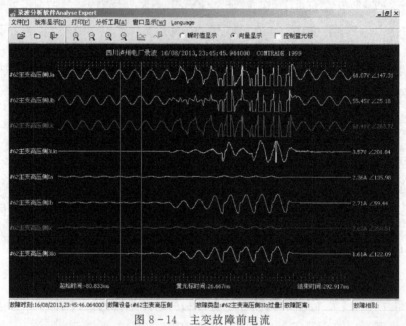

图 8-14　主变故障前电流

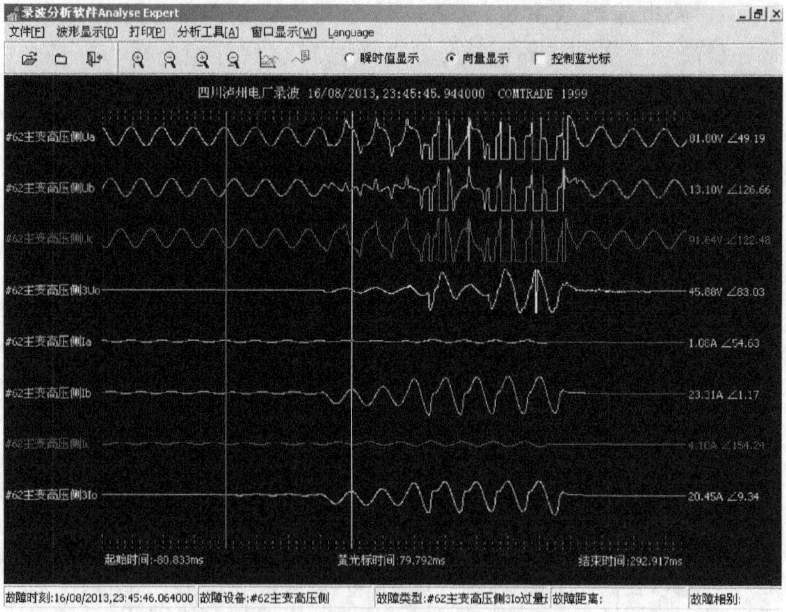

图 8-15　主变故障第一阶段电流波形

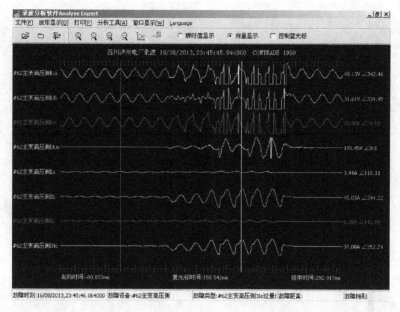

图 8-16　主变故障第二阶段电流波形

8.1.5.3　线圈解体检查情况：

1. 外观检查

（1）高压侧 B 相调压线圈整体垮塌，高压绕组中部对调压绕组中部击穿，高压绕组对低压绕组端部击穿，均有严重烧损，故障点及 B 相线圈端部存在大量炭黑。高压线圈端部部分绕组拧成麻花状、部分向下垮塌变形。低压绕组端部围屏部分完全烧毁，绕组本身无变形，和高压绕组击穿处绕组表面附有大量炭黑，2 股绕组烧断。

调压绕组内硬纸筒受变形绕组挤压已基本不再具有支撑作用，很多垫块、撑条烧毁断裂或脱落。部分支撑件焊接处开裂，局部铁轭的芯片受绕组压力变形，具体详情如以下图 8-17～8-30 所示。

2. 线圈损坏原因分析

（1）事故前后方山电厂和对侧泸州变电站所有 220 kV 避雷器运行记录表明事故当时所有避雷器均未动作，避雷器相关试验结果合格，避雷器与主变之间满足绝缘配合的要求，排除雷击过电压为造成此次事故的原因。

（2）根据录波图和线圈损坏情况，分析事故发生、发展过程，故障过程阶段见图 8-31。

图 8-17 B 相调压线圈整体垮塌

图 8-18 高压侧 B 相线圈故障处

图 8-19 高压 B 相垫块支撑焊接处开裂

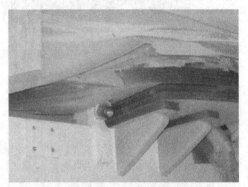

图 8-20 高压侧 B 相底部垫块弯曲变形

图 8-21 B 相调压线圈内纸筒故障处烧痕

图 8-22 高压 B 相线圈端部中部拉裂、变形

图 8-23　B 相高低压线圈端部大量炭黑

图 8-24　高压侧 B 相线圈中部烧痕处

图 8-25　高压侧 B 相线圈端部烧痕处

图 8-26　高压侧 B 相线圈端部挤压变形

图 8-27　高压 B 相线圈端部烧痕

图 8-28　端部烧痕的 B 相低压侧线圈烧痕

图 8-29　B相低压侧线圈烧痕细图

图 8-30　B相线圈部分铁轭芯片变形

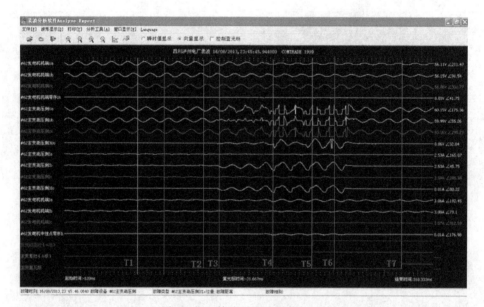

图 8-31　故障过程阶段分析图

T1～T2 阶段：T1＝31.667 ms，T2＝45.417 ms 主变高压侧 B 相电压开始持续降低，主变高压侧零序电压开始升高，主变高压侧中性点零序电流有所增大并保持一定水平(208～352 A)，为三相高压侧不平衡电流。此时高压侧 B 相中部线圈发生股间短路，并逐步发展为多股及匝间短路。

T2～T3 阶段：T2＝45.417 ms，T3＝65.417 ms，主变高压侧 B 相电压继续快速降低(原电压的 10％)，主变高压侧 B 相电流逐渐增大(增至 9500 A 左右)，主变高压侧中性点零序电流显著增大(从 320～2636 A)，T3 时刻发电机中性点零序电流为 0.01 A。说明此时高压侧 B 相中部线圈匝间短路迅速发展，并在 T3 时刻击穿调压线圈，形成单相短路故障。

T3～T4 阶段：T3＝65.417 ms，T4＝129.167 ms，在此阶段中，分两个时段：前一时段为单相接地短路后匝间短路继续发展扩大，此阶段的发电机中性点零序电流不变化，基本为 0.02 A 以内；后一时段为高低压绕组发生击穿短路的发展过程。前一时段内，主变高压侧中性点零序电流进一步增大（到 5600 A），说明过程中变压器高压绕组 B 相发生单相接地后，受变压器自身短路阻抗减少的影响，流经变压器高压侧 B 相的电流急剧增大，同时调压线圈形成的短路环部分也流过大电流。受严重安匝不平衡及短路电流的影响，B 相高压线圈和调压线圈受到巨大电动力作用，造成高压绕组 B 相端部线圈向绕组中部翻卷，调压绕组直接拉裂垮塌。在此过程中高压绕组 B 相端部线圈股间、匝间又形成新的短路，进一步加剧匝间短路的发展，短路电流增至 22500 A 左右。后一时段内，发电机中性点零序电流逐步从零增加为一个较大的阶段值 6.57 A。直到变压器高压侧端部绕组的短路点烧穿高低压侧之间围屏，形成高低压绕组短路，此时发电机中性点零序电流急剧增大。

T4～T7 阶段：T4＝129.167 ms，T5＝174.583 ms，T6＝207.083 ms，T7＝280 ms。此阶段变压器工作在有匝间短路、单相接地短路、高低压侧短路的环境下，对于匝间短路环来说，巨大短路电流（至少为几十千安水平）及零序磁通的影响，使铁芯磁通急剧饱和，主变高压侧电压波形发生严重畸变。发电机机端电压、发电机电流在这个过程中也受影响，三相矢量失去对称，这在波形中也有具体体现。T5 时刻主变差动保护检测到差动电流到达启动值，约 9500 A（反应时间约 40 ms），启动保护出口跳主变高压侧断路器。跳闸信号发出 32.5 ms（T6 时刻）之后，主变高压侧 A、C 相电流降为零。再经约 16 ms，主变高压侧 A、B、C 三相电压波形恢复正常。T7 为主变重瓦斯启动保护跳闸时刻，此时主变高压侧 B 相电流完全减少为 0。

如图 8-32 所示发电机 A、B 两相电流及发电机中性点零序电流在保护动作后一段时间内持续。发电机 A 相超过额定电流持续时间约 1.5 s，最大电流值 67600 A；发电机 B 相超过额定电流持续时间约 1.25 s，最大电流值 38300 A；发电机中性点零序电流超过 1 A 的持续时间约 0.4 s，最大电流值 6.76 A。

8.1.5.4 分析结论

该变压器一直正常运行，历年的常规预防性试验结果均合格。2013 年 4 月发生过两次冲击主变的系统 B 相接地短路，短路电流 5000 A 左右（均未超过主变制造厂提供的短路能力计算报告中计算的最小单相接地短路电流 7875 A）。故障发生当时虽是雷雨天气，但未发现有使避雷器有动作的过电压侵入主变。

2013 年 4 月 22 日，2♯主变压器出现了噪声、振动增大等情况，经过仔细判断并核实，确定复奉特高压直流输电单极大地回路运行时导致 2♯主变出现直流偏磁，测得主变中性点直流电流约 12 A。2013 年以来至今，已发生 4 次直流偏磁情

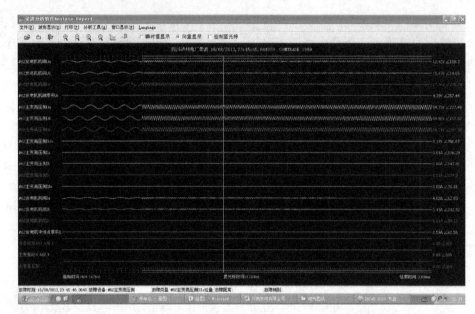

图 8-32 发电机 A 、B 相电流及发电机中性点零序电流持续图

况,持续时间不等。直流偏磁电流超过 10 A,会对变压器有较大影响,变压器多次且较长时间振动加剧后可能会使绕组有一定程度的松动,对变压器的绝缘性能及热稳定能力具有一定的影响。

该变压器在 2013 年 4 月的两次单相接地短路故障中,短路电流导致变压器绕组绝缘一定程度的下降,换流站单极大地回路运行方式下,有直流偏磁电流流经变压器;2013 年 8 月 17 日的雷雨活动,虽然未使避雷器动作,但仍存在大气过电压,变压器在并不太高的过电压下,由于其绝缘已下降,在绕组内部发生了匝间短路,匝间短路发展为单相接地短路,此时短路电流达到 11300 A,在较大短路电流作用下,绝缘进一步损坏,发展为高低压绕组短路,短路阻抗减小,短路电流增大为 22500 A,保护动作,切除故障变压器。该变压器绝缘设计时对直流偏磁电流的影响未进行充分考虑,其耐受能力不够。

8.2 四川电网变压器直流偏磁治理建议

8.2.1 治理站点选择

8.2.1.1 治理站点选取原则

±500 kV 德阳换流站 2010 年单极投运后,四川电网 500 kV 谭家湾、泸州、叙府、尖山站主变出现直流偏磁现象,其中谭家湾站主变中性点直流量最大,达到 9 A。另外,西昌 220 kV 樟木站、德阳 220 kV 九岭站、绵阳 220 kV 桑枣、高桥和百胜站在德阳换流站单极运行时也出现了直流偏磁现象。2014 年 3 月和 6 月宾金直流联调期间,四川电网多个变电站主变出现直流偏磁现象。直流单极大地回线运行电流 5000 A 时,500 kV 泸州变电站单台主变中性点直流最大约为 10.2 A,500 kV 叙府变电站单台主变中性点直流最大约为 6.6 A。220 kV 龙头、纳溪、高石等变电站主变出现不同程度直流偏磁现象。

因此,四川电网变压器直流偏磁的治理站点选择曾经出现过直流偏磁现象的变电站,建议采用在变压器中性点加装直流在线监测装置结合加装电阻装置的直流偏磁治理方法,即在出现过直流偏磁现象的变压器加装直流在线监测装置,在直流接地极电流较大(等于或大于 12 A)的变压器加装电阻装置。

8.2.1.2 加装直流在线监测装置的变电站

出现过直流偏磁现象的变电站主变,均在其中性点加装直流在线监测装置,另外,考虑到直流接地极电流通过 500 kV 线路传至远端变电站,在其传导线路沿途 500 kV 变电站主变也需加装直流在线监测装置。根据以往运行情况和直流偏磁测试结果,选择如下变电站主变中性点加装直流在线监测装置。

(1)泸州电网:纳溪、杨桥、玉观、林庄、震东

(2)宜宾电网:高石、龙头、丰收、北荆坝、江南、白沙、城南、豆坝、屏山、孜岩

(3)甘孜电网:幸福、榆林

(4)德阳电网:九岭

(5)绵阳电网:桑枣、高桥、百胜

(6)西昌电网:樟木

(7)四川 500 kV 变电站:泸州、叙府、谭家湾、丹景、龙王、尖山、桃乡、蜀州、雅安、康定、洪沟、内江、资阳、菩提、月城

8.2.1.3 加装电阻装置的变电站

根据国网公司运检—[2014]121 号文件规定,宾金直流接地极电流安全限值为 3000 A,此时,直流偏磁电流最大值出现在 500 kV 泸州站主变,数值为 10.2 A,变压器厂家给出的变压器直流偏磁承受限值为 12 A(单相 4 A),如果直流运行公司严格按照直流接地极电流安全限值的规定,则泸州站主变无需采取直流偏磁抑制装置,只装设中性点直流在线监测装置监视运行即可。

假如在以后运行中,当宾金直流单极大地回路运行时,未严格执行该规定,直流接地极电流仍有 5000 A,当 500 kV 泸州站主变出现直流偏磁电流测试值超过 12 A 时,宜在其主变中性点加装电阻装置,进行直流偏磁防护。

8.2.2 变压器加装直流在线监测装置

由于加装直流在线监测装置的站点较多,故要求装置经济性好、可靠性高,只具备必要的主要功能,即:实时监测变压器中性点直流电流、录波、报警(直流超过5 A时,或其他设定报警值),并且可以接入到输变电在线监测系统。变压器直流偏磁在线监测装置详见7.3节。

直流在线监测装置采用霍尔传感器,精度要求达到0.2 A;

环境温度在−10∼70℃范围内能正常工作;

满足户外雨、雪、露等恶劣运行工况下对设备可靠性和精度的要求;

220 kV变电站在中性点接地的主变220 kV侧中性点加装直流在线监测装置,110 kV侧中性点和不接地主变不加装该装置;

500 kV变电站在所有站内主变(自耦)中性点加装直流在线监测装置;

建立直流在线监测装置的运维管理规范。

8.2.3 变压器中性点加装电阻装置

变压器中性点加装电阻装置限制直流偏磁电流原理简单,易于实现。加装该装置前应分析其对变压器中性点绝缘水平和对继电保护的影响。电阻值的选取不能影响变压器中性点接地的有效性,为增加阻值选取的灵活性,可设置电阻分接抽头。同时,电阻装置应满足热稳定、动稳定等参数要求。为消除故障情况下在中性点上产生的过电压,应为小电阻设置旁路或间隙保护回路。图8−33为抑制变压器直流偏磁的电阻限流法原理图。

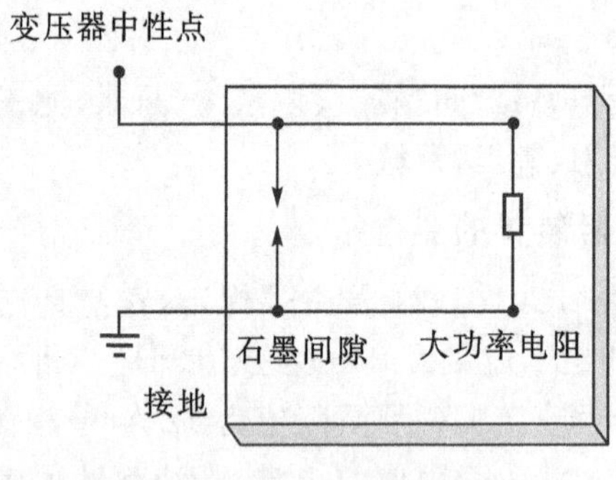

变压器中性点

图8−33 电阻限流装置原理图

500 kV泸州站有两台主变,型号为OSFPS−750000/500,2007年投运,由常州东芝变压器厂生产。若在泸州站两台主变中性点均加装电阻装置,则要进行加装电阻装置后对变压器中性点绝缘水平和继电保护影响的分析,并确定电阻装置的主要技术参数。

1. 对变压器中性点绝缘水平影响分析

变压器中性点所接电阻装置阻值的选择,要分析多方面的因素,综合考虑阻值对直流偏磁电流、系统零序阻抗和中性点电压的影响。对限制直流偏磁电流而言,电阻值越大则限流作用也越大;但中性点电压取决于通过中性点的 3 倍零序电流乘以电阻值,电阻值增大时中性点绝缘也会相应提高,两者是矛盾的。因此,电阻值应合理选取,在保证绝缘水平提高不多的情况下,既可使短路电流限制到合理的水平,又可使零序阻抗不变或变化较少。变压器中性点都经电阻装置接地时,电阻值增大对限制短路电流效果明显,但此时的中性点过电压也会随之变化。

500 kV 泸州站主变中性点的绝缘水平为 35 kV,其耐受电压如下表。

表 8-7 泸州站主变中性点绝缘水平

电压等级 kV	最高运行电压 kV	中性点接地方式	额定短时工频耐受电压(有效值)/kV	雷电全波冲击耐受电压(峰值)/kV	相应的绝缘等级(有效值)/kV
500	550	固定接地	140	325	35

随着系统容量的增大,单相接地短路电流也相应增大,按 2016 年的地网结构和系统容量,计算得到泸州站主变 220 kV 侧单相接地短路电流 $3I_0 = 50.68$ kA,500 kV 侧单相接地短路电流 $3I_0 = 42.5$ kA,考虑引起工频过电压严重的情况,取 220 kV 侧单相接地短路电流 50.68 kA 进行分析,由计算可知当中性点接入电阻值为 2.76 Ω 时,工频过电压超过泸州站主变中性点绝缘耐受短时工频过电压的限值(见图 8-34)。但是,当接入电阻装置并入间隙后,能够保护变压器中性点绝缘。

2. 对继电保护的影响分析

(1)对线路保护的影响分析

1)线路相间距离保护:由于主变中性点接地方式的改变不影响三相短路和两相短路的序网图,因此主变接地方式的改变对线路保护的相间距离保护不会产生影响。

2)接地距离保护:方山—泸州线方山侧保护来看,故障相短路电流和零序电流的增大提高了保护的灵敏度,从而提高了其动作的可靠性;因此主变接地方式的改变对线路保护的接地距离保护几乎没有影响。

3)零序电流保护:主变中性点接地方式的改变意味着零序等值网络的改变,接地故障时的零序阻抗和零序电流也必然改变。但由于主变中性点所装电容器的容抗很小,故零序阻抗和零序电流改变亦很小。

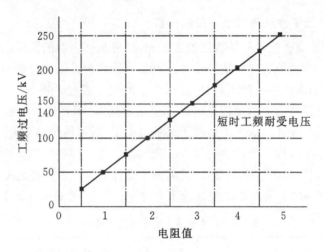

图 8-34   接入电阻装置后变压器中性点工频过电压

(2)对主变保护的影响分析

1)主变主保护：对于主变主保护——差动保护而言，主变中性点接地方式的变化不会影响差动保护中的差动电流与制动电流的数值关系，因此不会对差动保护产生影响。

2)主变负序电流保护：主变中性点接地方式的变化，不影响正序和负序等值网络，所以也不会对负序过流保护产生任何影响。

3)零序过电流保护：由于零序保护直接以主变中性点直流为判据，所以主变中性点接地方式的改变必然对零序过流保护有直接的影响。但由于主变保护的时间定值与相邻线保护之间已有配合关系，因此不会影响保护的动作行为。

3. 电阻装置的参数选择

(1)电阻值的确定：电阻值由安装地点抑制直流偏磁需要确定，设置电阻分接抽头，则每隔 0.5Ω 一档。

(2)额定电流：电阻装置在系统正常运行时只有很小的不平衡电流通过，但为设计和制造的方便，可按热稳定电流为长期额定工作电流 25 倍的关系选定。

(3)电阻特性：在流过短路电流时，要求在最大、最小运行方式下，流过电阻装置的电流在其范围内保持电阻为线性。

(4)热稳定：电阻装置的热稳定电流按单相接地短路时流过电阻装置的最大短路电流值确定。当电网发生单相接地时，流经变压器中性点电阻装置中的电流除了周期性分量外，还有非周期性分量，当计算热稳定时间在 0.5 s 以上时可不计非周期分量的影响，热稳定时间不得小于主变的热稳定时间，即 2 s。

(5)动稳定：电阻装置的动稳定应考虑单相接地时的非周期分量，以短路电流第一个波峰值来校验。可按下式计算：

$$i_m = 2.55(3I_0) = 7.65I_0$$

式中：i_m—— 电阻装置动稳定电流峰值，kV；

I_0—— 变压器最大零序电流有效值，kA。

(6)绝缘水平：电阻装置的高压端绝缘水平应与变压器中性点的绝缘水平一致。

(7)长期工作电流：由于长期流过中性点电阻装置的工作电流为三相不平衡电流，只有数安培，在确定电阻装置额定工作电流可参照变压器热稳定电流为长期额定工作电流的 25 倍，则电阻装置长期工作电流为：

$$I_c \leqslant \frac{3I_0}{25} = 0.12I_0$$

(8)噪声水平：在额定电流下噪声水平不大于 80 dB。电阻装置的振动幅值，在额定电流下最大振动幅值不大于 60 μm。

(9)温升限值：长期通过电流下的温升限值，绕组平均温升为 75 K，最热点温升为 100 K。

(10)绝缘耐热等级：F 级或 H 级。

8.2.4　直流偏磁防护建议

针对四川电网变压器多次受到直流偏磁电流影响的情况，为更好的开展变压器直流偏磁的防护工作，建议采取如下措施：

(1)避免采用直流单极大地回路运行方式，不能避免时降低直流输送功率或采用单极金属回线运行方式。

(2)在变压器设计阶段，对于承受直流偏磁能力较差的单相三柱和三相五柱式铁芯的变压器，应从结构和材料上增强变压器对直流偏磁的耐受能力。

(3)在变压器采购阶段，应将变压器抗直流偏磁能力纳入设备招标的技术条件；在直流接地极 100 km 范围内的变电站，尽量避免采购或使用单相三柱铁芯结构的变压器。

(4)在变压器运维阶段，各地市供电公司应及时向运维管理部门汇报，并统计辖区内受直流偏磁电流影响的变压器，按影响程度不同有针对地制定防护措施。对受影响严重的变压器，应加强对偏磁电流的常规检测和其他试验检测，避免慢性损伤的累积效应导致变压器事故，并采取直流偏磁治理措施。

(5)对受直流偏磁电流影响严重的变压器采取相应的治理措施，减小直流偏磁给变压器带来的影响。由于现场应用表明电容隔直装置的投切控制部分可靠性不够，出现误投或拒投情况，建议采用在变压器中性点安装电阻限流装置的治理方法。

（6）对以前发生过变压器直流偏磁现象的变压器，应安装直流偏磁电流在线监测装置，在直流换流站单极大地运行期间，对变压器直流偏磁电流进行实时监测和早期预警，并将监测结果存档。

8.3　本章小结

作为多条特高压直流输电的送端，四川电网变压器受直流偏磁的影响较为突出，通过开展德宝直流、宾金特高压直流单极大地回路运行期间的直流偏磁现场测试，测试结果表明：泸州、叙府、谭家湾、方山、纳溪、杨桥、玉观、幸福、榆林等多个变电站或电厂的主变受到了直流偏磁电流的影响，但偏磁电流均小于 12 A。建议四川电网变压器直流偏磁的治理站点选择曾经出现过直流偏磁现象的变电站，采取变压器中性点加装直流在线监测装置，以及在直流偏磁电流影响较大的变压器中性点加装电阻装置的治理方法。变压器直流偏磁治理应涵盖设计、采购、运行、维护等关键环节，全过程地开展直流偏磁的防护及治理工作。

结 论

直流输电尤其是特高压直流输电能有效缓解我国能源与负荷中心分布不均衡的矛盾,能有力的推动我国"西电东送、南北互供、全国联网"电力发展战略的实现。但是,直流输电单极运行时产生的地电流会导致变压器直流偏磁,此时变压器铁芯的高度饱和,漏磁增加,出现变压器噪声增大、振动加剧、局部过热等现象,影响变压器的稳定性和可靠性。本书围绕直流偏磁电流的产生、变压器偏磁状态时的内部特性和直流偏磁的治理措施展开论述,结合四川电网的实际情况,提出了变压器直流偏磁治理的建议。通过理论研究、现场检测和案例剖析,得到如下结论:

(1)旱季时直流接地极含砂黏土的极址地表电位最大,雨季时黄土的极址地表电位最小。第一层或第二层土壤电阻率的增大都会导致地表电位的增大,其中第一层土壤电阻率对直流接地极址的地表电位影响较大,而第二层土壤电阻率的影响很小但影响范围较远。地表电位随第一层土壤厚度的增大而减小,随第二层土壤厚度的增大而增大。直流输电单极运行产生的直流偏磁电流除了与变电站的地表电位有关以外,还受电网结构的影响。从减小直流接地极地电流对交流变压器影响的角度,要求直流接地极址应满足以下条件:极址的土壤的电阻率要尽量小,该地区降雨量要丰富,无恶劣的干旱季节;表层低电阻率土壤的厚度尽量大,而深层高阻土壤的厚度要小;直流接地极址要远离高山,接近江河湖泊。通过提出一种多直流接地极不同运行方式下直流偏磁电流影响站点的预测方法,提高了电网变压器直流偏磁的早期预警能力,便于及时对直流偏磁风险较大的变压器采取有效性的治理。

(2)变压器直流偏磁时铁芯半周饱和,励磁电流畸变,中性点直流会导致铁芯体积发生周期性的膨胀和收缩,是引起振动加剧、噪声增大的重要因素。通过分析变压器铁芯在直流偏磁下的磁感应强度、磁通量、磁场强度等内部特性可知:三相三柱变压器承受直流偏磁的能力最强;三相组式变压器承受直流偏磁的能力较弱,对直流偏磁最为敏感;三相五柱变压器承受直流偏磁的能力介于三相三柱变压器和组式变压器之间。适当增加组式变压器铁芯柱的直径能提高其承受直流偏磁的能力,建议在变压器设计时将提高承受直流偏磁能力作为铁芯直径选择的因素之一。

(3)目前变压器直流偏磁治理措施主要有电阻限流法、电容隔直法、直流电流反向注入法和电位补偿法,本书详细介绍了上述方法的原理及优缺点,从可靠性、对变压器的影响、经济性、运行维护等多个方面,对各偏磁治理措施进行对比分析,分析结果表明:电阻限流装置具有结构简单,元件数量少,无控制保护回路,可靠性高,运维工作量小,经济性好等优点。电容隔直装置主要具有能完全隔绝单台变压器的直流偏磁电流、不影响交流电流流过中性点、对继电保护的影响较小的优点;但存在结构复杂、需外部电源驱动、可靠性较差、运维工作量大、成本较高的缺点。直流电流反向注入法和电位补偿法缺乏工程应用的检验。

(4)采用变压器中性点接电阻抑制中性点直流时,需要考虑变压器是否有效接地、接入电阻对中性点过电压的影响等多方面的因素。部分接地方式下的变压器,接入 10 Ω 的电阻后,直接接地变压器中性点绝缘能承受雷电过电压,且有足够的裕度。中性点零序电流的暂态电流随电阻的增大所受到的影响更大,而其稳态正峰值随电阻值的变化相对较小。接地变压器和不接地变压器中性点的过电压都会随电阻值的增大而升高。不接地变压器中性点的过电压受接入阻值的影响较小,接地变压器受接入阻值的影响更大。直流输电系统与交流输电系统的接地电阻对直流偏磁电流影响较大,直流接地系统与交流接地系统之间的互阻对直流偏磁电流也有较大的影响。本书提出了一种满足抑制直流偏磁电流、变压器中性点过电压和提高变压器抗短路能力要求的变压器偏磁治理方法。

(5)变压器中性点接入电容装置可以完全隔离直流电流,接入小电阻可以有效限制流入该变压器的直流量,但均会不同程度地引起直流接地极电流在电网中的分布发生变化,导致附近其他变压器中性点直流电流增大。本书以整个目标电网的变压器的直流量都不超过承受限度为目的,对接入的小电阻进行网络优化配置,同时使电阻阻值尽量小;建立了变压器接入小电阻网络配置的数学模型,约束条件为:变压器中性点能承受的直流量、变压器中性点接入电阻的阻值和直流电流的电路约束方程;提出了一种用于求解直流偏磁电流和接入电阻阻值的双目标函数粒子群算法,两个目标函数相互冲突,不存在唯一的全局最优解使两个函数同时达到最优,但可以找到两个目标函数的非劣最优解;实现了使用电阻来抑制直流偏磁电流的网络配置,避免了某些变电站接地极电流过大或者接入电阻阻值过大。

(6)本书给出了变压器直流偏磁现场检测及数据分析方法,规范了变压器直流偏磁电流的现场检测。引入实际检测例子,介绍了±400 kV 拉萨换流站直流接地极电流导致周边变电站变压器直流偏磁的检测情况;开发了一种变压器直流偏磁电流在线监测装置,介绍了监测装置的工作原理、主要器件、主要功能、时间同步及数据传输等,通过对变压器直流偏磁电流进行实时监测,能够提高电网变压器直流偏磁的早期预警能力,有利于及时对直流偏磁风险较大的变压器采取有效性的防护措施。

(7)四川电网拥有多座超特高压换流站在建设初期或年度检修期间,难免会采取单极大地回路运行方式,做为多条特高压直流输电的送端,四川电网已出现多台变压器受到直流偏磁电流影响的情况,偏磁电流均小于 12 A。四川电网变压器直流偏磁的治理站点选择曾经出现过直流偏磁现象的变电站，建议采取变压器中性点加装直流在线监测装置，以及在直流偏磁电流影响较大的变压器中性点加装电阻装置的治理方法。变压器直流偏磁治理应涵盖设计、采购、运行、维护等关键环节。

附录 A:宾金特高压直流联调期间四川偏磁检测结果

A.1 500 kV 泸州站变压器直流偏磁水平检测

表 A - 1 500 kV 泸州站变压器直流偏磁水平检测记录

一、基本信息			
变电站名称	500 kV 泸州变电站	主变名称	500 kV 变压器
检测日期	2014 年 6 月 18 日	检测人员	—
温度	32℃	湿度	86%
单极大地回路运行的换流站	±800 kV 宜宾换流站	直流接地极与变电站的距离	—
二、设备铭牌			
设备型号	OSFPS-750000/500	电压等级	500 kV
设备厂家	常州东芝变压器有限公司	铁芯结构	单相三柱
出厂日期	2006 年 9 月 1 日	投运日期	2007 年 9 月 1 日

三、检测数据					
序号	测试时间 年 月 日 分	直流接地极 电流/A,方向	1♯主变＊kV侧 中性点直流/A	2♯主变＊kV侧 中性点直流/A	备注
1	2014.06.18 08:48	−600	0.6	0.81	
2	2014.06.18 09:18	−1000	1.31	1.36	
3	2014.06.18 13:07	−3000	3.33	3.24	
4	2014.06.18 09:17	4000	−4.24	−4.31	
5	2014.06.18 09:17	5000	−5.43	−5.54	
测试仪器	FLUCK345 型钳表				

注:500 kV 泸州站共两台主变,均为中性点直接接地。

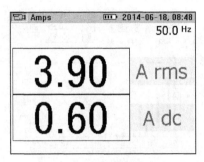

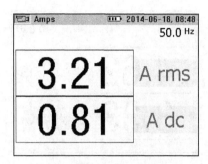

(a)1♯主变中性点直流 　　　　　(b)2♯主变中性点直流

图 A-1　接地极电流为－600 A 时的检测结果

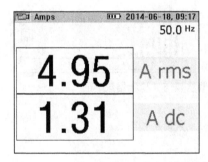

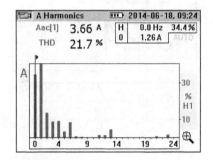

(a)1♯主变中性点直流及谐波频谱的检测结果

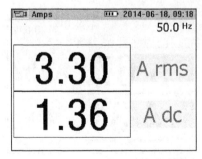

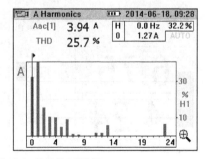

(b)2♯主变中性点直流及谐波频谱的检测结果

图 A-2　接地极电流为－1000 A 时的检测结果

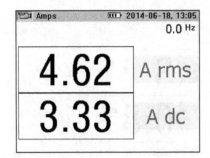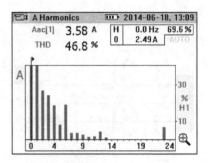

(a)1#主变中性点直流及谐波频谱的检测结果

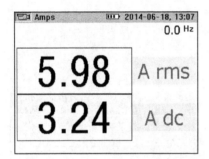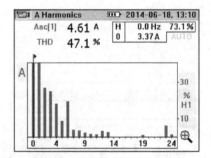

(b)2#主变中性点直流及谐波频谱的检测结果

图 A-3　接地极电流为－3000 A 时的检测结果

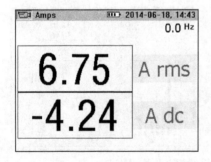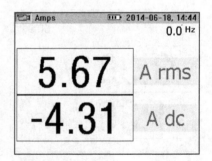

图 A-4　接地极电流为 4000 A 时的检测结果

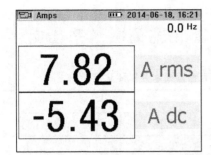 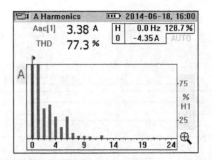

(a)1♯主变中性点直流及谐波频谱的检测结果

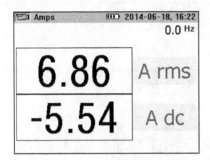 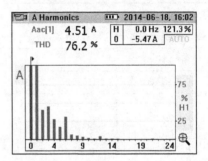

(b)2♯主变中性点直流及谐波频谱的检测结果

图 A-5　接地极电流为 5000 A 时的检测结果

A.2 500 kV 叙府站变压器直流偏磁水平检测

表 A－2 500 kV 叙府站变压器直流偏磁水平检测记录

一、基本信息			
变电站名称	500 kV 叙府变电站	主变名称	500 kV 变压器
检测日期	2014 年 6 月 18 日	检测人员	—
温度	32℃	湿度	87％
单极大地回路运行的换流站	±800 kV 宜宾换流站	直流接地极与变电站的距离	—

二、设备铭牌			
设备型号	ODFPS－334000/500	电压等级	500 kV
设备厂家	特变电工沈阳变压器集团有限公司	铁芯结构	单相三柱
出厂日期	2009 年 5 月 1 日	投运日期	2010 年 5 月 1 日

三、检测数据					
序号	测试时间 年 月 日 分	直流接地极 电流/A,方向	1♯主变 * kV 侧 中性点直流/A	2♯主变 * kV 侧 中性点直流/A	备注
1	2014.06.18 09:07	−600	0.35	0.38	
2	2014.06.18 09:31	−1000	0.49	0.75	
3	2014.06.18 13:39	−3000	2.19	3.15	
4	2014.06.18 16:07	4000	−2.47	−6.65	
5	2014.06.18 09:17	5000	−5.43	−5.54	
测试仪器	FLUCK345 型钳表				

注:500 kV 叙府站共两台主变,均为中性点直接接地。

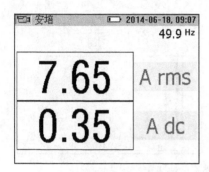 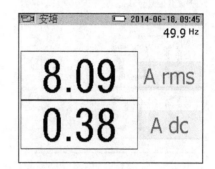

(a)1#主变中性点直流　　　　　　　(b)2#主变中性点直流

图 A-6　接地极电流为－600 A 时的检测结果

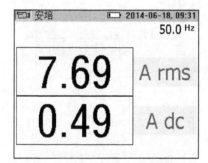 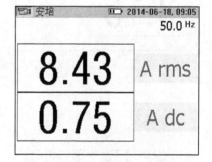

(a)1#主变中性点直流　　　　　　　(b)2#主变中性点直流

图 A-7　接地极电流为－1000 A 时结果

附

录

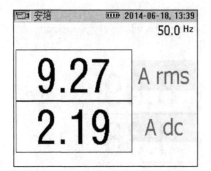
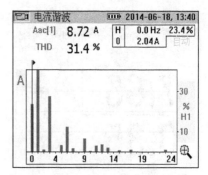

(a)1#主变中性点直流及谐波频谱

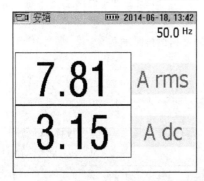
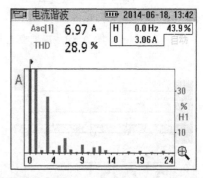

(b)2#主变中性点直流及谐波频谱

图 A-8　接地极电流为－3000 A 时结果

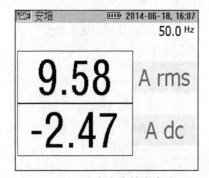
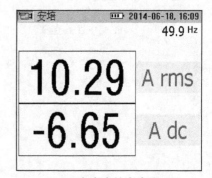

(a)1#主变中性点直流　　　　　　(b)2#主变中性点直流

图 A-9　接地极电流为 4000 A 时结果

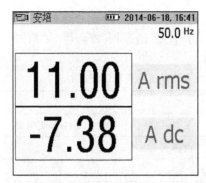

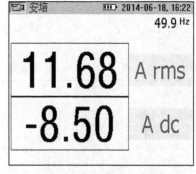

(a)1#主变中性点直流   (b)2#主变中性点直流

图 A-10　接地极电流为 5000 A 时结果

A.3 220kV纳溪站变压器直流偏磁水平检测

表A-3 220kV纳溪站2♯变压器直流偏磁水平检测记录

一、基本信息

变电站名称	220kV纳溪变电站	主变名称	220kV变压器
检测日期	2014年6月18日	检测人员	—
温度	32℃	湿度	85%
单极大地回路运行的换流站	±800kV宜宾换流站	直流接地极与变电站的距离	—

二、设备铭牌

设备型号	SFPSZ10-150000/220	电压等级	220kV
设备厂家	山东泰安开关电气有限公司	铁芯结构	三相五柱
出厂日期	2008年6月1日	投运日期	2008年12月31日

三、检测数据

序号	测试时间 年 月 日 分	直流接地极 电流/A,方向	2♯主变220kV侧中性点 直流/A	备注
1	2014.06.18 09:29	−600	0.71	
2	2014.06.18 10:36	−1000	1.37	
3	2014.06.18 09:07	−3000	2.89	
4	2014.06.18 09:07	4000	−2.99	
5	2014.06.18 09:07	5000	−4.28	
测试仪器	FLUCK345型钳表			

注:220kV纳溪站共两台主变,其中1♯主变中性点不接地,2♯主变中性点接地。

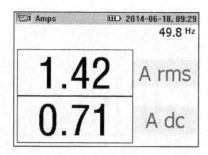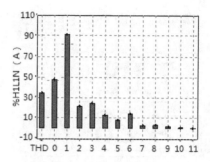

图 A-11　接地极电流为-600 A 时 2♯主变中性点直流及谐波频谱

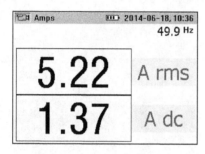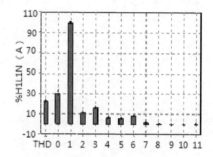

图 A-12　接地极电流为-1000 A 时 2♯主变中性点直流及谐波频谱

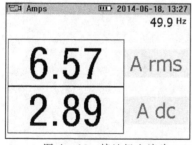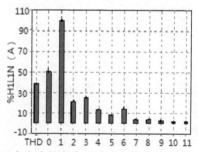

图 A-13　接地极电流为-3000 A 时 2♯主变中性点直流及谐波频谱

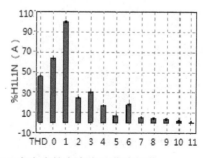

图 A-14　接地极电流为 4000 A 时 2♯主变中性点直流及谐波频谱

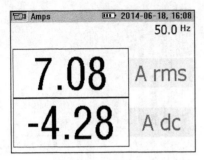
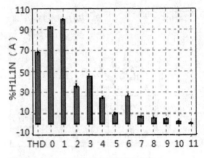

图 A－15　接地极电流为 5000 A 时 2♯主变中性点直流及谐波频谱

A.4 220 kV 龙头站变压器直流偏磁水平检测

表 A-4 220 kV 龙头站变压器直流偏磁水平检测记录

一、基本信息

变电站名称	220 kV 龙头变电站	主变名称	220 kV 变压器
检测日期	2014 年 6 月 18 日	检测人员	—
温度	32℃	湿度	88%
单极大地回路运行的换流站	±800 kV 宜宾换流站	直流接地极与变电站的距离	

二、设备铭牌

设备型号	SFPSZ-120000/220W3	电压等级	220 kV
设备厂家	新疆特变电工股份有限公司变压器厂	铁芯结构	单相三柱
出厂日期	2004 年 6 月 1 日	投运日期	2004 年 12 月 29 日

三、检测数据

序号	测试时间 年 月 日 分	直流接地极电流/A,方向	1# 主变中性点直流/A 110 kV 侧	1# 主变中性点直流/A 220 kV 侧	2# 主变中性点直流/A 110 kV 侧	2# 主变中性点直流/A 220 kV 侧	备注
1	2014.06.18 09:26	−1000	0.07	—	−0.11	0.42	
2	2014.06.18 10:36	−3000	—	—	−0.77	2.66	
3	2014.06.18 09:07	5000	—	—	−0.04	−4.72	
测试仪器	FLUCK345 型钳表						

注:220 kV 龙头站共两台主变,其中 1# 主变 220 kV 中性点不接地,110 kV 中性点接地,2# 主变 110 kV 和 220 kV 中性点均接地。

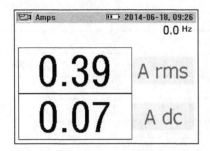

(a)1#主变 110kV 侧中性点直流

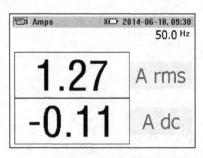

(b)2#主变 110kV 侧中性点直流

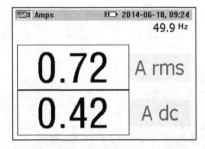

(c)2#主变 220kV 侧中性点直流

图 A-16　接地极电流为－1000 A 时的检测结果

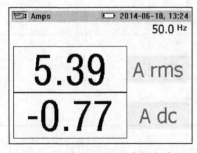

(a)2#主变 110kV 侧中性点直流

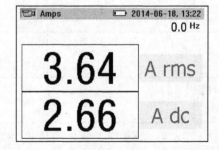

(b)2#主变 220kV 侧中性点直流

图 A-17　接地极电流为－3000 A 时结果

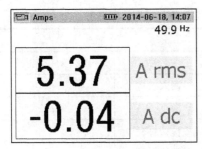

(a)2#主变 110kV 侧中性点直流

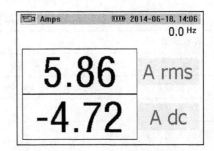

(b)2#主变 220kV 侧中性点直流

图 A-18　接地极电流为 5000 A 时结果

A.5 220 kV 玉观站变压器直流偏磁水平检测

表 A-5 220 kV 玉观站变压器直流偏磁水平检测记录

一、基本信息

变电站名称	220 kV 玉观变电站	主变名称	220 kV 变压器
检测日期	2014 年 6 月 18 日	检测人员	—
温度	32℃	湿度	87%
单极大地回路运行的换流站	±800 kV 宜宾换流站	直流接地极与变电站的距离	

二、设备铭牌

设备型号	SFSZ9－150000/220	电压等级	220 kV
设备厂家	中山 ABB 变压器有限公司	铁芯结构	三相五柱
出厂日期	2004 年 4 月 5 日	投运日期	2006 年 11 月 19 日

三、检测数据

序号	测试时间年 月 日 分	直流接地极电流/A,方向	1♯ 主变中性点直流/A		2♯ 主变中性点直流/A		备注
			110 kV 侧	220 kV 侧	110 kV 侧	220 kV 侧	
1	2014.06.18 09:26	−1000	0.01	0.08	−0.04	—	
2	2014.06.18 10:36	−3000	0.23	0.43	−0.06	—	
3	2014.06.18 09:07	4000	−0.02	−0.54	0.16	—	
		5000	−0.07	−0.64	0.19		
测试仪器	FLUCK345 型钳表						

注:220 kV 玉观站共两台主变,其中 1♯ 主变 110 kV 和 220 kV 中性点均接地,2♯ 主变 220 kV 中性点不接地,110 kV 中性点接地。

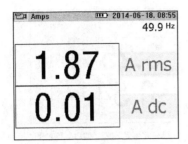

(a)1#主变110kV侧中性点直流

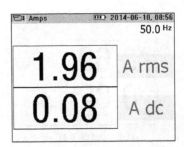

(b)1#主变220kV侧中性点直流

图 A-19　接地极电流为-600A时结果

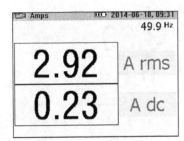

(a)1#主变110kV侧中性点直流

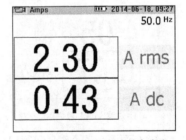

(b)1#主变220kV侧中性点直流

(c)2#主变110kV侧中性点直流

图 A-20　接地极电流为-1000A时结果

附

录

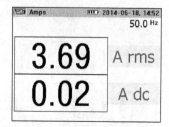

(a)1#主变110kV侧中性点直流

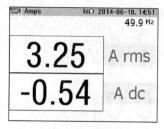

(b)1#主变220kV侧中性点直流

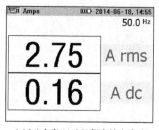

(c)2#主变110kV侧中性点直流

图 A-21　接地极电流为 4000 A 时结果

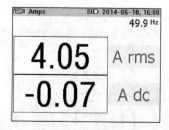

(a)1#主变110kV侧中性点直流

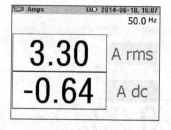

(b)1#主变220kV侧中性点直流

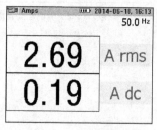

(c)2#主变110kV侧中性点直流

图 A-22　接地极电流为 5000 A 时结果

A.6 ±800 kV复龙站换流变压器直流偏磁水平检测

表 A - 6 ±800 kV 复龙站换流变直流偏磁水平检测记录

一、基本信息			
变电站名称	±800 kV 复龙换流站	主变名称	极Ⅱ高端 Y/Y
检测日期	2014 年 6 月 18 日	检测人员	—
温度	32℃	湿度	86%
单极大地回路运行的换流站	±800 kV 宜宾换流站	直流接地极与换流站的距离	72 km

二、设备铭牌			
	ZZDFPZ－321100/500	电压等级	800 kV
设备厂家	西门子	铁芯结构	单相四柱
出厂日期	2010 年 5 月	投运日期	2010 年 10 月

三、检测数据

序号	测试时间 年 月 日 分	直流接地极 电流/A,方向	1#主变 * kV 侧中 性点直流/A	备注
1	2014.06.18 09:59	600	0.12	
2	2014.06.18 09:36	1000	0.16	
3	2014.06.18 09:46	3000	0.37	
4	2014.06.18 10:08	4000	0.53	
5	2014.06.18 13:23	5000	1.47	
测试仪器	FLUCK345 型钳表			

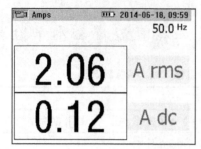
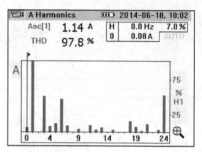

图 A-23　接地极电流为－600 A 时电流及谐波频谱的检测结果

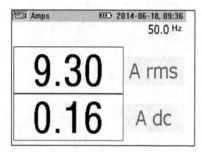
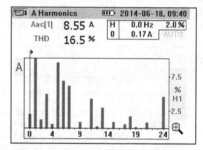

图 A-24　接地极电流为－1000 A 时电流及谐波频谱的检测结果

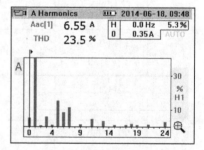

图 A-25　接地极电流为－3000 A 时电流及谐波频谱的检测结果

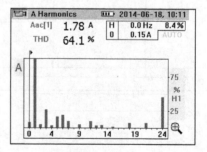

图 A-26　接地极电流为 4000 A 时电流及谐波频谱的检测结果

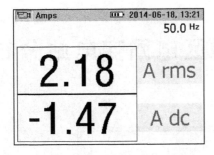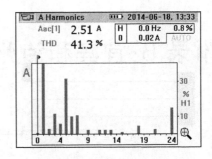

图 A-27　接地极电流为 5000 A 时电流及谐波频谱的检测结果

附录 B:宜宾和泸州地区电网变电站分布

图 B-1　宜宾和泸州地区变电站分布图

参考文献

[1] 袁清云.特高压直流输电技术现状及在我国的应用前景[J].电网技术,2005, 29(14):1-3.

[2] 赵畹君.高压直流输电工程技术[M].北京:中国电力出版社,2004.

[3] 吴广宁,蒋伟,曹晓斌.现代高压电力工程[M].北京:中国电力出版社,2008.

[4] DL437-91.高压直流接地极技术导则[J].1991.

[5] 陈先禄,刘渝根,黄勇.接地[M].重庆:重庆大学出版社,2002.

[6] GB1094.1-1996.电力变压器:总则[M].北京:中国标准出版社,1996.

[7] 曹林,赵杰,张波,等.高压直流输电直线型接地极系统分析[J].高电压技术, 2006,32(2):92-94.

[8] 国家电网公司运维检修部.直流偏磁现状及治理措施分析报告[R].2014.

[9] 赵志斌,张波,崔翔.分层土壤中点电流源电流场计算的递推算法[J].华北电 力大学学报,2003,30(1):22-25.

[10] 郭剑,邹军,何金良,等.水平分层土壤中点电流源格林函数的递推算法[J]. 中国电机学报,2004,24(7):101-105.

[11] 孙结中,刘力.运用等值复数镜像法求解复合分层土壤结构的格林函数[J]. 中国电机工程学报,2003,23(9):146-151.

[12] 刘曲,李立涅,郑健超.复合土壤模型下直流单极大地运行时电流分布的研 究[J].中国电机工程学报.2007,27(36):8-13.

[13] 杜忠东,王建武,刘熙.UHVDC圆环接地极接地性能分析[J].高电压技术, 2006,32(12):146-149.

[14] 汤蕴璆.电机内电磁场[M].北京:科学出版社,1998.

[15] 倪光正,杨仕友,钱秀英,等.工程电磁场数值计算[M].北京:机械工业出版 社,2004.

[16] 王国强.数值模拟技术及其在ANSYS上的实践[M].西安:西北工业大学出 版社,1999.

[17] 朱艺颖,蒋卫平,曾昭华,等.抑制变压器中性点直流电流的措施研究[J].中 国电机工程学报,2005,25(13):1-7.

[18] 杜忠东,董晓辉,王建武,等.直流电位补偿法抑制变压器直流偏磁的研究 [J].高电压技术,2006,32(8):69-72.

[19] 赵杰,曾嵘,黎小林.HVDC输电系统中直流对交流系统的影响及防范措施

研究[J]. 高压电器,2005,41(5):324-329.

[20] 赵杰,黎小林,吕金壮.抑制变压器直流偏磁的串接电阻措施[J].电力系统自动化,2006,30(12):88-91.

[21] 何金良,曾嵘.电力系统接地技术[M].北京:科学出版社. 2007.

[22] 王博文等.磁致伸缩材料与器件[M].北京:冶金工业出版社.2008.

[23] 何忠治.电工钢[M].北京:冶金工业出版社,1997.